Die

Pflanzenernährungslehre

mit Einschluß der

Dünger- und Ersatzlehre.

Für Landwirthe und landwirthschaftliche Lehranstalten

von

Carl Maximilian Grafen von Seilern.

München.
Verlag von R. Oldenbourg
1865.

An Justus von Liebig.

Mit der Erkenntniß der Natur der Pflanzennahrungsstoffe, der Quellen, woraus sie fließen, und der Veränderungen, welche sie im Pflanzenkörper erleiden, war dem Ackerbaue die erste feste Grundlage gegeben.

Diese Grundlage rührt von Ihnen her; aber Sie blieben hiebei nicht stehen.

Ihr Ziel war die Erforschung der Naturgesetze des Feldbaues; der Abhängigkeitsverhältnisse, welche die landwirthschaftliche Production beherrschen, und deren Vorschriften zu befolgen sind, wenn dauernd Maximalerträge auf den Feldern erzielt werden sollen.

Auch diese Erforschung ist Ihnen gelungen.

Die Lehren, welche Sie seit 1840 vortrugen, haben sich zur Theorie der Pflanzenernährung gestaltet; die Arbeiten, die Sie während der letzten fünf und zwanzig Jahre unternahmen, aus ihnen konnten Sie die Naturgesetze des Feldbaues entwickeln.

Heute kann man sagen: Die Liebig'sche Lehre ist die Basis der rationellen Landwirthschaft, und Jeder, welcher es ernstlich mit der Wohlfahrt und der Zukunft der Völker meint, muß nach Kräften zur Verbreitung dieser Lehre beitragen, daß sie zum Gemeingute Aller werde.

Das vorliegende, Ihnen gewidmete kleine Werkchen verdankt solchem Streben seine Entstehung. Und wenn es Ihnen als Anmaßung erscheint, daß ich Ihren Namen an die Spitze desselben setzte, so möge mich mein redlicher Wille entschuldigen und die Verehrung, welche der Schüler für den Lehrer hegt.

Prilep, den 15. August 1865.

Carl Graf von Seilern.

Vorrede.

Der vorliegende Grundriß der Pflanzenernährungslehre, der Dünger- und Ersatzlehre — denn Grundriß möchte ich das Werkchen nennen — enthält die reiche Anregung, welche mir durch das Studium der Liebig'schen Agriculturchemie, und durch den persönlichen Umgang mit dem Begründer der Naturgesetze des Feldbaues, sowie einem seiner wahren Schüler, Prof. Dr. Zöller (jetzt in Erlangen), wurde. Letzterem habe ich zudem noch besonders zu danken; denn bei Abfassung des Buches unterstützten mich vielfach sein Rath und seine reichen Kenntnisse, und gerne hätte ich ihn veranlaßt, seinen Namen mit dem meinigen auf dem Titelblatte zu vereinen, aber der bescheidene Mann versagte mir die Bitte.

Seine Entstehung verdankt der Grundriß dem Wunsche: nach streng Liebig'schen Grundsätzen dem Ackerbaue, überhaupt dem Pflanzenbaue, eine wissenschaftliche Unterlage zu geben, und gewissermaßen eine Vorschule zu dem berühmten Buche Liebigs, „die Chemie in ihrer Anwendung auf Agricultur und Physiologie, 8. Aufl." zu liefern.

Das richtige Können setzt ein richtiges Wissen voraus; nur der handelt rationell und wirklich praktisch, welcher sich der Gründe seines Thuns bewußt ist. Der empirische, von der Wissenschaft absehende Betrieb ist keine wahre Praxis; die Empiriker sind Handwerker, welche nicht zum Bewußtsein ihres Thuns gelangt sind; sie besitzen unter Umständen manuelle Fertigkeiten, verfahren aber stets nur nach bestimmten Regeln und feststehenden Vorschriften.

Die landwirthschaftliche Kunst hat die Aufgabe: auf einer gegebenen Bodenfläche dauernd das Maximum an thierischen Nahrungsmitteln oder deren Werthe zu produciren. Es ist klar, soll die Kunst ihre Aufgabe lösen, so setzt deren Ausübung die genaueste Kenntniß der Bedingungen voraus, von welcher die landwirthschaftliche Produktion, die Pflanzen- und Thiererzeugung, abhängt. Die umfassendste Kenntniß des Ernährungsprocesses der Pflanzen und Thiere ist daher bei Ausübung der landwirthschaftlichen Kunst dringendes Gebot.

Mein Werkchen will aber diese Kenntniß bezüglich der Pflanzenproduktion vermitteln. Der Grundriß soll zum Selbststudium des Landwirthes und beim Unterrichte in landwirthschaftlichen Lehranstalten dienen. Zu dem Zwecke sind die einzelnen wissenschaftlichen Sätze mit möglichster Klarheit und Ausführlichkeit, aber doch in einer Weise entwickelt, daß sie dem Landwirth noch zu denken, dem Lehrer genug zu erklären übrig lassen. Die Hauptsätze der Pflanzenernährungslehre ziehen sich durch das ganze Werkchen, und der aufmerksame Leser wird erkennen, daß durch Wiederholung immer auf's Neue die Wichtigkeit dieser Sätze hervorgehoben und außerdem an den verschiedenen Stellen, wo die Sätze vorkommen, noch nicht betrachtete, aber für den Pflanzenbau bemerkenswerthe Seiten an ihnen herausgekehrt werden sollten. — Unabhängig von dem im eigentlichen Texte des Buches Entwickelten, sind die Anmerkungen. Sie enthalten Manches, was dem Landwirth gleichfalls zu wissen sehr nöthig ist, und das der Lehrer benützen kann, um ein Kapitel in seinen Lehrvortrag einzuschalten, oder eingehende Betrachtungen daran zu knüpfen. Aus demselben Grunde ist auf S. 30 u. ff. angegeben, wie man aus den Düngungsversuchen die Ergebnisse und Schlußfolgerungen ungefähr abzuleiten habe; sowie denn auch an zahlreichen Stellen des Buches auf wichtige, die rationelle Landwirthschaft betreffende, aber offene Fragen hingedeutet ist. — Manche Resultate noch nicht veröffentlichter Untersuchungen enthält der Grundriß gleichfalls.

Verschiedene Druckfehler haben sich in das Werkchen eingeschlichen, und ich bitte deßhalb um Nachsicht. Die Fehler sind übrigens leicht ersichtlich und aus dem Grunde auch leicht zu verbessern.

Möge das Werkchen Erfolg haben und zur Verbreitung richtiger wissenschaftlicher Grundsätze in der Landwirthschaft beitragen.

Přilep in Mähren, den 15. August 1865.

Der Verfasser.

Inhaltsverzeichniß.

I. Abschnitt.

Pflanzenernährungslehre.

1. Die Pflanzenernährungslehre ist die Basis eines jeden vernünftigen Landwirthschaftsbetriebes, denn der Pflanzenbau ist es, worauf es in der Landwirthschaft ankommt; die Viehzucht und die landwirthschaftlichen Gewerbe sind nur Folge desselben. Es erscheint daher vor Allem geboten, in Kürze die Hauptsätze der Pflanzenernährungslehre vor Augen zu führen, einmal um den wissenschaftlichen Standpunkt des Verfassers zu documentiren, dann aber auch, um die gehörige Grundlage der beiden folgenden Abschnitte des vorliegenden Werkchens: „Dünger und Düngerwirkung", sowie „Boden-Erschöpfung und Ersatzleistung beim praktischen Landwirthschaftsbetriebe" zu gewinnen.

2. Die chemischen Elemente, auch Grundstoffe oder einfache Körper genannt, welche den Leib der Pflanzen aufbauen, die alle seine Bestandtheile zusammensetzen, sind keine große Anzahl. Bis jetzt hat die chemische Forschung als elementare Stoffe des Pflanzenkörpers nachgewiesen: Kohlenstoff (C), Wasserstoff (H), Stickstoff (N), Sauerstoff (O), Phosphor (P), Schwefel (S), Silicium (Si), Chlor (Cl), Jod (J), Brom (Br), Fluor (Fl), Boron (Bo), Kalium (K), Natrium (Na), Cäsium (Cs),

Rubidium (Rb), Magnesium (Mg), Calcium (Ca), Aluminium (Al), Eisen (Fe), Mangan (Mn), Kupfer (Cu), Zink (Zn), Blei (Pb).*)

Mehrere der genannten Elemente wie: Jod, Brom, Fluor, Boron, Kupfer, Cäsium, Rubidium, Aluminium, Mangan, Zink,

---

*) Alle Körper der Erde sind entweder Grundstoffe (Elemente), oder sie sind aus solchen zusammengesetzt. Die Chemie beschäftigt sich mit der Feststellung dieser Grundstoffe und aus welchen von ihnen die verschiedenen irdischen Körper bestehen. Bis jetzt hat die chemische Wissenschaft gefunden, daß die Zahl der den Weltkörper bildenden Grundstoffe 64 ist und daß aus ihnen alles Bestehende gebildet ist. Aber die Chemie hat nicht allein die Bestandtheile der Körper nachgewiesen, sondern sie hat auch den Salomon'schen Satz: „alles ist nach Maaß und Gewicht geordnet" zur unumstößlichen Wahrheit erhoben. Die 64 Grundstoffe, wo sie auftreten und wirken, bei allen ihren Verbindungen, üben stets ihre Wirkung nur nach unabänderlichen festen Gewichtsverhältnissen. Diese Gewichtsverhältnisse hat der Chemiker für alle Grundstoffe festgestellt und nannte sie chemische Aequivalente. Wenn daher der Chemiker sagt, das Wasser besteht aus Wasserstoff und Sauerstoff, so drückt er damit aus: die beiden Grundstoffe Wasserstoff und Sauerstoff sind in unabänderlichen Gewichtsverhältnissen in der Verbindung Wasser enthalten, d. h. in 9 Pfund Wasser sind 8 Pfund Sauerstoff und 1 Pfund Wasserstoff enthalten, nie aber 8¼ Pfund Sauerstoff oder 7 Pfund oder 8 Pfund 1 Loth u. s. w. Das eine Pfund Wasserstoff nannte er ein Aequivalent Wasserstoff und die 8 Pfunde Sauerstoff ein Aequivalent Sauerstoff; deßgleichen die 9 Pfund Wasser, welche durch die Vereinigung von 1 Aequivalent Wasserstoff und 1 Aequivalent Sauerstoff entstanden, ein Aequivalent Wasser. Spricht also der Chemiker irgendwo von 1 Aequivalent Sauerstoff, so meint er immer 8 Pfund, oder 8 Loth, oder 8 Zentner, oder 8 Theilen irgend einer der verschiedenen Gewichtseinheiten überhaupt, Sauerstoff; deßgleichen bedeutet 1 Aequivalent Wasserstoff = 1 Pfund oder 1 Loth oder 1 Gramm oder 1 Zentner Wasserstoff; ebenso 1 Aequivalent Wasser = 9 Pfund oder 9 Zentner u. s. f. Wasser. — Zur leichteren Uebersicht und bequemeren Schreibweise hat ferner der Chemiker Symbole zur Bezeichnung nicht nur der Grundstoffe, sondern auch der aus ihrer Vereinigung hervorgehenden Verbindungen gewählt. So bezeichnet er den Wasserstoff mit H, den Sauerstoff mit O und das aus ihnen hervorgehende Wasser mit HO. Aber diese Symbole sind noch mehr als bloße Bezeichnung, sie drücken auch gleichzeitig Aequivalente aus, d. h. H bedeutet nicht allein Wasserstoff überhaupt, sondern 1 Aequivalent = 1 Ge-

Blei, kommen nicht in allen Pflanzen, sondern nur in einzelnen vor, ja von diesen Elementen sind aller Wahrscheinlichkeit nach

wichtstheil Wasserstoff; HO heißt ebenso Wasser, wie es auch 1 Aequivalent Wasser d. h. 9 Gewichtstheile Wasser bezeichnet. 5 O oder O_5 bezeichnet 5 Aequivalente Sauerstoff oder 40 Gewichtstheile desselben; würde daher Jemand Salpetersäure, welche aus 1 Aequivalent Stickstoff, d. h. 14 Gewichtstheile, und aus 5 Aequivalenten Sauerstoff besteht, mit NO_5 schreiben, so hätte er damit nicht schlechtweg Salpetersäure, sondern 1 Aequivalent derselben $= (14 + 5 \times 8) = 54$ Gewichtstheile bezeichnet — Indem durch das Voranstehende kurz dem Landwirthe die Bedeutung der chemischen Zeichen erläutert werden sollte, folgen die Elemente, aus welchen der Pflanzen- und Thierleib zusammengesetzt ist, in alphabetischer Ordnung sammt ihren Symbolen und den Aequivalentgewichten.

Namen	Zeichen	1 Aequivalent wiegt:
Aluminium	Al	13,7
Blei	Pb [1])	103,5
Boron	B	10,9
Brom	Br	80,0
Caesium	Cs	133,0
Calcium	Ca	20,0
Chlor	Cl	35,5
Eisen	Fe	28,0
Fluor	Fl	19,0
Jod	J	127,0
Kalium	K	39,1
Kohlenstoff	C	6,0
Kupfer	Cu	31,7
Lithium	Li	7,0
Magnesium	Mg	12,0
Mangan	Mn	27,5
Natrium	Na	23,0
Phosphor	P	31,0
Rubidium	Rb	85,4
Sauerstoff	O [2])	8,0
Schwefel	S	16,0
Silicium	Si	21,0
Stickstoff	N [3])	14,0
Wasserstoff	H [4])	1,0
Zink	Zn	32,6

[1]) Pb von Plumbum, [2]) O von Oxygenium, [3]) N von Nitrogenium, [4]) H von Hydrogenium.

manche, wie Kupfer und Boron, Zink und Blei, ganz bedeutungslos für den Lebensproceß und ihre Anwesenheit im Pflanzenorganismus nur zufällig, in Folge der Beschaffenheit ihres Standortes.

3. Die elementaren Körper ordnen sich in der Pflanze in der verschiedensten Weise zusammen und bilden die zahlreichen, mehr oder minder complexen Verbindungen in derselben.

Die organischen Pflanzenbestandtheile sind im Wesentlichen aus vier Elementen: dem Kohlenstoff, Wasserstoff, Stickstoff und Sauerstoff zusammengesetzt, und zwar enthalten sie die genannten vier Elemente gleichzeitig, oder es fehlt das eine oder das andere Element. Letzteres bezieht sich jedoch nur auf den Wasserstoff, Sauerstoff oder Stickstoff, indem keiner organischen Verbindung der Kohlenstoff fehlt.

Dem Gesagten entsprechend, unterscheidet man denn auch zwei große Abtheilungen organischer Pflanzenbestandtheile, die eine Abtheilung bilden die stickstofffreien (nf) und die andere die stickstoffhaltigen (nh).

4. Die stickstofffreien organischen Pflanzenbestandtheile zerfallen wieder in mehrere Gruppen: je nachdem ihr Sauerstoffgehalt ein größerer oder geringerer gegenüber dem Gehalte an Wasserstoff ist. Die einzelnen Gruppen sind:

a) Die Gruppe der organischen Säuren. Die einzelnen Glieder derselben bestehen aus Kohlenstoff, Wasserstoff und Sauerstoff, jedoch kommen für gewöhnlich auf eine gewisse Anzahl Wasserstoff-Aequivalente mehr Aequivalente Sauerstoff als zur Bildung des Wassers nöthig ist.*)

*) Zur Bildung des Wassers gehört, wie schon im Vorhergehenden bemerkt, auf 1 Aeq. Sauerstoff = 1 Aeq. Wasserstoff (HO). Die Weinsteinsäure z B. besteht aus 8 Aeq. Kohlenstoff, 6 Aeq. Wasserstoff und 12 Aeq Sauerstoff = $C_8 H_6 O_{12}$, also enthält sie 6 Aequ. Sauerstoff mehr als nothwendig wäre, um mit dem in der Weinsäure vorhandenen Wasserstoff Wasser zu erzeugen.

b) Die Gruppe der Kohlenhydrate, zu welcher das Stärkmehl, das Gummi, der Zucker, die Cellulose gehören, enthalten neben dem Kohlenstoff noch Wasserstoff und Sauerstoff im wasserbildenden Verhältniß, demnach auf eine gewisse Anzahl Wasserstoffäquivalente die gleiche Anzahl Sauerstoffäquivalente.

c) Die Gruppe der Fette und fetten Oele enthalten Kohlenstoff, Wasserstoff und Sauerstoff, aber weniger Sauerstoffäquivalente als Wasserstoffäquivalente.

d) Endlich gibt es noch eine Gruppe von organischen Körpern in den Pflanzen, die gar keinen Sauerstoff enthalten, sondern nur Kohlenstoff und Wasserstoff. Hierher gehört z. B. das Terpentinöl.

5. Die zweite Hauptabtheilung der im Pflanzenreich vorkommenden organischen Stoffe sind die stickstoffhaltigen, und hier unterscheidet man vorzugsweise zwei Gruppen: die schwefelhaltigen und die schwefelfreien, d. h. die eine Gruppe gesellt zu ihrem Kohlenstoff, Wasserstoff, Sauerstoff und Stickstoff noch Schwefel, während die zweite Gruppe neben den organischen Elementen keinen Schwefel enthält. Die letztere Gruppe, zu welcher z. B. die sogenannten Pflanzen-Alkaloïde, wie das Chinin (in der Fieberrinde), das Morphium (im Opium), das giftige Strichnin (in den St. Ignatiusbohnen) u. s. w. zählen, sind für den Landwirth von geringerer Wichtigkeit. Höchst wichtige dagegen sind die schwefelhaltigen Stickstoffkörper. Es gehören zu ihnen die große Klasse der sogenannten Proteïn-, oder besser gesagt eiweißartigen Stoffe, deren Haupttypen das Eiweiß (Albumin), der Faserstoff (Fibrin), und der Käsestoff (Caseïn) sind. Die Eiweißkörper finden sich in allen Pflanzen, ohne sie ist eine Zellbildung unmöglich, sie bedingen im Wesentlichen den Nahrungswerth der Pflanze. Der Leib des Thieres

baut sich aus ihnen auf, daher der Name: plastische Nahrungsstoffe.

6. Besteht auch die Hauptmasse des ganzen Pflanzenkörpers aus den genannten vier Elementen: dem Kohlenstoff, Wasserstoff, Sauerstoff und Stickstoff, so sind doch die andern, im Eingange erwähnten Grundstoffe von nicht minderer Wichtigkeit, denn sie treten entweder geradezu in die Zusammensetzung der organischen Körper ein, wie z. B. der Schwefel und das Eisen, oder bilden unter sich Verbindungen, welche für den Lebensproceß der Pflanze, für die Erzeugung der organischen Stoffe absolut nothwendig sind.

7. Nach dem Vorhergehenden muß nun die zunächst zu erörternde Frage sein: welches sind die Stoffe, die der Pflanze ihre Elemente liefern, aus welchen Quellen fließen sie und welche Umänderungen erfahren dieselben im Pflanzenleibe?

Von allen obengenannten Grundstoffen oder Elementen kommen keine im freien, d. i. unverbundenen Zustande, in der Natur oder in der Pflanze vor; nur die Elemente Sauerstoff und Stickstoff machen hievon eine Ausnahme. Sie bilden, wie allgemein bekannt, die gasförmige Hülle unseres Planeten, die Atmosphäre, und treten auch im freien Zustande, theils in Säften gelöst, theils gasförmig in den Pflanzen auf; ja die Sauerstoff-Ausscheidung ist eine der wichtigsten Funktionen des wachsenden Pflanzenkörpers. Allein weder der freie Stickstoff, noch in erheblicher Menge der freie Sauerstoff betheiligen sich an der Stoffbildung im Innern der Pflanze; ihren Sauer- und Stickstoffgehalt bezieht die Pflanze vielmehr aus Sauerstoff- und Stickstoff-Verbindungen.

Das so eben Gesagte festgehalten, ergibt, daß die Pflanze ihre sie zusammensetzenden chemischen Elemente als solche nicht von Außen aufnehmen kann, daß dieselben im Gegentheile von da als zusammengesetzte Körper in den Pflanzenorganismus treten und hier zu Bestandtheilen desselben umgeändert werden.

Die Nahrungsmittel der Gewächse sind also keine einfachen, sondern zusammengesetzte Körper; es sind Vereinigungen der genannten Elemente untereinander.

8. Die Pflanzennahrungsstoffe, eine kleine Anzahl unorganischer Verbindungen, finden sich theils in der Luft, theils im Boden, theils im Boden und in der Luft gleichzeitig.

Aus den Nahrungsstoffen, welche in der Luft vorhanden sind, und die man deßhalb auch luftförmige oder atmosphärische Nahrungsstoffe nennt, bildet die Pflanze ihre organischen Bestandtheile. Diese luftförmigen Nahrungsstoffe heißen: Kohlensäure (CO_2), eine Verbindung von Kohlenstoff mit Sauerstoff, Wasser (HO), aus Wasserstoff und Sauerstoff gebildet, Ammoniak (NH_3), aus Stickstoff und Wasserstoff bestehend, und Salpetersäure (NO_5), welche aus Stickstoff und Sauerstoff zusammengesetzt ist. Die Kohlensäure liefert der Pflanze ihren Kohlenstoffgehalt, aus dem Wasser oder auch dem Ammoniak eignet sie sich den Wasserstoff an, während sie den Stickstoff vom Ammoniak oder der Salpetersäure bezieht. Ihren Sauerstoffgehalt kann sie den drei der genannten sauerstoffhaltigen Nahrungsstoffe, dem Wasser, der Kohlensäure oder Salpetersäure entnehmen.

Die atmosphärischen Nahrungsstoffe enthält auch der Boden; es sind also diejenigen, von denen oben gesagt wurde, daß sie gleichzeitig in der Luft und dem Boden vorhanden seien. Hiebei muß jedoch, um jedem Mißverständnisse vorzubeugen, noch besonders betont werden, daß die luftförmigen Nahrungsstoffe, welche der Boden enthält, trotzdem immer aus der Luft stammen; sie sind gewissermassen dem Boden von der Luft geliehen.

9. Bildet sich nun auch der Pflanzenkörper hinsichtlich seines organischen Bestandes, und dieser ist die Hauptmasse der Pflanze, aus Kohlensäure, Wasser und Ammoniak (Salpetersäure), so kommt doch ein Pflanzenkeim, bei alleiniger,

noch so reichlicher Zufuhr der luftförmigen Nahrung nicht zur Massenentwickelung. Sein Wachsthum und seine Ausbildung ist noch durch eine andere Reihe von Stoffen, welche gleichfalls Nahrungsmittel der Gewächse sind, bedingt. Es sind dieses die Pflanzennahrungsstoffe, welche sich ausschließlich im Boden befinden: die Phosphorsäure (PO_5), das Kali (KO), der Kalk (CaO), die Magnesia (MgO), die Kieselsäure (SiO_3), die Schwefelsäure (SO_3) das Eisenoxyd (Fe_2O_3) und das Kochsalz (NaCl). Fehlt einer dieser Nährstoffe im Boden, so kommt die Pflanze nicht zur Entwickelung, es erfolgt kein Wachsthum.

10. Es gab eine Zeit und sie ist noch nicht sehr ferne, in der man eine ganz andere Ansicht über die Natur der Pflanzennahrung hatte, als gegenwärtig. Die Pflanzennahrung sollte organischer Natur sein. Den organischen Bestandtheilen des Düngers und des Bodens, auch schlechtweg Humus genannt, schrieb man damals eine direkte Ernährungsfähigkeit zu; aus ihnen sollte die Pflanze ihre Stoffe bilden, und die Fruchtbarkeit der Aecker mit der Anwesenheit des Humus in ihnen im innigsten Zusammenhange stehen. Bis zum Jahre 1840 hielten die ausgezeichnetsten Landwirthe, die größten Naturforscher und Chemiker an der erwähnten Ansicht fest. „Die Wirkungen des organischen Düngers sind wunderbar und unbegreiflich," sagt Schwerz (Handbuch des praktischen Ackerbaues, Th. III S. 33), „es ist der unlösbare gordische Knoten; das ist die Grenze der Naturwissenschaft, über die hinaus Isis den Schleier des Geheimnisses deckt." „Es sind die vegetabilischen und thierischen Extracte (de Saussure in Bibliothèque universelle, T. XXXVI.), welche den Werth des Bodens für die Agricultur bestimmen."

„Die Pflanzen," sagt Berzelius (s. Handbuch, 1839, S. 77), „nehmen das Material zu ihrem Wachsthum aus der Erde und der Luft, welche beide gleich unentbehrlich für sie sind — der erdartige Theil scheint keinen anderen als nur mechanischen Einfluß auf die Pflanze zu äußern"; ferner (S. 23, Bd. VIII) „die Kalkerde dient theils als Reizmittel, theils als chemisches Agens, wodurch die Bestandtheile der Dammerde im Wasser auflöslicher werden — daher kann man das Kalken nicht ein Düngen nennen. — Ein anderer Einfluß der Kalkerde oder der Alkalien in der Asche besteht darin, daß durch ihre Einwirkung die organischen Materien schneller in Humus verwandelt werden — es ist unbekannt, wie der Gyps die vortheilhaften Wirkungen hervorbringt, die man aus Erfahrung kennt." Ferner Th. VI S. 101: „Wir haben aus dem Vorhergehenden gesehen, wie sich die Pflanzen Kohlenstoff und Sauerstoff aneignen. Wir haben aber nicht gefunden, woher sie den Wasserstoff nehmen und den Stickstoff, welchen gewisse Bestandtheile in bemerklicher Menge enthalten." (Vgl. Theorie und Praxis von Justus von Liebig S. 13).

Es war Liebig vorbehalten, freilich nicht ohne schweren Kampf, die sogenannte Humustheorie zu beseitigen und die wahre Natur der Pflanzennahrung festzustellen. Er wies nach, welches denn eigentlich die Funktionen der Pflanze seien, und gelangte zum Schlusse, daß der Humus nicht zur Unterhaltung dieser Funktionen dienen könne und „das pflanzliche und animalische Leben unabhängig von dem Kreislaufe von organischem ehemals belebten Stoffe sein müsse," wie solches de Saussure und Sprengel annahmen.

In der That besteht das Leben der Pflanze aus dem Leben der einzelnen Zellen, aus welchen die Pflanze zusammengesetzt ist. Das Leben der Zelle selbst besteht aber in einer fortwährenden Aneignung organischer Stoffe aus unorganischen, in einem steten chemischen, diese Umwandlung hervorbringenden Processe. Werden also der Zelle die Stoffe nicht geboten, welche zur Unterhaltung der chemischen Processe in ihr dienen, so ist ihr Leben beendigt, es erfolgt ihr Tod. Die Thätigkeit der Zelle muß aber nothwendig aufhören, sobald ihr nur *assimilirte* Nahrung geboten wird, oder sobald sie eine solche Menge organischer Stoffe erzeugt hat, daß die chemischen Processe in ihr hierdurch unterdrückt werden. Nichts ist daher wahrer, als der Satz *Liebig's* (Chemie in ihrer Anwendung auf Agricultur und Physiologie, 7. Aufl. Bd. I S. 27): „*Keine Materie kann als Nahrung der Pflanze angesehen werden, deren Zusammensetzung ihrer eigenen gleich oder ähnlich ist, deren Assimilation also erfolgen könnte, ohne dieser Funktion zu genügen.*" — Indem Liebig Beweis auf Beweis häufte, und gleichzeitig den naturgesetzlichen Zusammenhang zwischen Pflanzen- und Thierleben feststellte, faßte er im Jahre 1840 seine Lehre in nuce, wie folgt, zusammen (vgl. Einleitung in die Naturgesetze des Feldbaues S. 14):

„*Die Nahrungsmittel aller grünen Gewächse sind unorganische oder Mineralsubstanzen.*"

„Die Pflanze lebt von Kohlensäure, Ammoniak (Salpetersäure), Wasser, Phosphorsäure, Schwefelsäure, Kieselsäure, Kalk, Bittererde, Kali (Natron), Eisen, manche bedürfen Kochsalz."

Zwischen allen Bestandtheilen der Erde, des Wassers und der Luft, welche Theil nehmen an dem Leben der Pflanze, zwischen allen Theilen der Pflanze und des Thieres und seiner Theile besteht ein Zusammenhang, so zwar, daß wenn in der ganzen Kette von Ursachen, welche den Uebergang des unorganischen Stoffes zu einem Träger der organischen Thätigkeit vermittelen, ein einziger Ring fehle, die Pflanze oder das Thier nicht sein könne."

„Der Mist, die Excremente der Thiere und Menschen wirken nicht durch ihre organischen Elemente auf das Pflanzenleben ein, sondern indirect durch die Producte ihres Fäulniß- und Verwesungsprocesses, in Folge also des Uebergangs ihres Kohlenstoffs in Kohlensäure und ihres Stickstoffs in Ammoniak (oder Salpetersäure). Der organische Dünger, welcher aus Theilen oder Ueberresten von Pflanzen und Thiere bestehe, lasse sich demnach ersetzen durch die unorganischen Verbindungen, in welche er in dem Boden zerfällt."

Diese Sätze sind jetzt als tiefe Wahrheit allgemein anerkannt; im Jahre 1840 dagegen waren sie vollkommen neu und standen im directen Widerspruch mit den früheren und damals gehegten Ansichten über die Natur der Pflanzennahrung.

Muß nun auch anerkannt werden, daß die organischen Bestandtheile des Düngers und des Bodens als directe Nahrungsmittel für die Pflanze keine Bedeutung haben, so ist anderseits doch nicht zu verkennen und die praktische Landwirthschaft hat dieses auch erkannt, daß genannte Stoffe für den Feldbaubetrieb selbst von großer Bedeutung sind. Auch hier war es Liebig, welcher aufklärte.

Im Nachfolgenden sind die bezüglichen Wirkungen der s. g. Humussubstanzen zusammengestellt:

a) Durch ihre Zersetzung liefern die organischen Boden- und Düngerbestandtheile einen wichtigen Beitrag an atmosphärischer Pflanzennahrung, an Kohlensäure und Ammoniak. Die Pflanze ist also befähigt in derselben Zeit eine größere Menge luftförmiger Nahrung aufzunehmen, und fehlen die zur Assimilation nöthigen Aschenbestandtheile nicht auch zu verarbeiten, als wenn die Pflanze ausschließlich auf die Luft angewiesen wäre.

b) Die Zersetzungsproducte des Humus, die Kohlensäure und das Ammoniak, bewirken die Löslichwerdung der wichtigsten Bodenbestandtheile, verbreiten sie und machen sie aufnehmbar für die Pflanzenwurzel, eine Wirkung, welche nicht hoch genug angeschlagen werden kann.

c) Die organischen Bestandtheile des Düngers und Bodens bedingen nicht allein ein tieferes Eindringen der Pflanzennahrungsstoffe in den Boden, sondern auch deren bessere Vertheilung daselbst und leichtere Aufnahme durch die Wurzeln. Die Aschenbestandtheile der Pflanzen werden in Verbindung mit organischen Stoffen weniger rasch absorbirt, als aus ihren anorganischen Salzen. Ein Strohhalm gibt, indem er verwest, seiner ganzen Länge nach an die Bodenpartikelchen die in ihm enthaltenen Aschenbestandtheile und das sich bildende Ammoniak ab. Außerdem sind die im Boden verwesenden organischen Stoffe eben so viel Thüren, durch welche die Wurzeln ihre Nahrung aufsuchen können.

d) Der Humus liefert durch seine Verwesung eine von der Sonnenwärme unabhängige Wärmequelle, eine in unserem Klima beachtenswerthe Thatsache.

e) Die physicalischen Bodeneigenschaften werden durch den Humus verbessert. Das Absorptionsvermögen des Bodens für feste, flüssige und gasförmige Nährstoffe wird vergrößert, ebenso die wasserzurückhaltende Kraft. Beim Austrocknen schwindet ein, organische Stoffe enthaltender Boden weniger; die organischen Stoffe machen einen leichten Boden bündig und einen schweren minder zusammenhängend; endlich wird durch den Gehalt des Bodens an organischen Stoffen sein Verhalten gegen Einsaugung und Ausstrahlung von Licht und Wärme, ein anderes, seine Wärmeleitungsfähigkeit u. s. w. verschieden.

11. Man hat, freilich wenig exact, die Kohlensäure, das Wasser und das Ammoniak (Salpetersäure), weil aus ihnen die Pflanze ihre organischen Bestandtheile bildet, auch organische Nahrungsstoffe der Pflanzen genannt. Auf diese Weise sollte ein Gegensatz zwischen den genannten, ausschließlich im Boden befindlichen Nahrungsstoffen, den s. g. Aschenbestand-

theilen*), und den luftförmigen künstlich hervorgerufen werden. Man sagte, die Nahrungsstoffe der Pflanzen sind von zweierlei Natur, die einen sind die organischen: Kohlensäure, Wasser, Ammoniak (Salpetersäure), die anderen die anorganischen oder die Aschenbestandtheile. — So kindisch und gegen die Wissenschaft verstoßend eine solche Eintheilung auch war — denn kein wirklicher Chemiker zählt die Kohlensäure, das Wasser und das Ammoniak oder die Salpetersäure zu den organischen Körpern, und ebensowenig wird ein Mineralog den Marmor oder die kohlensaure Magnesia u. s. w. zu den organisch-sauren Salzen rechnen — so hat doch diese in England erdachte Eintheilung auch in Deutschland Anhänger gefunden und nicht wenig dazu beigetragen, die Erkenntniß der Natur der Pflanzennahrung zu verlangsamen. Durch die Bezeichnung organische Nahrungsstoffe der Pflanzen wurde vielfach an die alte Humustheorie erinnert, und es kostete wirklich einige Anstrengung, um diese durch nichts gerechtfertigte, lächerliche Unterscheidung wieder aus dem Sprachgebrauche zu verbannen. — Wie erwähnt: keiner der Pflanzennahrungsstoffe ist organischer Natur, alle, sowohl die luftförmigen, als auch die ausschließlich im Boden befindlichen sind unorganische Substanzen.

12. Die Quellen, aus welchen die Pflanze ihre Nahrung schöpft, sind der Boden und die Luft. Die letztere liefert der Pflanze die Kohlensäure, das Wasser und Ammoniak, also diejenigen Stoffe, welche im Pflanzenorganismus in organische Verbindungen umgewandelt werden. Die Menge der Nährstoffe in der Luft ist für alle Zwecke des Pflanzenlebens völlig genügend. Wäre die ganze Erde auch eine einzige fruchtbare Wiese, die Quantität der atmosphärischen Nährstoffe würde ausreichen, um den

*) Diese Stoffe bleiben beim Verbrennen einer Pflanze oder eines Pflanzentheils als feuerbeständiger Rückstand, als Asche zurück, daher der Name.

höchsten Ertrag an organischen Stoffen darauf hervorzubringen. Aber diese Quelle der pflanzlichen Luftnahrung ist auch unerschöpflich, sie fließt ewig, denn wird irgend ein organisches Gebilde zerstört, sei es im thierischen Leibe oder sei es in unseren Oefen u. s. w., so ist das Endproduct dieser Zerstörung eben wieder die Luftnahrung, aus welcher sich ursprünglich die organische Substanz in der Pflanze erzeugt hatte. Der Kohlenstoff der organischen Substanz wird beim Verbrennungs- und Lebensprocesse, bei der Fäulniß und Verwesung wieder zu Kohlensäure, der Wasserstoff zu Wasser und der Stickstoff zu Ammoniak oder Salpetersäure. Bei der feurigen Verbrennung freilich entweicht ein Theil des Stickstoffes der stickstoffhaltigen, organischen Substanz als freier Stickstoff, welcher, wie erwähnt, von der Pflanze nicht assimilirbar ist; es entsteht also bei diesem Processe jedesmal ein Verlust an dem, organische Form angenommenen Ammoniak oder der Salpetersäure. Diesem Verlust wirkt jedoch eine andere wunderbare Natureinrichtung entgegen. Bei einem jeden Verbrennungsprocesse nemlich, und selbst bei der Verbrennung s t i c k s t o f f f r e i e r organischer Materien, ja sogar beim bloßen Verdampfen von Wasser, erfolgt Ammoniak- und Salpetersäure-Bildung. Die Elemente des Wassers treten mit dem freien Stickstoff der Atmosphäre zu salpetrigsaurem und, durch weitere Mitwirkung des Sauerstoffes, zu salpetersaurem Ammoniak zusammen, erzeugen auf diese Weise wirksame Stickstoffnahrung für die Pflanzen und decken so reichlich den Verlust, welcher durch die vollkommene Verbrennung stickstoffhaltiger organischer Stoffe, bezüglich des Ammoniaks (der Salpetersäure) entstand.

13. Die Nahrungsstoffe, welche beim Verbrennen einer Pflanze oder eines Pflanzentheiles zurückbleiben: die Phosphorsäure, das Kali, der Kalk, die Magnesia, das Eisen, die Kieselsäure, die Schwefelsäure und das Kochsalz, stammen von dem Boden, er liefert dieselben ausschließlich der Pflanze. Diese sog. fixen

d. h. für sich unbeweglichen pflanzlichen Nahrungsstoffe sind in jedem cultivirten Boden enthalten, allein ihre Menge beträgt gegenüber der Bodenmasse, besonders was die Phosphorsäure und das Kali anbelangen, kaum mehr als Bruchtheile von Procenten.

Die Ergebnisse von den durch das Landesökonomie-Collegium in Berlin veranlaßten Analysen von vierzehn verschiedenen Bodenarten des Königreichs Preußen beweisen dieses. An Phosphorsäure und direct aufnehmbaren Kali enthielten fünf Felder $^2/_{10}$ Procent, sieben zwischen $^3/_{10}$ und $^5/_{10}$ und drei zwischen $^5/_{10}$ und $^6/_{10}$ Procent. Das nicht geradezu für die Pflanzen verwendbare Kali des Bodens beträgt ebensoviel oder um ein Geringes mehr.*)

Von den luftförmigen Nahrungsstoffen, der Kohlensäure, dem Ammoniak (Salpetersäure) und Wasser wurde erwähnt, daß bei der Zerstörung eines organischen Gebildes sie wieder dahin zurückkehrten, woher sie die Pflanze entweder direkt, oder durch Vermittlung des Bodens bezog, kurz, daß sie wieder in die Atmosphäre zurückkehrten. Hiedurch ist ihre allgemeine Verbreitung und Verbreitbarkeit gesichert; sie fließen von selbst den Orten zu, wo die Pflanze sie braucht. Anders verhält es sich mit den Aschenbestandtheilen der Pflanzen; sie sind nicht dem Boden von der Luft geliehen; denn die Luft enthält sie nicht; vielmehr sind sie Bestandtheile der den Boden bildenden Gesteinsmassen und werden durch deren Verwitterung aufnehmbar für die Pflanzenwurzel. Sie sind für sich stabil, unbeweglich; einmal dem Acker entzogen, fließen sie demselben von selbst nicht wieder zu, sondern müssen dahin zurückgebracht

*) Der Boden enthält die Pflanzennahrungsstoffe in zwei verschiedenen Zuständen, nemlich physicalisch und chemisch gebunden. In der ersteren Form (s. sp) sind sie geradezu aufnehmbar durch die Wurzeln, in letzterer dagegen nicht; die chemisch gebundenen Nährstoffe müssen, sollen sie für die Pflanzen wirksam werden, in die physicalische Form durch den Verwitterungsproceß zuerst übergeführt werden.

werden. Wie man sieht, besteht hinsichtlich der Ersatzleistung der eigentlichen, man könnte sagen unmittelbaren Bodenbestandtheile und der Pflanzennahrungsstoffe, welche die Atmosphäre liefert, ein großer Unterschied. Für die Ersatzleistung der ersteren hat der Landwirth immer zu sorgen, für die der luftförmigen Nahrung kaum, denn sie fließt auf natürlichem Wege den Pflanzen und dem Acker zu. Freilich kann es vorkommen, daß der Landwirth seinem Boden neben den Aschenbestandtheilen auch organische Stoffe zuführt, um für manche Kulturzwecke der Pflanze noch nebenbei in dem Boden selbst eine Quelle atmospärischer Nahrungsstoffe zu eröffnen. Aber auch in diesem Falle bezieht die Pflanze die Hauptmasse der Luftnahrung immer aus der Atmospäre, die zugeführten organischen Stoffe liefern nur den geringeren Theil; zudem sind die letzteren ursprünglich einzig und allein auf Kosten der Atmosphäre gewachsen.

14. Die Aufnahme der Nahrungsstoffe aus Boden und Luft von Seiten der Pflanzen geschieht durch zwei Organe, durch die Blätter und Wurzeln. Die Blätter entnehmen der Luft die Kohlensäure; dieses ist auf's Neue und Bestimmteste durch die in wässerigen Lösungen angestellten Vegetationsversuche von Stohmann und Knop erwiesen. Nicht mit derselben Sicherheit kann behauptet werden, daß die Blätter auch Wasserdunst und Ammoniak aus der Luft aufnehmen; es müssen hierüber noch Versuche entscheiden, wenn auch die Entziehung des Ammoniaks aus der Luft durch das Blattorgan sehr wahrscheinlich ist.

Die im Boden befindlichen sog. fixen Pflanzennahrungs-Stoffe (Aschenbestandtheile) bezieht die Pflanze ausschließlich durch die Wurzel. Der Boden enthält jedoch auch die luftförmigen Nährstoffe der Pflanzen, und zwar viel concentrirter als die Atmosphäre.*) Die Wurzel ist deßhalb gleichzeitig Aufnahmsorgan für die Luftnahrung; ja, wie bereits oben angedeutet, nehmen einige Forscher, Boussingault an der Spitze,

---

*) In seinen Bestimmungen des Kohlensäuregehaltes der in der Ackererde enthaltenen Luft fand Boussingault:

	enthält in 10000 Theilen Luft		
Atmosphärische Luft	4—5	Thl.	Kohlens.
Luft aus			
Sandboden, frisch gedüngt	217	„	„
„ kurz nach Regen	974	„	„
„ lange vorher gedüngt . . .	93	„	„
„ sehr sandig (Weinberg) . .	106	„	„
„ sandig mit vielen Steinen .	87	„	„
Lehmiger / Sandiger } Untergrund des vorigen .	46	„	„
Sandboden, lange vorher gedüngt (Spargel)	74	„	„
„ frisch gedüngt	85	„	„
„ vor acht Tagen gedüngt . .	154	„	„
Grube mit Holzerde	364	„	„
Muschelkalk, lange vorher gedüngt . .	87	„	„
„ (Luzerne)	80	„	„
Schwerer Thonboden (Topinambur) . .	66	„	„
Fruchtbar feucht (Wiese)	179	„	„

Bezüglich des Ammoniakgehaltes der Luft liegen zahlreiche, übrigens sehr abweichende Bestimmungen vor, aus welchen nur das eine ziemlich bestimmt hervorzugehen scheint, daß im Winter der Ammoniakgehalt der Luft viel kleiner ist, als im Sommer; wenigstens ergibt sich dieses aus den Versuchen von Horsford; nach ihm sind in 1 Million Gewichtstheilen Luft:

3. Juli	42,99	Gewichtstheile	Ammoniak
9. „	46,12	„	„
9. „	47,63	„	„
1. bis 20. Septbr	29,74	„	„
11. Oktober . . .	28,23	„	„
14. „ . . .	25,79	„	„
30. „ . . .	13,93	„	„

an, das Ammoniak, überhaupt die Stickstoffnahrung, gelange ausschließlich durch die Wurzeln in dem Pflanzenorganismus. Wie dem auch sei, soviel ist gewiß, daß die Wurzel nicht allein

---

6. November . .	8.09	Gewichtstheile Ammoniak
10. bis 13. Nov. .	8,09	„ „
14. bis 16. „ .	4,70	„ „
16. Nov. bis 5. Dez.	6,98	„ „
20. bis 21. Dez .	6,98	„ „
29. Dez.	1,217	„ „

Andere Analytiker fanden in 1 Million Gewichtstheilen Luft:

de Porre, (im Winter)		3,5	Gewichtsth. Ammoniak
Ville, 1850 (Mittel)		23,73	„ „
„ 1851 („)		21,10	„ „
Kemp, Küste von Irland . . .		3,88	„ „
Gräger, Mühlhausen während 4 Regentagen		0,33	„ „
Fresenius, Wiesbaden (August u. September 1848 . .	am Tage	0,10	„ „
	bei Nacht	0,17	„ „
Bineau, Lyon, Quay de Ratz,	Minimum	0,13	„ „
	Maximum	0,54	„ „
„ (Observatorium)	Minimum	0,15	„ „
	Maximum	0,26	„ „
„ Caluire,	Minimum	0,02	„ „
	Maximum	0,09	„ „

Wie man sieht, sind die Unterschiede im Ammoniakgehalt der Luft außerordentlich verschieden; in allen Fällen aber sehr klein. Dagegen sind die Ammoniakmengen, welche der Boden aus der Luft verdichtet, sehr viel größer. Boussingault fand in 1 Kilogramm der folgenden zum Rothglühen erhitzten Materien, nach dreitägigem Aussetzen an der Luft (auf einem Porzellanteller)

in 1 Kilo Quarzsand . .	0,6	Milligramm Ammon.
„ 1 „ Knochenasche . .	0,47	„ „
„ 1 „ Kohle	2,90	„ „

(Man vgl. Liebig, Chemie in ihrer Anwendung auf Agricultur und Phyteologie, 7. Aufl. Bd. I. S. 38 u. 63, Bd. II. S. 301.)

die fixen Nahrungsstoffe, die sog. Aschenbestandtheile, sondern auch die im Boden enthaltenen atmosphärischen: Kohlensäure, Wasser und Ammoniak (Salpetersäure) in die Pflanze einführt.

15. Die Pflanzennahrungsstoffe werden vom Boden absorbirt, d. h. der Boden entzieht dieselben einer Auflösung in reinem oder kohlensaurem Wasser und hält sie in einer Form zurück, in welcher sie für sich, ohne Mitwirkung der Pflanzenwurzel, nicht mehr oder doch nur in unerheblicher Menge in der Bodenfeuchtigkeit löslich sind. Um einen Begriff von der Fähigkeit der Ackererde Pflanzennahrungsstoffe zurückzuhalten, zu geben, mögen folgende Zahlen dienen. Eine Hectare Boden wiegt, bei einer Tiefe von 300 Millimeter und das spec. Gewicht der lufttrockenen Erde zu 1,2 angenommen, 3600000 Kilo; diese Erdmasse absorbirt:

9360 Kilo Ammoniak,
6151 „ Kali,
39 3 „ phosphorsauren Kalk, oder
1714 „ Phosphorsäure.

Ein Morgen Land ($^1/_4$ Hectare) absorbirt demnach in Zollpfunden (à 500 Grm.)

4680 Pfund Ammoniak,
3076 „ Kali,
1972 „ phosphorsauren Kalk, oder
428 „ Phosphorsäure.

15. Die Thatsache des Absorptionsvermögens der Ackererde war schon seit langer Zeit bekannt.

J. Ph. Bronner (vgl. sein Werk: Der Weinbau in Süddeutschland, Heidelberg bei Winter 1836) stellte die ersten Absorptionsversuche an. Er ließ in den dreißiger Jahren stinkende Mistjauche durch feinen Flußsand und halbtrockene gesiebte Gartenerde laufen und fand die abfließende Jauche fast farb- und geruchlos, von ihren extractiven Bestandtheilen und selbst von ihren löslichen Salzen befreit. „Nachrückendes Wasser spülte aus der Erde nur mehr einen geringen Theil dieser Bestandtheile wieder ab."

H. S. Thompson (Journ. of the royal agric. Soc. of Engl. T. XI. p. 68) beobachtete im Jahre 1845, daß Lösungen von kohlensaurem oder schwefelsaurem Ammoniak durch Ackererde filtrirt, an diese das Ammoniak abgeben, das Filtrat enthielt kaum mehr als Spuren von Ammoniak; es fanden sich jedoch, bei Verwendung von Lösungen des schwefelsauren Ammoniaks, große Mengen von Gyps in der durchfiltrirten Flüßigkeit.

Nach Thompson ließ Huxtable Mistjauche durch lehmige Ackererde filtriren. Er wiederholte also, freilich unbewußt, den Versuch von Bronner und erhielt dasselbe Resultat. Die Mistjauche floß vom Boden farb- und geruchlos ab, hatte ihren Ammoniakgehalt und zum größten Theil ihre Salze verloren.

Sehr umfassende Versuche stellte Th. Way (Journ. of the royal. agric. Soc. of Engl. Nr. XXV. p. 313) im Jahre 1850, sowohl mit verschiedenen Düngerflüßigkeiten, als auch mit einzelnen Düngerbestandtheilen an. Kaustisches, schwefelsaures, salpetersaures Ammoniak und Salmiak in Wasser gelöst, verloren mit einem Ueberschuß von Erde in Berührung ihr Ammoniak vollständig; die Säuren blieben in Form, gewöhnlich eines Kalksalzes, in der Flüßigkeit. Phosphorsäure machte jedoch eine Ausnahme. Einer Lösung von phosphorsaurem Natron, sowie einer solchen von Guanoasche in mit Schwefelsäure angesäuertem Wasser, entzog die Ackererde die Phosphorsäure. Aus Chlorkalium- und Aetzkalilösungen, aus solchen von schwefelsaurem und salpetersaurem Kali absorbirte die Erde das Kali, während auch hier Salzsäure, Salpetersäure und Schwefelsäure, an den in der Erde befindlichen Kalk oder auch zum Theil an die Magnesia 2c. gebunden, in der Flüßigkeit blieben. Eine Entziehung von Magnesia und Natron fand unter bestimmten Umständen aus ihren Salzlösungen durch die Ackererde gleichfalls statt. Ebenso wurde durch die Erde die Phosphorsäure, das Kali und Ammoniak dem Flachsröstwasser, der Kloakenflüßigkeit und dem gefaulten Urine entzogen.

17. Die Versuche von Way waren größtentheils mit Thonboden, Thonpfeifenerde, sowie mit einem künstlichen Doppelsilicate angestellt. Der Humus des Bodens schien Way ohne Einfluß auf die Absorptionsfähigkeit, ebenso der reine und kohlensaure Kalk; seine daran armen Bodenarten ꝛc. zeigten ja auf Zusatz von Kalk keine vermehrte Absorptionsfähigkeit. Indem Way außerdem hervorhob, daß der reine Sand kein Absorptionsvermögen besitze, versuchte er eine Erklärung der Absorptionserscheinungen des Bodens. Er leitete dieselben von einer rein chemischen Ursache ab. Die in geringer Menge im Boden befindlichen wasserhaltigen, aus kieselsaurer Thonerde und kieselsaurem Kalk oder kieselsaurer Magnesia ꝛc. bestehenden Doppelsilicate sollten sich mit den Ammoniak- oder Kalisalzen umsetzen und Ammoniak- oder Kali-Doppelsilicate bilden; Kalk, Magnesia u. s. f. würden hierbei, indem sie sich mit den Säuren der verwendeten Kali- oder Ammoniaksalze vereinigten, aus den ursprünglichen Doppelsilicaten treten und zwar in Mengen, welche dem eingetretenen Kali oder Ammoniak äquivalent seien. Diese Erklärungsweise war nicht die richtige. Abgesehen davon, daß ihr eine Reihe der begründetsten chemischen Thatsachen entgegenstehen, auf deren nähere Darlegung hier jedoch verzichtet werden muß, könnte nach dieser Hypothese das Absorptionsvermögen der Ackererde überhaupt nur eine Eigenschaft sein, welche einzig und allein jenen Bodenarten zukäme, die einen Gehalt an genannten, theilweise gar nicht existirenden Doppelsilicaten zeigten.

18. In der That, die Way'sche Erklärungsweise über

die Ursache des Absorptionsvermögens der Ackererden trug ihr Möglichstes dazu bei, die Wichtigkeit desselben zu schwächen. In gleicher Weise wie man früher mit dem Absorptionsvermögen des Bodens nichts anzufangen wußte, so war auch später diese wichtige Eigenschaft nur entdeckt, um einige haltlose Hypothesen daran zu knüpfen. Es blieb daher Liebig vorbehalten, die Tragweite dieser Bodeneigenschaft zu erkennen und zur Geltung zu bringen. Man kann mit Fug und Recht behaupten, daß er es eigentlich war, welcher das Absorptionsvermögen für die Landwirthschaft entdeckte, und nichts kennzeichnet mehr den tiefen Blick des genialen Mannes, als diese Entdeckung. Liebig erkannte nicht allein, worauf es bei der Erklärung der Erscheinung ankam, sondern in seiner berühmten Untersuchung über die Ackerkrume (Annalen der Chemie u. Pharmacie Bd. 105 S. 109) verknüpfte er auch das Absorptionsvermögen, auf wirklich überraschende, früher nie geahnte Weise mit der Pflanzenernährung und zeigte, wie bisher räthselhafte Erscheinungen beim Landwirthschaftsbetriebe durch dasselbe ihre Erklärung finden.

19. Vor allem mußte die Frage erledigt werden: ist das sog. Absorptionsvermögen eine Eigenschaft, welche ganz allgemein allen Bodenarten zukommt, oder ist es in Wirklichkeit, wie Way annahm, von einer bestimmten im Boden enthaltenen chemischen Verbindung abhängig, und demnach nur den von Way näher bezeichneten Bodenarten eigenthümlich?

Liebig prüfte zur Beantwortung dieser Frage die verschiedensten Bodenarten und alle zeigten das Absorptionsvermögen gegen die Pflanzennahrungsstoffe, wenn auch in verschiedenem Grade. Damit war die obige Frage gelöst und die Absorptionsfähigkeit des Ackerbodens als eine allgemeine Eigenschaft desselben erwiesen. Allein es ergab sich nun eine zweite

Frage, die, ehe zur Erklärung der Erscheinung geschritten werden konnte, noch bevor beantwortet werden mußte.

Die Landpflanzen erhalten ihre Nahrung entweder aus den verwitterten Mineralien des Bodens und aus der Atmosphäre oder aus diesen Quellen und dem zugeführten Dünger gleichzeitig. Im letzteren Falle befinden sich die Kulturpflanzen. Es mußte daher zuzusehen werden, ob denn in der That alle Pflanzennahrungsstoffe, in welcher Form sie immer dem Boden dargeboten sein mögen, dem Absorptionsvermögen desselben unterliegen, oder hievon die eine oder andere Verbindungsform dieser Nährstoffe eine Ausnahme macht. Dieses konnte a priori nicht bejaht und nicht verneint werden, sondern nur Thatsachen konnten hier entscheiden. Die zur Zeit der Liebig'schen Untersuchungen vorhandenen Thatsachen reichten aber keineswegs zur Beantwortung aus, denn alle Versuche waren entweder nur mit den Bestandtheilen des Düngers, oder mit reinen Salzen, nicht aber mit den Verwitterungsprodukten des Bodens angestellt. Erst die Liebig'schen Versuche erledigten diese zweite Frage; durch sie wurde festgestellt: auch die Pflanzennahrungsstoffe der Verwitterungsprodukte des Bodens unterliegen der Absorption. — Außerdem wurde durch Liebig's Versuche der Nachweis geliefert, daß auch die Kieselerde von dem Ackerboden absorbirt werde. *)

*) Das Verhalten der Kieselsäure, bezüglich ihrer Absorptions-Fähigkeit, ist den verschiedenen Böden gegenüber verschieden, ja manche Bodenarten, wie die an organischer Materie reichen Humusböden, absorbiren die Kieselsäure nur in geringer Menge oder gar nicht. Solche Böden können durch Zusatz von gebranntem Kalk absorptionsfähig für genannte Säure gemacht werden. Dieses Verhalten der Kieselsäure ist für den Landwirth sehr berücksichtigungswerth und Liebig sagt darüber: „Die im Boden vorhandenen vegetabilischen Ueberreste üben offenbar auf die Verbreitung des Kieselsäure-Hydrates und dessen Aufnahme durch die Pflanzenwurzeln eine Wirkung,

Nach allen diesen Thatsachen konnte nicht mehr bezweifelt werden: das Absorptionsvermögen für Pflanzennahrung ist eine allgemeine Eigenschaft der Ackererden, und diese Eigenschaft erstreckt sich auf die Pflanzennahrung, in welcher Verbindungsform sie auch immer dem Boden dargeboten sein mag.

20. Einmal die Thatsachen in der gehörigen Weise festgestellt, wendet sich Liebig zur Erklärung der Absorptionserscheinungen. Er findet, entsprechend den bis jetzt vorhandenen Versuchen, daß genannte Eigenschaft der Ackererden auf zwei verschiedenen Ursachen beruhe. Die eine Ursache ist rein physikalischer Art; sie ist dieselbe, welche auch der Flächenanziehung zu Grunde liegt; die andere Ursache ist eine chemische. Liebig verglich, in vortrefflicher Weise, die Wirkung der Ackererde auf die gelösten Pflanzennahrungsstoffe mit der ähnlichen Wirkung der Knochenkohle. Wie diese sich gegen Farbstoffe, verschiedene Salze u. s. f. verhält, so die Ackererde gegen die Pflanzennahrungsstoffe. Einer gefärbten wässerigen Flüßigkeit entzieht die Kohle den Farbstoff und schlägt ihn in physikalischer Bindung auf sich nieder, d. h. der Farbstoff erleidet keinen andern Eigenschaftswechsel, als daß er in einem für Wasser unlöslichen Zustand sich auf der Oberfläche (in den Poren?) der Kohle ablagert. In gleicher Weise macht die Ackererde aus einer Lösung von kohlensaurem Kali, Ammoniak oder von phosphorsau-

und es erklärt sich vielleicht hieraus der Einfluß, den ein gewisser Humusgehalt im Boden oder die organischen Ueberreste von Pflanzen mit starker Wurzelverzweigung, wie Klee, auf das Wachsthum der nachfolgenden Halmgewächse ausüben, sowie das Vorkommen von kieselsäurereichen Gewächsen in stehenden Wässern und Sümpfen, auf deren Boden sich große Massen von faulenden Pflanzenstoffen ansammeln." (Annalen der Chemie u. Pharmacie. Bd. 106, S. 128.)

rem Kalk u. s. w. in kohlensaurem Wasser, das Kali, Ammoniak und die Phosphorsäure unlöslich; auch hier sind, wie bei der Kohle, die Nährstoffe als solche abgelagert, aber die Ablagerung ist nicht Folge der chemischen Kraft, den sie geschah weder nach chemischen Aequivalenten*), noch erfolgte totaler Eigenschaftswechsel der absorbirten Nährstoffe, vielmehr sind letztere, wie die mit der Kohle physikalisch verbundenen Farbstoffe, durch eine stärker als das Wasser anziehend wirkende Flüßigkeit wieder mit allen ihren Eigenschaften in Lösung zu bringen.

Bei der Absorption der Farbstoffe oder der genannten Pflanzennahrungsmittel erfolgte kein Austausch ihrer Bestandtheile mit denen der Ackererde oder Kohle, es trat kein Bestandtheil der letzteren an die Stelle der absorbirten Stoffe in das Wasser über. In vielen Fällen geschieht jedoch die Erscheinung in anderer Weise. Ist nemlich der der Absorption unterliegende Körper mit irgend einem Stoffe chemisch verbunden, für welchen das absorbirende Mittel, also die Ackererde oder die Kohle, keine Anziehung besitzt, so muß, ehe die Fixirung des betreffenden Körpers erfolgen kann, die chemische Verbindung aufgehoben, das Absorptionsvermögen durch chemische Mitwirkung von Bestandtheilen der Ackererde oder der Kohle unterstützt werden. Bei dieser Art von Absorption wirken also die zwei erwähnten Ursachen, die chemische und physikalische gleichzeitig, und ihr Effect ist Herstellung einer absorptionsfähigen Form des Nahrungsstoffes und schließliche Absorption desselben. Dieser Fall tritt ein, wenn z. B. das Kali oder Ammoniak u. s. w. mit einer stärkeren Mineralsäure, z. B. Schwefelsäure, verbunden ist; es muß dann Kalk oder Magnesia vorhanden sein, soll das Kali oder Ammoniak vom Boden physi-

*) Neu angestellte Versuche von Liebig haben dieses auf das Bestimmteste dargethan. Vgl. die 8te Auflage seiner Agriculturchemie, Bd. II. S. 415.

kalisch gebunden werden. Der Kalk oder die Magnesia scheiden die Säure ab, hier die Schwefelsäure, indem sie damit ein in Lösung bleibendes Salz bilden, während das in Freiheit gesetzte Kali u. s. w. der anziehenden Kraft der Ackererde folgt. In gleicher Weise, wie hier die Ackererde, verhält sich die Knochenkohle einer großen Anzahl von Salzen gegenüber.

Die späteren nach Liebig unternommenen Versuche, bezüglich des Absorptionsvermögens der Bodenarten, bestätigten nicht allein die Resultate der Liebig'schen Untersuchung, sondern sind auch Beweise für die Richtigkeit seiner Erklärung des Vorganges der Erscheinung. Man kann daher mit Recht sagen: Die Absorption der Pflanzennahrungsstoffe durch den Boden ist ein Akt der Flächenanziehung; in vielen Fällen wirkt jedoch noch eine chemische Ursache hierbei mit.

21. Aber Liebig ließ es nicht allein bei der Feststellung der Erscheinungen und einer Erklärung derselben bewenden, er wies auch die Bedeutung des Absorptionsvermögens der Ackererden für die Pflanzenernährung und somit für die praktische Landwirthschaft nach. Und in der That kann ihm dafür nicht genug Dankbarkeit gezollt werden. Die Kenntniß der Beziehungen zwischen Bewurzelung der Pflanzen und Vertheilung der Nährstoffe im Boden, zwischen Ertrag und der ihn bedingenden nothwendigen Menge der Bodennährstoffe, über die Erfolge gegebener Düngermengen, die Art und Weise der Nahrungsaufnahme durch die Pflanzen 2c., ist nur eine Folge der richtigen Deutung des Absorptionsvermögens der Ackererden.

Im Nachstehenden ist die Bedeutung des Absorptionsvermögens für den Ernährungproceß der Pflanzen des Näheren dargelegt:

a) Das Absorptionsvermögen bewahrt den Boden vor dem Verluste seiner wichtigsten Pflanzennahrungsstoffe gegenüber der auslaugenden Wirkung der atmosphärischen Niederschläge. Hätte der Kulturboden diese Eigenschaft nicht, sondern bewegten sich die Nährstoffe der Pflanzen in Form einer Lösung im Boden, so würden dieselben in kurzer Zeit aus dem Boden verschwinden und in eine für die Pflanzenwurzeln unerreichbare Tiefe geführt sein. Wie rasch die löslichen Salze aus einer 1 Fuß hohen Bodenschicht durch die atmosphärischen Niederschläge aufgelöst werden, beweisen die Analysen von Zöller. Von sehr bedeutenden Düngungen zogen die nicht absorbirbaren Stoffe: Chlor, Schwefelsäure und Salpetersäure, gegeben in Form von Salzen, schon im ersten noch dazu nicht übermäßig nassen Sommerhalbjahre vollständig mit dem Regenwasser in die Tiefe, während dasselbe Wasser von den absorbirbaren Düngstoffen: Kali und Phosphorsäure, von ersterem nur sehr geringe Mengen, von letzterer dagegen eine nicht bestimmbare Quantität löste und fortführte (vgl. Naturgesetze des Feldbaues von Liebig S. 387).

b) Das Absorptionsvermögen der Ackererde schützt die Pflanze gegen eine Aufnahme ihr schädlicher Stoffe. Ist nemlich irgend ein Nahrungsstoff mit einer für das Pflanzenleben nicht nothwendigen oder geradezu schädlichen Substanz gemischt oder verbunden, so wird nur der Nahrungsstoff absorbirt; die für das pflanzliche Leben bedeutungslose Substanz bleibt hingegen, in den weitaus meisten Fällen, gelöst und wird durch den Regen in kurzer Zeit aus dem Bereiche der Wurzeln fortgeführt.

c) Die Form, in welcher der Boden die Nährstoffe den Pflanzen bieten muß, und in welcher sie vortrefflich auf das Pflanzenwachsthum wirken, ist die absorbirte, also die der physikalischen Bindung. Versuche, welche im Münchener pflanzenphysiologischen Institute von Liebig, Nägeli und Zöller angestellt wurden, beweisen dieses. Torfpulver, welches die Nährstoffe physikalisch gebunden, und zwar pro Liter 1,45 Gramm Kali, 1,227 Grm. Ammoniak, 0,205 Grm. Natron und 0,41 Grm. Phosphorsäure erhielt, gab einen 26fachen Ertrag an Bohnensamen, während das gewöhnliche Torfpulver, ohne physikalisch gebundene Nährstoffe, nur die doppelte Aussaat lieferte. Weitere Versuche in dem auf solche Weise zubereiteten Torfboden oder in zubereiteter Gartenerde, mit den verschiedensten Kulturpflanzen: Weizen, Gerste, Erbsen, Klee, Kartoffeln, Zuckerrüben, Tabak bestellt, gaben ein ähnliches Resultat. Die Pflanzen wuchsen in den die Nährstoffe absorbirt enthaltenden Böden auf's Kräftigste und lieferten die höchsten Erträge.

d) Die Landpflanzen erhalten ihre Nahrung in Folge des Absorptionsvermögens des Bodens, nicht durch eine in dem Boden schon fertig gebildete Lösung. Dieser Satz, so viele Anfechtungen er auch anfänglich erlitt, ist nichts destoweniger fest begründet, und die von Liebig hiefür beigebrachten Beweise unwidersprechlich. Dieser Satz drückt nicht aus: die Landpflanze könne aus Lösungen überhaupt nichts aufnehmen, oder die Nährstoffe gingen auf unerklärliche Weise in ungelöster Form durch die Membranen der Wurzelzellen, als vielmehr: es findet sich für gewöhnlich keine Lösung der absorptionsfähigen Nährstoffe im Boden vor, die Bodenfeuchtigkeit enthält in den weitaus meisten Fällen nur unerhebliche Mengen davon und aus dem Grunde kann die Pflanze ihr Bedürfniß nicht aus ihr decken. Die Wurzel der Landpflanze spielt bei der Aufnahme der Nahrungsstoffe eine selbstständige Rolle, sie bewirkt in unmittelbarer Berührung mit den Ackertheilchen, unter Mitwirkung der Bodenfeuchtigkeit die Löslichmachung und Aufnahme der absorbirten Nährstoffe.

Es waren in der Hauptsache drei Beweise, welche Liebig für die unmittelbare Aufnahme der Nährstoffe vom Boden durch die Wurzeln der Landpflanze beibrachte. Der eine war das Absorptionsvermögen der Ackererde gegen die Pflanzennahrungsstoffe selbst. — Der zweite die Schwerlöslichkeit der absorbirten Nährstoffe in der Bodenfeuchtigkeit und damit ihr unbedeutender, das Bedürfniß der Pflanzen keineswegs deckender Gehalt. Die Untersuchung des durch den Boden gegangenen atmosphärischen Wassers, des Fluß- und Quellwassers, des Drain- und Lysimeterwassers ergaben dieses. Th. Way fand in je 10 Millionen Pfund von vier verschiedenen Drainirwassern die Menge des Kali als nicht bestimmbar, drei andere Wasser enthielten in 7 Millionen Pfund Wasser 2—5 Pfund Kali; von Phosphorsäure war in drei Wassern keine bestimmbaren Mengen, in vier anderen in 7 Millionen Pfund Wasser 6 bis 12 Pfund Phosphorsäure, von Ammoniak in eben dieser Menge Wasser 0,6—1,8 Pfund. Krocker fand in 6 Drainirwassern weder Ammoniak noch Phosphorsäure, hingegen in einer Million Pfunde Wasser zwischen 2 bis 6 Pfund Kali. Wie schon früher angedeutet, bestimmte Zöller die Mengen Kali und Phosphorsäure, welche während eines Jahres von stark gedüngten, 1 Fuß hohen Bodenschichten durch das durchsickernde atmosphärische Wasser gelöst wurde. Bei einer Düngung von 54 Kilo Phosphorsäure für die $^1/_3$ Hectare, fand sich in den durch den Boden gegangenen Wasser unbestimmbare Mengen Phosphorsäure und bei einer Düngung von 330 Kilo Kali nur zwischen 7 und 10 Kilo Kali (vgl. Liebig: Naturgesetze des Feldbaues, 7. Auflage, S. 96 u. 383). — Für's dritte bewies Liebig: die Pflanzenwurzel kann direct von der Ackererde ihre Nährstoffe aufnehmen. Werden frische Wurzeln zwischen Lackmuspapier gepreßt, so zeigen sie stark saure und bleibende Reaction, welche in ihrer Intensität derselben Reaction von verdünnter Schwefelsäure gleicht. Hiebei ist noch zu bemerken, daß die feinsten Wurzelfibrillen die stärkste saure Reaction hervorbringen. Wird anderseits eine Röhre mit destillirtem Wasser gefüllt, welches durch etwas Salzsäure oder Essigsäure u. s. f. angesäuert ist, dann die vollständig mit Flüßigkeit angefüllte Röhre mit einer Blase überbunden und auf diese etwas phosphorsauren Kalk, phosphorsaure Ammoniak-Magnesia u. s. w. gestreut, so lassen sich sehr bald Phosphorsäure, Kalk, Magnesia und Ammoniak in der Flüßigkeit der Röhre nachweisen. Die saure Flüßigkeit, mit welcher die Membran imbibirt (vollgesaugt) war, brachte die angewandten unlöslichen Stoffe zur Lösung und der gelöste Körper trat dann auf endosmotischem Wege in die Flüßigkeit der Röhre.*) In ähnlicher Weise geht die Aufnahme der absorbirten Pflanzennahrungsstoffe des Bodens durch die Pflanzenwurzel vor sich; die Wurzel ist mit saurer Flüßigkeit imbibirt und befindet sich in directer Berührung mit den Erdtheilchen; indem nun die saure Flüßigkeit der Wurzelmembranen die absorbirten Nährstoffe von den Bodentheilchen auflöst, entsteht die Nährstofflösung und tritt als solche in das Innere der Zellen ein. Gleichzeitig von Außen mitaufgenommenes Wasser erleichtert natürlich das Eintreten der durch die Pflanzenwurzel löslich gemachten Nährstoffe. Nach diesem Vorgange also kann die Wurzel, ohne jegliche Ausscheidung, die Aufnahme der unlöslich im Boden enthaltenen Nährstoffe bewirken. Zudem sprechen zahlreiche Erscheinungen der gewöhnlichen Praxis

*) Man vergleiche auch Zöller: Landw. Versuchsstationen Bd. V. S. 45.

für ein direktes Angreifen der Wurzeltheilchen durch die Wurzel. Viele Flechten sitzen mit großer Festigkeit auf nacktem Gestein, ihre Wurzeln haben sich gleichsam in das Gestein eingeätzt; wird eine Kulturpflanze vorsichtig aus dem Boden gezogen, so umgibt festhaftend die Ackererde die feinen Wurzelfibrillen; in glatten Steinen von kohlensaurem Kalk (Kalksteinen), in Knochenstückchen u. s. w. finden sich in häufigen Fällen die Wurzeln von Klee, Getreide und anderen Pflanzen rinnenförmig eingelagert.

e) Das Absorptionsvermögen der Ackererde erklärt aber auch die bedeutenden Mengen Pflanzennahrungsstoffe, welche in einem Boden enthalten sein müßen, soll er eine gute Ernte liefern.

Wenn in der That nur von den Bodentheilchen Nährstoffe aufgenommen werden, mit denen die Wurzeln sich direkt in Berührung befinden, wenn ferner die Nährstoffe der Pflanzen in der Bodenfeuchtigkeit unlöslich, sich nicht von einem Ackertheilchen zum andern zu bewegen im Stande sind, demnach ein an Nährstoffen noch so reiches Ackertheilchen, welches von den Wurzeln nicht berührt wird, für die Ernährung sich nutzlos erweiset, so ist einzusehen, es kann nur entsprechend der Oberfläche der Pflanzenwurzel, Nahrung von dem Boden aufgenommen werden. Wäre nun die Wurzeloberfläche so groß, daß etwa $^1/_{100}$ der im Boden befindlichen Nahrung in die Pflanze übergehen könnte, so müßte der zur einer Mittelernte gehörende Bedarf in hundertfacher Menge in dem Felde in einer Weise vertheilt sein, daß jedes Ackertheilchen, so tief die Wurzeln gehen, gleichförmig seinen Antheil von der erwähnten Menge der Pflanzennahrung bekäme. Nur in diesem Falle würde das Feld eine Mittelernte ertragen. Bedürfe also die

Weizenernte einer Hectare Land = 70 Pfd. Phosphorsäure, so müßten, damit jedes Ackertheilchen die gehörige Menge dieses Stoffes an die Wurzeln abzugeben vermöchte, 7000 Pfd. Phosphorsäure, in der oben angegebenen Weise, in der Hectar vertheilt sein. Eine so bedeutende Menge Phosphorsäure Feldern, welche keine enthalten, zuzuführen, um sie ertragsfähig zu machen, würde, wenn auch nicht unmöglich, doch eine höchst unökonomische Maßregel sein, denn ein so ertragsfähig gemachter Morgen Boden würde bedeutend mehr kosten, als der Morgen des vorzüglichsten Ackerlandes. Zudem dürfte auch die Menge Phosphorsäure, welche nöthig wäre, um die Felder eines einzigen kleinen Fürstenthums fruchtbar zu machen, denn doch nur sehr schwierig aufzubringen sein. In Wirklichkeit ist ein solches Fruchtbarmachen auch nicht nöthig. Die meisten Kulturböden enthalten eine solche Menge von Nährstoffen, wie sie zu einer guten Ernte gehören, schon von vorneherein, und der Landwirth hat deßhalb nur Sorge zu tragen, diese Menge seinem Boden durch Ersatzleistung der in den Ernten entzogenen Bodenbestandtheile zu erhalten.

Wie sehr die aus der Unbeweglichkeit der Pflanzennahrungsstoffe im Boden für die Erzielung einer Mittelernte als nöthig gefolgerte Nährstoffmenge den Thatsachen entspricht, beweist eine, auf Liebig's Veranlassung von Zöller ausgeführte Versuchsreihe (Annalen der Chemie u. Pharmacie Bd. 112, S. 39). Dieselbe betraf, mit zu Grundelegung der Liebig'schen Ansicht, die Beziehungen zwischen Menge der aufnehmbaren Pflanzennahrung im Boden und Erträge dieses Bodens.

In Bogenhauser, Schleißheimer und Weyhenstephaner Böden wurden in 1 Hectare, bei 10 Zoll Tiefe, durch die chemische Analyse gefunden:

	Bogenhausen Kilo	Schleißheim Kilo	Weyhenstephan Kilo
Kali	2950	2667	5922
Natron	369	230	4614
Phosphorsäure . .	3350	1212	5213
Lösliche Kieselsäure	17753	13335	14175

In Bogenhausen und Weyhenstephan wurde Gerste, in Schleißheim Winterroggen gebaut.

Eine Hectare Land liefert einen mittleren Ertrag an lufttrockenen Gerstenkörnern von 2300 Kilo und einen solchen an lufttrockenem Gerstenstroh von 4000 Kilo; dieselbe Fläche bringt eine Mittelernte von 1600 Kilo Roggenkörner und 3800 Kilo Roggenstroh hervor.

Nach den Analysen Zöller's zeigen die lufttrockenen Gerstenkörner einen durchschnittlichen Aschengehalt von 2,55 Proc., das lufttrockene Gerstenstroh einen solchen von 4,98 Proc., deßgleichen die Roggenkörner = 1,73 Proc., und das Roggenstroh = 5,58 Proc. Asche.

In 100 Theilen Körnerasche der Gerste sind enthalten: 3,9 Theile Natron, 18,4 Thl. Kali, 32,43 Thl. Phosphorsäure und 31,3 Thl. Kieselsäure; in 100 Thln. Körnerasche des Roggens: 1,57 Thl. Natron, 28,0 Thl. Kali, 48,63 Phosphorsäure und 1,44 Thl. Kieselsäure.

In 100 Theilen Strohasche von Gerste sind enthalten: 4,6 Thl. Natron, 12,4 Thl. Kali, 32,43 Thl. Phosphorsäure und 31,3 Thl. Kieselsäure; in 100 Thl. Roggen-Strohasche: 6,27 Thl. Natron, 9,83 Thl. Kali, 6,26 Thl. Phosphorsäure und 70,74 Thl. Kieselsäure.

Es werden nach diesen Analysen einer Hectare Land entzogen:

durch eine mittlere Gerstenernte:

	Kali	Natron	Phosphorsäure	Kieselsäure	
in den Körnern	10,80	2,29	19,02	18,35	Kilo
im Stroh . .	24,70	9,17	11,55	119,32	"
zusammen	35,50	11,46	30,57	137,67	Kilo

durch eine mittlere Roggenernte:

	Kali	Natron	Phosphorsäure	Kieselsäure	
in den Körnern	8,06	0,43	13,48	0,40	Kilo
im Stroh . . .	19,86	14,30	13,26	128,87	"
zusammen	27,92	14,73	26,74	129,27	Kilo

Nimmt man nun an, die Wurzeln der auf einer Hectare wachsenden Gersten- oder Roggenpflanzen hätten eine auffaugende Oberfläche von solcher Größe, daß sie den hundertsten Theil der im Boden enthaltenen Kali-, Natron-, Phosphorsäure- und Kieselsäure-Menge zu entziehen vermöchten, so müßte das Feld, sollte es den darauf wachsenden Getreide-Pflanzen die zu einer Mittelernte gehörenden Mengen der Nährstoffe liefern, hundertmal diese Mengen, und zwar soweit die Wurzel reicht, gleichmäßig vertheilt enthalten. Gingen die Wurzeln der Getreidepflanzen 25 Centimeter tief, so müßte auf diese Tiefe 1 Hectare Boden einen Gehalt gleichmäßig vertheilter und direct aufnehmbarer Nährstoffe zeigen:

	für die Gerstenpflanzen		für die Roggenpflanzen
Phosphorsäure . .	3057 Kilo	—	2674 Kilo
Kali	3550 "	—	2792 "
Kieselsäure . . .	13767 "	—	12927 "
Natron	1146 "	—	2674 "

Nur bei einem solchen Gehalte von Nährstoffen, in der erwähnten Vertheilung und aufnehmbaren Form, würde, die andern Wachsthumsbedingungen vorausgesetzt, die Hectare eine mittlere Roggen- oder Gerstenernte liefern.

In nachstehender Tabelle sind die berechneten Mengen Nährstoffe mit den durch die Bodenanalyse im Bogenhauser Schleißheimer und Weyhenstephaner Felde wirklich gefundenen, sowie den angenommenen Mittelertrag mit den niedrigsten und höchsten Ernten der besagten Bodenarten verglichen:

Gehalt und Ertrag einer Hectare in Kilogrammen:

	Berechnete		Bogenhausen	Schleißheim	Weyhen-stephan
	Menge	Nährstoffe	Gefundene	Menge	Nährstoffe
	(Gerste)	(Roggen)	(Gerstenfeld)	(Roggenfeld)	(Gerstenfeld)
Phosphorsäure	3057	2674	3350	1212	5213
Kali . . .	3550	2792	2950	2667	5922
Kieselsäure .	13767	12927	17759	13335	14175
Höchste Ernte (gedüngt):					
Körner . .	2300	1600	1109	732	2245
Stroh . . .	4000	3800	2118	1653	5082
Niedrigste Ernte (ungedüngt):					
Körner . .	—	—	417	115	1520
Stroh . . .	—	—	1270	287	3025

Aus der Vergleichung der Mengen Nahrungsstoffe, welche als nöthig berechnet wurden, um auf einer Hectare Land eine mittlere Gersten- oder Roggenernte zu erzielen, mit den Mengen, welche durch die Bodenanalyse wirklich gefunden wurden, ergibt sich, daß im Bogenhauser Boden die Menge der Phosphorsäure und Kieselsäure für eine mittlere Gerstenernte ausreichend, ja sogar im Ueberschusse vorhanden war, daß aber die gefundene Kalimenge nur 0,83 einer Mittelernte entsprach. Der Weyhenstephaner Boden zeigte ein bedeutendes Mehr an Kali, Phosphorsäure und Kieselsäure; dagegen reichte der Gehalt des Schleißheimer Feldes an Phoshorsäure kaum für eine halbe Roggen-Mittelernte aus.

Betrachtet man nun die Erträge der ungedüngten Felder und hält sie zusammen mit den Bodenanalysen, so sind die Ernten weit geringer, als sie der im Vorhergehenden gemachten Annahme zufolge sein sollten. In Bogenhausen wurde an Körnern kaum eine fünftel und an Stroh etwa eine viertel Mittel-Ernte erzielt. In Weyhenstephan ertrug ungedüngter Boden eine $^2/_3$ Körner- und $^3/_4$ Strohmittelernte und in Schleißheim nur den vierzehnten Theil einer Mittelernte an Körnern und Stroh.

Diese niedrigen Erträge lassen sich auf verschiedene Ursachen zurückführen und durch dieselben erklären.

1. Die Bodenanalyse, obgleich man durch sie gerade die für die Pflanze direct aufnehmbaren Nährstoffe bestimmen wollte, gab auch eine gewisse Menge Pflanzennahrung an, die, aller Wahrscheinlichkeit nach, noch nicht in der für die Wurzel wirksamen Aufnahmsform im Boden enthalten war.

2. Die Nährstoffe waren, wie sich auch aus späteren Betrachtungen ergibt, im Boden nicht gleichförmig vertheilt; an manchen Stellen des Bodens mußten sie sich in größerer Menge angehäuft finden, als an anderen. Da nun in Folge des Absorptionsvermögens des Bodens gegen die Pflanzennahrungsstoffe, die Bodenfeuchtigkeit für sich die absorbirten Nährstoffe nicht zu lösen und deßhalb auch nicht im Boden zu verbreiten vermag, so erfolgte keine Aenderung im Nährstoffgehalt der einzelnen Bodentheilchen, d. h. die einen blieben arm an Nährstoffen und die andern verloren nichts von ihrem Reichthume.

Wie gering, wegen des Absorptionsvermögens der Ackererden, die Verbreitung der pflanzlichen Nahrungsstoffe von einer Stelle des Bodens zur andern ist, kennt jeder Landwirth aus eigener Erfahrung. Eine stark gedüngte Bodenstelle gibt sich durch den üppigen Pflanzenwuchs noch nach Jahren zu erkennen; die Nährstoffe sind während der ganzen Zeit an dieser Stelle geblieben, sie haben sich nicht über dieselbe hinaus verbreitet. Absichtlich angestellte Versuche, welche die Unbeweglichkeit der Nährstoffe im Boden prüfen sollten, haben ergeben, daß von den Nährstoffen einer damit reich gedüngten Furche in die beiden rechts und links liegenden Ackerfurchen sich nichts verbreitete; die Pflanzen entwickelten sich in diesen dicht angrenzenden Furchen nicht besser, als in den von der gedüngten Furche weiter entfernten, während in der gedüngten Furche der üppigste Pflanzenwuchs erfolgte.

Nun kommt aber noch Folgendes hinzu. Die absorbirten Nährstoffe werden von den Bodentheilchen nicht mit gleicher Kraft festgehalten; ein Theil ist schwächer, der andere fester gebunden. Die letzten Antheile der absorbirten Nährstoffe halten die Ackertheilchen mit einer solchen Kraft zurück, daß sie nur mehr von heißer concentrirter Salzsäure gelöst werden. Ein bis zu einem gewissen Grade erschöpftes Ackertheilchen wird daher der Löslichmachung seiner Nährstoffe von Seiten der Wurzel einen bedeutenden Widerstand entgegensetzen, und dieses ist mit ein Grund des raschen Sinkens der Erträge in einem verhältnißmäßig noch viele Nährstoffe enthaltenden Boden. Das Schleißheimer Roggenfeld, welches 1212 Kilo Phosphorsäure enthielt, eine Menge ausreichend für 45 Roggen-Mittelernten, lieferte einen Ertrag von 115 Kilo Körner und 287 Kilo Stroh! — Anderseits wird ein mit der Wurzel in Berührung kommendes, an Nährstoffen reiches Ackertheilchen zwar verhältnißmäßig leicht einen Theil seiner Nährstoffe abgeben, allein die Abgabe wird nur entsprechend der Größe der Berührungsfläche zwischen Ackertheilchen und Wurzel erfolgen.

Wenn nun einerseits die Pflanzenwurzeln nur von den Ackertheilchen Nahrung aufnehmen, mit welchen sie in unmittelbare Berührnng kommen; wenn ferner die Ackertheilchen um so schwieriger ihre Nährstoffe abgeben, je ärmer sie daran sind;

geben außerdem die im Boden zerstreut liegenden reichen Bodentheilchen unter gewöhnlichen Umständen nichts von ihrem Reichthume an die ärmeren ab, und ist endlich die Größe der Nahrungsaufnahme aus dem Boden nicht allein durch die Größe der auffaugenden Wurzeloberfläche, sondern auch durch die Oberfläche, welche die absorbirten Nährstoffe im Boden besitzen, bedingt, so erklärt es sich, wie sehr der Ertrag, d. i. die durch Wirksamwerden der aufgenommenen unorganischen Pflanzennahrungsstoffe im Pflanzenorganismus erzeugte organische Substanz, von der Vertheilung der Nährstoffe im Boden abhängig ist. Denn sind die Ackertheilchen theilweise sehr reich, die andern arm an Nährstoffen, so wird, wie die obige Betrachtung ergibt, nicht allein von den ärmern Bodentheilchen im Verhältnisse weniger aufgenommen, sondern auch selbst von der reichern. Es kann sich nemlich ergeben, daß die Wurzel mit vielen der reichen Bodentheilchen gar nicht in Berührung kommt, und deßhalb dieser Reichthum vorerst todtes Kapital ist; oder wenn die Wurzel die reichen Ackertheilchen auf ihrem Wege findet, doch nur, wegen der geringen Oberfläche der Nährstoffe, wenig Nutzen davon zieht, d. h. wenig Nährstoffe von ihnen aufnimmt. Wären dagegen die auf der geringen Fläche des einzigen Ackertheilchens angehäuften Nährstoffe auf einer größeren Fläche, also auf vielen Ackertheilchen vertheilt gewesen, so hätten zahlreiche Wurzel ihr Nahrungsbedürfniß befriedigen können.

In einem späteren Paragraphen sollen noch die näheren Beziehungen zwischen D i c h t i g k e i t (Oberfläche und Masse) der Nährstoffe im Boden und Erträge des Bodens näher dargelegt werden. Einstweilen ergibt sich aus den angestellten Betrachtungen, daß in Folge der ungleichen Vertheilung der Nährstoffe im Boden ein geringerer Ertrag erzielt wird, als, unter Voraussetzung einer bestimmten Wurzeloberfläche und einer geradezu aufnehmbaren Form der Pflanzennahrung, der durch die Analyse im Boden gefundenen Menge der Nährstoffe entspricht. Hieraus leitet sich aber die praktische Regel für den Landwirth ab: durch gehörige Bodenbearbeitung, Düngung mit leicht löslichen Düngmitteln, durch Anwendung chemischer Bodenbereitungsmittel, wie Kochsalz, Chilisalpeter u. s. w., eine solche Vertheilung der Nährstoffe im Boden zu bewirken, daß jede Wurzelfaser bei ihrem Durchgange durch den Boden die nöthige Quantität der bedürfenden Nährstoffe aufzunehmen vermag. Gleichförmiger Stand der Feldfrüchte und höchste Ausnützung seines aufgewendeten Düngerkapitals wird die Folge eines solchen rationellen Verfahrens sein.

Wie groß der Erfolg war, welchen die Verbreitungsmittel, wie Kochsalz, Chilisalpeter u. s. w., auf die ungleichförmig vertheilten Nahrungsstoffe des Weyhenstephaner und Bogenhauser Bodens übten, geht daraus hervor, daß die Parzellen, welche die Verbreitungsmittel ohne jeden weiteren Zusatz anderer Pflanzennahrungsstoffe erhielten, Ernten hervorbrachten, die denen der gut gedüngten Parzellen fast gleichkamen.

3. Zu den beiden Ursachen des geringen Ertragsvermögens des Bodens bei fast ausreichender Menge von Nährstoffen, nämlich zu den Ursachen: der theilweise unwirksamen Form und der ungleichen Vertheilung der Pflanzennährstoffe im Boden, kann noch eine dritte Ursache hinzutreten: die der geringeren Wurzeloberfläche. Es ist oben angenommen worden, daß die aufsaugende Wurzeloberfläche der gebauten Getreidearten so groß gewesen sei, daß sie den hundertsten Theil der im Boden gleichmäßig vertheilten Pflanzennahrung habe aufnehmen können. War jedoch diese Annahme nicht richtig — und sie scheint es gewesen zu sein — sondern war die Wurzeloberfläche eine geringere, so mußte die Nahrungsaufnahme natürlich eine kleinere werden. Wäre die Wurzeloberfläche z. B. nur halb so groß

gewesen, als man voraussetzte, so hätte die Wurzel nur den zweihundertsten Theil der vorhandenen Nährstoffe aufnehmen können und es hätten also zur Deckung des Nahrungsbedarfes der Pflanzen, behufs der Erzeugung einer Mittelernte, nicht 3057 Kilo Phosphorsäure ꝛc., sondern 6114 Kilo Phosphorsäure ꝛc. — die doppelte Menge der auf S. 34 angegebenen Nährstoffe — in der Hectare enthalten sein müssen.

Wie man sieht, würde selbst einer kleinen Verminderung der Wurzeloberfläche eine sehr bedeutende Mehrung gleichmäßig vertheilter und aufnahmsfähiger Pflanzennahrungsstoffe im Boden zu entsprechen haben. Uebrigens ist die Wurzeloberfläche einer und derselben Pflanze in demselben Boden und unter den sonstigen gleichen äußern Wachsthumsbedingungen nicht eine sich gleichbleibende, sondern sie hängt ab von dem Gehalte des Bodens an geradezu aufnehmbarer Pflanzennahrung. In einem an Nährstoffen reichen Boden ist die Wurzeloberfläche der darin wachsenden Pflanzen bedeutend vergrößert, während sie in einem armen Boden eine sehr geringe ist. Aus diesem Verhalten der Pflanzenwurzel erklärt sich, wie übrigens noch näher nachgewiesen werden soll, zumeist das rasche Sinken der Erträge selbst in noch wenig erschöpften Böden, und die große Ertragssteigerung bei verhältnißmäßig geringer Zufuhr von löslicher Pflanzennahrung.

Einstweilen genügt es festgestellt zu haben, daß, in Folge des geringeren Vorrathes, sowie der unrichtigen Vertheilung und Form der Pflanzennahrungsstoffe in den genannten Böden zu Bogenhausen, Schleißheim und Weihenstephan die Wurzeloberfläche der cultivirten Halmgewächse nicht die angenommene Höhe erreichte und solches wohl hauptsächlich die erzielten geringen Erträge der ungedüngten Felder veranlaßten.

Liebig stellte ein Gesetz auf, welches er das Gesetz des Minimums nannte. Nach diesem Gesetze hängen die Erträge von dem in geringster Menge im Boden enthaltenen aufnehmbaren Nahrungsstoffe ab; alle übrigen Nährstoffe wirken nur im Verhältnisse zu diesem. Fehlt es irgend einem Boden z. B. an Phosphorsäure, so nützt der stärkste Ueberschuß der übrigen Pflanzennahrungsstoffe nichts, denn ihr Wirksamwerden ist bebedingt durch die Menge der vorhandenen Phosphorsäure. In dem Maaße als der in geringster Menge (in minimo) im Boden vorhandene Nährstoff vermehrt und in ein richtiges Verhältniß zu den anderen im Ueberschusse vorhandenen Nährstoffen gesetzt wird, nimmt die Ernte zu.

Dieses festgehalten, waren im Bogenhauser Boden die Alcalien und im Schleißheimer Boden die Phosphorsäure die in geringster Menge vorhandenen Pflanzennahrungsstoffe und dem obigen Gesetz zufolge, mußte ihre Vermehrung auch eine Vermehrung der Erträge bewirken. In der That war dieses der Fall, und besonders die Düngung des an Phosphorsäure armen Bodens zu Schleißheim brachte die bedeutendste Ertragserhöhung hervor. Durch einfache Düngung mit aufgeschlossenem Phosphorat wurde eine sechsmal höhere Ernte erzielt, als ihn der ungedüngte Boden lieferte.

Vergleicht man jedoch die Ertragserhöhungen, welche die Felder durch die Düngung erfuhren, so stehen sie scheinbar in keinem Verältnisse zur gegebenen Düngermenge. 1 Hectare Boden in Schleißheim lieferte bei einem Gehalte des Bodens von 1212 Kilo Phosphorsäue, einen Ertrag von 115 Kilo Körner und 287 Kilo Stroh; wurde hingegen der Boden mit 193 Kilo löslicher Phosphorsäure gedüngt, also kamen zu den 1212 Kilo Phosphorsäure noch 193 Kilo, so steigerte sich der Ertrag auf 732 Kilo Körner und 1653 Kilo Stroh. In ähnlicher Weise wirkten die Düngungen auf die Erträge des Weyhenstephaner und Bogenhauser Bodens. In Bogenhausen verhielt sich der Körnerertrag des ungedüngten Feldes zu dem des gedüngten wie 100 : 266, das gedüngte Feld lieferte also über $2^1/_2$ mal mehr Körner als das ungedüngte; der Strohertrag verhielt sich wie 100 : 171; in Weyhenstephan der Körnerertrag des ungedüngten Feldes zum gedüngten wie 100 : 147, der Strohertrag wie 100 : 168.

Wie nun die Ursachen aufzusuchen waren, von welchen man die verhältnißmäßig niedrigen Erträge der ungedüngten Felder ableiten konnte, so muß hier die Frage beschäftigen, wie läßt sich die große Steigerung der Erträge durch die gegebene Düngung erklären?

Das Absorptionsvermögen des Bodens veranlaßt, daß durch die Düngung vorzugsweise die oberen Bodenschichten an Pflanzennahrungsstoffen bereichert werden, und der Erfolg der Düngung muß daher bei einer angebauten Pflanze um so größer sein, je mehr ihre Wurzeln aus der eigentlichen Ackerkrume schöpfen. Dieses geschah aber bei den erwähnten Versuchen, denn die angebauten Früchte waren Cerealien. Wie man weiß, breiten diese Pflanzen ihre Wurzeln weniger vertical, als vielmehr horizontal aus, d. h. die Wurzeln gehen nicht senkrecht in den Boden hinab, sondern die Hauptmasse der feinen Würzelchen verzweigt sich an der Grenzstelle zwischen oberirdischen und unterirdischen Organen nach rechts und links in wagrechter Richtung. Hiezu kommt aber noch, daß in Folge des größeren Nahrungs-Reichthumes im Boden eine viel größere Wurzeloberfläche sich erzeugte und die Pflanzen in der gegebenen Zeit also auch mehr Nahrung aufnehmen konnten.

Eine oberflächliche Düngung wird aber nicht allein auf Ceralien eine günstige Wirkung äußern, sondern auch selbst auf tiefwurzelnde Pflanzen. Der Erfolg einer solchen Düngung der Krume wird ein ganz allgemeiner sein. Der Sättigungszustand der Erdtheilchen der Krume wird erhöht, in Folge dessen kann die junge Pflanze auch mehr Nahrung aufnehmen, es tritt eine bedeutende Kräftigung der jungen Pflanze ein. Die Kräftigung äußert sich aber — da die Entwicklung der einzelnen Pflanzenorgane eine symmetrische ist — nach zwei Richtungen, nach Oben in einer Vergrößerung der aufnehmenden Blattorgane, nach Unten in einer solchen der Wurzeloberfläche. In derselben Zeit wird demnach eine viel größere Nahrungsaufnahme durch die kräftige Pflanze stattfinden können, wozu noch kommt, daß durch die Vergrößerung der Wurzeloberfläche, durch die bedeutende Vermehrung der feinen Wurzelfasern auch von relativ erschöpften Stellen des Bodens eine erhöhte Aufnahme von Pflanzennahrungsstoffen stattfinden muß.

Die Hauptergebnisse aus den obigen Betrachtungen dürften aber sein:

1) Die Erträge sind abhängig — die äußeren Wachsthumsbedingungen als gleiche vorausgesetzt — von der Menge und dem Verhältnisse der Pflanzennahrungsstoffe, welche jedes Ackertheilchen enthält, mit welchem die Wurzel in Berührung kömmt.

2. Der Dünger wird dem Boden nicht gegeben, um ihn fruchtbar zu machen, sondern um ihm die Bedingungen seiner Fruchtbarkeit zu erhalten.

3. Die Wirkung eines Düngers wird abhängen von dem Sättigungszustande der kleinsten Bodentheilchen und ob er, vermöge seiner Zusammensetzung, den im Boden in geringster Menge enthaltenen nothwendigen Nahrungsstoff entsprechend dem Vorrathe des Bodens an den übrigen Nahrungsstoffen, also im Verhältnisse zu diesen, zu vermehren im Stande ist. Außerdem ist die Wirkung des Düngers noch bedingt durch die Löslichkeit seiner Bestandtheile und die Art und Weise, wie seine Vertheilung im Boden geschieht. *)

*) Eine und dieselbe Menge Dünger, oder was das Nämliche ist, die gleichen Mengen Pflanzennahrungsstoffe werden daher auf den verschie-

4. Aus 2 und 3 ergibt sich aber der besondere Satz, daß dieselbe Menge Dünger, in gleicher Weise auf verschiedenen Feldern vertheilt, in seiner Wirkung sehr ungleich sein muß.

---

denen Böden nicht gleiche, sondern verschiedene Erfolge hervorbringen. Liebig hat diesen Satz in seinen Naturgesetzen des Feldbaues S. 219, 280, 292, 295 durch Zahlen unwidersprechlich bewiesen. Indem er die sächsischen Düngungsversuche betrachtete, kam er zu folgenden Resultaten:

100 Centner Stallmist erzeugten Mehrertrag über Ungedüngt:
(während eines vierjährigen Fruchtumlaufes)

	Cunnersdorf	Mäusegast	Kötitz	Oberbobritzsch	Oberschöna
	Pfd.	Pfd.	Pfd.	Pfd.	Pfd.
(1851 u. 1853) Winterroggen u. Hafer	1539	1070	988	515	501
(1852) Kartoffeln	720	1723	917	696	618
(1854) Klee	203	832	60	628	—
100 Pfd. (1 Cntr.) Guano lieferten Mehrertrag über Ungedüngt:					
(1851 u. 1853) Roggen und Hafer	1088	646	354	731	—
(1852) Kartoffeln	326	225	112	646	—
(1854) Klee	36	172	39	670	—
100 Pfd. Knochenmehl lieferten Mehrertrag über Ungedüngt:					
(1851 u. 1853) Roggen und Hafer	281	—	40	191	—
(1852) Kartoffeln	192	—	75	105	—
(1854) Klee	152	—	96	380	—
100 Pfd. Rapskuchenmehl erzeugten Mehrertrag über Ungedüngt:					
(1851 u. 1853) Roggen und Hafer	228	141	96	63	—
(1852) Kartoffeln	44	113	32	21	—
(1854) Klee	—	60	—	33	—

Wie man sieht, hängt die Wirkung derselben Menge Dünger immer

e) **Das Absorptionsvermögen des Bodens erklärt, warum entsprechend der Bewurzelung der Pflanzen gedüngt werden muß.**

Wie schon zu Oefterem erwähnt, nehmen die Pflanzen nur an den Stellen des Bodens Nahrung auf, mit denen sie in directe Berührung kommen. Eine tiefwurzelnde Pflanze wird daher ihre Nahrung den unteren Schichten des Bodens entziehen, während die seicht wurzelnden Pflanzen sie dem Obergrunde entnehmen. Die Unterscheidung zwischen tiefwurzelnden oder Untergrundspflanzen und seichtwurzelnden oder Pflanzen der Ackerkrume, welche Unterscheidung, mit Rücksicht auf die Deckung des Nahrungsbedürfnisses der Pflanzen aus diesen verschiedenen Schichten, schon sehr frühe von der praktischen Landwirthschaft gemacht worden war, hat deßhalb ihre vollkommene Berechtigung und es lag ihr ein freilich erst später entdecktes Naturgesetz zu Grunde, das **Gesetz von der Unbeweglichkeit der Pflanzennahrungsstoffe im Boden.**

Beim landwirthschaftlichen Betriebe wird deßhalb Gewicht darauf zu legen sein, die Pflanzen entsprechend ihrer Bewurzelung zu düngen. Vorzüglich muß dieses geschehen bei tiefwurzelnden perennirenden Pflanzen, denn obgleich solche Pflanzen im ersten Jahre, wie die Versuche des Münchener pflanzenphysiologischen Institutes ergaben, so viel Nahrungsstoffe aus dem gedüngten Obergrunde aufnehmen können, daß ihr Gedeihen für dieses erste Jahr sicher gestellt ist, die Pflanze also

von der Beschaffenheit der Felder ab, auf welchen sie angewendet, und der Werth zahlreicher Düngungsversuche ist hiernach zu bemessen. — Die Düngungsversuche zeigen, in den weitaus meisten Fällen, immer nur die momentane Wirkung der gegebenen Düngstoffe auf der den Versuchen dienenden Feldern an; sie lassen aber nicht den Schluß zu, daß die verwendeten Düngstoffe auch auf anderen Feldern von gleicher Wirkung seien, oder daß ihre Wirkung auf denselben Feldern und unter sonst gleichen Umständen fortdauernd die nemliche sei.

im Untergrunde verhältnißmäßig wenig vorzufinden braucht, so ist es doch bei dem Tiefgange der Wurzeln den Pflanzen unmöglich, im zweiten und dritten Jahre eine ausreichende Menge Nahrung bei erschöpftem Untergrunde aufzunehmen. Aber selbst bei einjährigen Pflanzen mit vertical abwärts gehenden Wurzeln ist eine Unterbringung des Düngers, entsprechend der Bewurzelung, äußerst rationell. Die Pflanzen stellen nemlich während ihrer Vegetationszeit, in den verschiedenen Abschnitten derselben auch verschiedene Nahrungs-Anforderungen an den Boden, oder vielmehr, da die Wurzel während der Wachsthumszeit mit verschieden tiefen Schichten des Bodens in Berührung kömmt, an die verschiedenen Bodenschichten. Vergleicht man die Bedürfnisse der Rübenpflanze an Kali und Phosphorsäure z. B., welche sie in den verschiedenen Wachsthumsperioden zur Bildung ihrer organischen Stoffe, nach Anderson's Versuchen nöthig hatte, so findet man, daß sie nach den ersten 32 Tagen der Aussaat und von da an bis zum 67. Tage ihrer Entwicklung, also 35 Tage hindurch, täglich 0,9 Pfunde Phosphor-Säure und 1,4 Pfd. Kali bedarf, in weiteren 20 Tagen nahm sie an jedem Tage 1,1 Pfd. Phosphorsäure und 4 Pfd. Kali auf, während sie in den letzten 35 Tagen ihres Wachsthums täglich 1,3 Pfd. Phosphorsäure und 3 Pfd. Kali nöthig hatte.

Man ersieht hieraus leicht, daß der Phosphorsäurebedarf der Rübenpflanzen sich vom Anfange bis zum Ende des Wachsthumes ziemlich gleich bleibt, daß aber der Bedarf an Kali sich nach den ersten 67 Tagen fast um das vierfache erhöht. Es unterliegt daher keinem Zweifel, die Phosphorsäure muß, soll die Rübenpflanze gedeihen, im Boden sehr gleichförmig vertheilt sein; nur die oberen Schichten des Bodens sollen, wegen der anfänglich geringen Wurzeloberfläche der jungen Rübenpflanzen, an Phosphorsäure reicher sein. Mit dem Kali verhält es sich anders: die Wurzeln der Rübenpflanzen nehmen bedeutend mehr Kali aus den tiefern als aus den oberen Bodenschichten auf und müssen es daselbst vorfinden, wenn sie gehörig gedeihen sollen.

So groß nun auch die Bedeutung richtig angestellter Bewurzelungsversuche für den rationellen Betrieb ist — sagte doch Liebig selbst: „eine der Grundlagen des rationellen Landwirthschaftbetriebes ist die Kenntniß der Bewurzelung der Kulturpfanzen“, — so wenig sind solche Versuche bis jetzt unternommen. Außer den Versuchen des Münchener pflanzenphysiologischen Institutes und den Chemnitzer Versuchen von Nobbe, besitzen wir keine. Mit Recht bestrebt man sich daher, solche Versuche an möglichst vielen Orten zu veranlassen, und, indem wir auf das im Vorhergehenden Gesagte verweisen, verfehlen wir nicht in der Hauptsach ein Project zu solchen Versuchen, wie es von Zöller entworfen und von der Göttinger Agricultur-Chemiker-Versammlung zur Ausführung angenommen wurde, hier anzuführen, um hiedurch die Ziele und Bedeutung solcher Versuche noch ersichtlicher zu machen.

Beim Entwurfe genannten Projectes zur Anstellung von Bewurzelungsversuchen wurde von den folgenden Thatsachen ausgegangen.

Der Boden hat das Vermögen die wichtigsten Nährstoffe der Pflanzen festzuhalten. Nur in den selteneren Fällen zeigt die Bodenfeuchtigkeit z. B. einen nennenswerthen Gehalt an Phosphorsäure und Kali, und eine Circulation der unentbehrlichsten Nährstoffe im Boden durch die Bodenfeuchtigkeit kann aus dem Grunde nur sehr beschränkt stattfinden. Eine nothwendige Consequenz dieser Thatsache ist aber: die Pflanze wird die Hauptmenge der bedürfenden Nahrung nicht aus einer im Boden schon fertigen Lösung, sondern direct von den Bodentheilchen, mit welchen ihre Wurzeln in Berührung sind, beziehen. Hieraus folgt aber weiter, daß an den Stellen die Nahrung vorhanden sein muß, wo die Wurzeln sich befinden. Tiefwurzelnde, perennirende Pflanzen entnehmen ihre Nährstoffe vorzugsweise dem Untergrunde, die seichtwurzelnden Pflanzen der Krume. Die Düngung der Pflanzen muß also der Bewurzelung entsprechen.

Nimmt ferner die Pflanzenwurzel nur von den Stellen Nahrung auf, mit welchen sie in directe Berührung kommt, so hängt die Größe der Nahrungsaufnahme, unter sonst gleichen Bedingungen, von der Größe der aufsaugenden Wurzeloberfläche ab. Ein Boden soll deßhalb um so reicher an Nährstoffen sein, je geringer die Oberfläche der darin befindlichen Pflanzenwurzeln ist.

Außerdem lehren Versuche, daß je nach der physikalischen Beschaffenheit des Bodens und seinem Nährstoffgehalte die Wurzeloberfläche eine verschiedene ist. Sind die Widerstände gering, welche sich dem Ausbreiten der Wurzeln im cultivirbaren Boden entgegenstellen, so wird die Wurzel-Oberfläche eine größere. Deßgleichen hängt die Wurzelentwicklung der Pflanzen bis zu einem gewissen Grade von dem Reichthum des Bodens an Pflanzennahrung ab.

Endlich ist bekannt: die verschiedenen Bodenarten besitzen ein verschiedenes Vermögen die Pfanzennahrungsstoffe festzuhalten und die Widerstände, welche sich der Aufnahme der Nahrung durch die Wurzeln entgegensetzen, müssen daher verschieden groß sein.

Dieses die Grundlage des Projectes, zu dessen Vervollständigung noch zu bemerken ist:

Die anzustellenden Versuche*) sollen sich auf die Frage beziehen:

*) Ueber die Art und Weise ihrer Ausführung. vergl. die Landw. Versuchs-Stationen, 1864, 4. Heft.

1) wie verhalten sich Bewurzelung, Wachsthum und Ertrag der Pflanzen in den gleichförmig vorbereiteten, verschiedenen Böden der Versuchsstationen Deutschlands? Es wären hierbei die Bodenarten chemisch und physikalisch zu untersuchen,
2) in welcher Weise geht das Gesammtpflanzenwachsthum in den verschiedenen Bodenarten vor sich, wenn letztere noch absorbirte Nährstoffe, bis zur etwaigen Viertel- oder Achtelsättigung, erhalten?
3) welchen Einfluß üben geschichtete Böden auf die Pflanzenentwicklung? Unter geschichteten Böden sind solche zu verstehen, welche oben oder in der Mitte oder unten verschieden dicke Lagen von viertels- oder achtelsgesättigter Erde enthalten, während der übrige Theil des Bodens aus gewöhnlicher Erde besteht.

Die zu cultivirende Pflanze bei den vorgeschlagenen Versuchen soll vorerst eine tiefwurzelnde, perennirende sein, speciell die Kleepflanze.

Die Berechtigung dieser Versuche ist nicht zu verkennen. Die Landwirthschaft wird durch sie erfahren, in welchem Verhältniß unterirdisches und oberirdisches Pflanzenwachsthum in verschiedenen, geschichteten und nicht geschichteten, Böden vor sich geht und von welcher Dauer dasselbe (bei perennirenden Pflanzen) darin ist; in welcher Tiefe die Nährstoffe unterzubringen sind, um ein Maximum der Wirkung zu erzielen, wie groß die Verbreitung der absorbirten Nährstoffe innerhalb einer gewissen Zeit und in den erwähnten Böden sich zeigt, und zuletzt, welche Widerstände die verschiedenen Bodenarten der Aufnahme der Nahrung durch die Wurzeln entgegensetzen.

22. Die Pflanzennahrungsstoffe sind im Boden in verschiedenen Verbindungsformen enthalten.

Die Pflanzennahrungsstoffe sind vom Boden absorbirt, d. i. physicalisch gebunden, und, wie in §. 21 zur Genüge dargethan, ist dieses die für die Pflanzenernährung wirksame Form. Die vom Boden absorbirten Nährstoffe sind geradezu aufnehmbar für die Pflanzen; sie stellen das zur Zeit disponible Bodencapital dar.

Aber der Boden enthält auch die Pflanzennahrungsstoffe in chemischer Verbindung, in Form von Gesteinsarten, als Kieselsäureverbindungen, s. g. Silikate, wie Feldspath, Glimmer u. s. w. In diesem Zustande nimmt sie die Pflanze nicht geradezu auf, sondern sie müssen zuerst aus der chemischen Verbindung abgeschieden sein. Erst hiedurch werden sie löslich und absorbirbar für die Ackertheilchen, d. h. sie gehen in die für das Pflanzenwachsthum wirksame Aufnahmsform über.

Zuletzt finden sich die Pflanzennahrungsstoffe in einer Form im Boden, in welcher sie zwar direct ernährungsfähig für die Pflanzen sind, aber noch nicht die gehörige physicalische Vertheilung besitzen, um das Maximum der Wirkung hervorzubringen. So z. B. kann eine Pflanzenwurzel von einem Stückchen Phosphorit oder einem Knochenstückchen, wenn sie diese Phosphorsäureverbindungen auf ihrem Wege berührt, Phosphorsäure aufnehmen, allein die aufgenommene Menge steht nicht im Verhältnisse zur Masse der vorhandenen. Bei einer gehörigen Vertheilung des Knochen-, oder Phosphoritstückchens, würde deren Phosphorsäure hingereicht haben, um mehreren Tausenden von Wurzeln ihren Bedarf daran zu liefern, während die zusammenhängenden Stückchen im günstigsten Falle nur wenige Wurzeln damit versehen konnten.

Den beiden Zuständen: „der chemischen Bindung und der cohärenten Massen" wirkt der Verwitterungsproceß, gewisse dem Boden zugeführte organische und anorganische Stoffe, sowie die gehörige Bodenbearbeitung entgegen. Diese Einflüsse veranlassen die Löslichmachung, Vertheilung und Verbreitung der Pflanzennahrungsstoffe im Boden.

Nach dem Vorhergehenden enthält der Boden die Nährstoffe absorbirt; sie sind in diesem Zustande direct aufnehmbar für die Pflanzenwurzel; er enthält sie chemisch gebunden und in cohärenten Massen; im ersteren Falle müssen die Pflanzennahrungsstoffe aus der chemischen Verbindung frei gemacht, im letzteren in gehöriger Weise vertheilt werden; die Factoren, welche diese Umformungen bewirken, sind der Verwitterungsproceß und die ihn unterstützende mechanische und chemische Bodenbearbeitung. (Ueber letztere vergleiche man auch den Abschnitt: Düngerlehre.)

23. Mit dem Namen Verwitterung bezeichnet man einen Vorgang, welcher die Zertrümmerung der Gesteinsmassen und Mineralien, sowie die Löslichwerdung einzelner ihrer Bestandtheile zur Folge hat.

Der Verwitterungsproceß (von Witterung abgeleitet) besteht in der Einwirkung des Sauerstoffes, der Kohlensäure, des Ammoniakes, des Wassers, der Hitze und der Kälte auf die Gesteinsarten. Zu diesen Einflüssen der Atmosphäre gesellen sich noch die der Verwitterungsproducte selbst, sowie bei dem Kulturboden die Wirkung absichtlich zugeführter Substanzen: organische Stoffe, Salze, Kalk 2c., ferner die der Ernterückstände, welche in gleicher Weise wie die zugeführten organischen Stoffe wirken, und endlich die der Kulturpflanzen.

In allen Fällen ist die Wirkung des Verwitterungsprocesses eine doppelte, eine direct das Gestein angreifende und eine die directe Wirkung unterstützende. Die Erfolge des Verwitterungsprocesses sind aber, wie schon oben angedeutet, ebenfalls zweierlei Art. Die Gesteinsmassen und Mineralien werden mechanisch verändert, sie verlieren den Zusammenhang, zerbröckeln und verwandeln sich in Pulver. Sie erleiden aber für's zweite eine chemische Umänderung: nehmen Bestandtheile auf und geben Bestandtheile ab.

Im Nachfolgenden ist auf die Wirkung der einzelnen Factoren des Verwitterungsprocesses näher eingegangen.

1. Wärme, sie bewirkt in vielen Fällen bei krystallisirten Mineralien den Verlust des Krystallwassers und in Folge dessen ein Zerfallen der Krystalle zu Pulver. Ferner unterstützt die Wärme die chemischen Processe bei der Verwitterung und erhöht das Lösungsvermögen des Wassers. Die Schnelligkeit, mit welcher die Verwitterung in heißen Gegenden erfolgt, ist von allen Reisenden hervorgehoben.*)

2. Wasser. a) Dasselbe vermittelt die mechanischen Wirkungen der Wärme und Kälte.

Es ist eine allgemein gekannte Erscheinung, daß die Körper durch Kälte ihr Volumen verringern, d. h. sich zusammenziehen und nun einen kleineren Raum einnehmen. Umgekehrt wirkt die Wärme: sie dehnt die Körper aus. Beim Einflusse der Kälte auf das Wasser macht dieses jedoch, bei einem gewissen Grade der Erkaltung, eine Ausnahme von dieser Regel. Beim Abkühlen vermindert es nemlich fortwährend sein Volumen, bis seine Temperatur auf 4° C. gesunken ist; wird es dann noch weiter erkältet, so dehnt es sich wieder aus, nimmt hiedurch einen größeren Raum ein, wird leichter und schwimmt oben. Das gleiche Maaß Wasser von 3° oder 2° oder 1° C. wiegt weniger als das gleiche Maaß Wasser von 4°; Eis schwimmt aus dem Grunde auf dem Wasser. 100 Maaß Wasser von + 4° haben sich bei 0° zu 103 Maaß ausgedehnt.

Dieses eigenthümliche Verhalten des Wassers ist von höchster Bedeutung für das Leben überhaupt. Hätte das Wasser diese Eigenschaft nicht, unsere Meere und Flüsse würden von

*) Vgl. Bibra: Die Getreidearten und das Brod S. 276.

Grund aus gefrieren, hiedurch alles Leben in ihnen zu Grunde gehen und außerdem wäre es, wegen der geringen Wärmeertragsfähigkeit des Wassers, eine Unmöglichkeit, daß jemals die so zugefrorenen Gewässer wieder aufthauten.

Aber nicht minder wichtig ist diese Eigenschaft des Wassers, sich durch Kälte auszudehnen, auch für den Verwitterungsproceß. Das Wasser als flüssiger Körper wird von dem porösen Gesteine ꝛc. eingesaugt und dringt in jede Spalte und Ritze; indem es nun durch die Kälte gefriert, dehnt es sich aus und lockert selbst den Zusammenhang der stärksten Gesteine. — Wie groß die sprengende Kraft des gefrierenden Wassers ist, beweisen die zu München angestellten Versuche des Grafen Rumford. Kanonen vom stärksten Kaliber völlig mit Wasser gefüllt, verschlossen und der Kälte ausgesetzt, bersteten durch die Ausdehnung des gefrierenden Wassers.

Wärme wirkt im Allgemeinen ähnlich wie die Kälte. Die Wirkung des eingeschlossenen und sich durch Wärme ausdehnenden Wassers, des entstehenden Wasserdampfes, bedarf keiner näheren Darlegung. Jedoch ist, bezüglich des Verwitterungs-Processes, die mechanische Wirkung der Wärme nur eine sehr geringe. Während die durch das Wasser vermittelte Kälte von größter Bedeutung für den genannten Proceß ist, indem sich einerseits durch die Kälte das Gestein zusammenzieht und anderseits das Wasser durch das Gefrieren nicht allein starr und unbeweglich wird, sondern sich auch gleichzeitig ausdehnt, die Kälte also auf Wasser und Gestein, im Sinne der Raumveränderung, geradezu entgegengesetzt wirkt und hierdurch den größtmöglichsten Erfolg hervorbringt, ist dieses beim Ausdehnen durch Wärme nicht der Fall. Die Spannkraft des sich bei gewöhnlicher Temperatur entwickelnden Wasserdampfes ist nur eine geringe, daher wenig Arbeit leistende; ferner dehnt sich durch die Wärme mit dem Wasser gleichzeitig auch das

Gestein aus; das Wasser bleibt außerdem flüssig und wechselt mit Leichtigkeit seinen Ort, und zuletzt verdunstet das Wasser fortwährend und dieses um so schneller, je höher die Temperatur ist.

b) Das Wasser wirkt mechanisch, den Ortswechsel der Verwitterungsproducte und feinen Erdtheilchen veranlassend.

Die Verwitterungsproducte werden durch das Wasser in vielen Fällen hinweggeführt und hiedurch das Gestein der Wirkung der Atmosphärilien in erhöhtem Maaße bloß gelegt. In der That zeigen die großen Quantitäten von Schlamm- und Gesteinstheilchen, welche die Gewässer führen, nicht allein die erwähnte mechanische Wirkung des Wassers, sondern sie geben auch ein ungefähres Bild von der Größe der jährlichen Verwitterung. Nach Berechnungen von Lyell führt der Mississipi jährlich 3700 Millionen Cubikfuß feste Bestandtheile dem Meere zu; nach Barrow soll der gelbe Strom in China in einer Stunde 2 Millionen Cubikfuß feste Bestandtheile führen. Nach Versuchen von Bischoff (Lehrbuch der chemischen und physikalischen Geologie 2. Aufl., Bd. II. S. 512), setzte anscheinend klares Donauwasser, am 5. August 1852 geschöpft, aus 100,000 Theilen 9,2 Theile Schlammtheile ab. Aus diesen Angaben ist außerdem zu ersehen, daß die verschiedenen Gewässer verschiedene Mengen von Schlamm führen und daß letztere Mengen abhängig sein müssen, einmal von der Lage des Stromgebietes, der Geschwindigkeit des Wassers, der Uferhöhe u. s. w., dann aber von der Art der Gesteinsmassen und Bodenarten, durch welche der Hauptfluß sowohl, als auch die Nebengewässer ihren Lauf nehmen. Aber die Menge der festen Theilchen in einem und demselben Flusse u. s. f. ist selbst, je nach äußeren Umständen, eine sich nicht gleichbleibende. So fanden sich in 100,000 Theilen Wasser des Rheins, nach plötzlichem Anschwellen 78 Theile schwebende Stoffe, zu einer anderen Zeit, bei trübem und angeschwollenem Strome, $20^1/_2$ Theile, nach anhaltend trockener Witterung und bei völlig klarem, blaugrünem Wasser nur 1,7 Schlammtheile (Bischoff, a. a. O. S. 497).

Die Bedeutung dieser in Wasser suspendirten festen Gesteinstheilchen ist für die Landwirthschaft in doppelter Beziehung bemerkenswerth. Durch Anstauung des schlammführenden Wassers und Absetzenlassen, können nicht allein dem Boden neue Mengen Pflanzennahrungsstoffe zugeführt, also die durch die Ernten entführten ersetzt — wie dieses thatsächlich z. B. im Nildelta geschieht — sondern es kann auch ein neuer Boden geschaffen werden (angeschwemmtes Land). Für's Andere können jedoch auch die Schlammtheile von größtem Nachtheile sein, wenn sie keine pflanzennährenden Stoffe enthalten. So z. B. führen manche Flüsse Sand und amorphen kohlensauren Kalk, s. g. Alm. Ein aus solchem Schlamme gebildeter Boden ist völlig unfruchtbar und eignet sich nicht zur Cultur; ja der amorphe kohlensaure Kalk macht selbst fruchtbare Böden auf eine Reihe von Jahren unfruchtbar. Durch seine Löslichkeit in kohlensäurehaltigem Wasser verbreitet er sich im Boden und überzieht beim Austrocknen des Bodens, die Ackertheilchen mit einer feinen Schicht kohlensauren Kalkes, und die Pflanze kann deßhalb anfänglich nur Kalk aufnehmen. Ist der Alm durch die meteorischen Niederschläge wieder aus der Ackererde entfernt, dann erst eignet sich letztere auf's Neue zur Pflanzencultur. — Bei künstlichen Alluvionen kommt es daher vor Allem darauf an, die chemische Zusammensetzung des zu verwendeten Schlammes genau zu kennen. In dem Abschnitte Dünger soll eine Anzahl Schlammanalysen zusammengestellt werden.

Die sub b erwähnte mechanische Wirkung des fallenden und fließenden Wassers zeigt sich auch dem Landwirthe recht auffällig bei Düngung leichter Bodenarten, z. B. von Sandboden, mit Lehmerde. Selbst bei sehr starkem Ueberfahren mit Thonboden, finden sich in dem Sandboden nach einer Reihe von Jahren nichts von dem Thonboden mehr vor, vielmehr besitzt der Sandboden seine ursprüngliche Mischung wieder. Die Theilchen des zugeführten Thonbodens wurden nemlich durch das während dieser Zeit auf den Acker fallende Regenwasser hinab in die Tiefe geschwemmt.

c) Das Wasser für sich wirkt lösend auf die Gesteinsarten, es entzieht ihnen gewisse Bestandtheile; hiedurch verlieren sie aber ihren Zusammenhang, sie zerbröckeln und zerfallen. Gleichzeitig verbreiten sich die gelösten Stoffe im Boden und werden schließlich, sind sie absorptionsfähig, von den feinern Erdtheilchen wieder dem Lösungsmittel entzogen und als direct verwendbare Pflanzennahrung im Boden aufgespeichert. Je tiefer hierbei das Wasser in das Gestein eindringt, desto energischer ist seine Wirkung. Sind die Gesteinsarten sehr dicht, und deßhalb ziemlich undurchdringlich für Wasser, so geht ihre Verwitterung äußerst langsam und nur von der Oberfläche aus; sie geht etwas schneller vor sich, wenn die Oberfläche der Gesteinsart, etwa durch eine Moosschicht, fortwährend feucht erhalten bleibt. Die für Wasser durchdringliche Gesteine hingegen, besonders wenn sie viele leicht lösliche Bestandtheile enthalten, verwittern verhältnißmäßig sehr rasch und auf eine Tiefe, die dem Eindringen des Wassers in die Gesteine entspricht.

d) Das Wasser, als Lösungsmittel für Kohlensäure, Ammoniak, verschiedene Salze und bestimmte Verwitterungsproducte, vermittelt eine energischere Wirkung dieser den Verwitterungsproceß so sehr veranlassenden Factoren. Die genannten Stoffe durchdringen nemlich mit dem Lösungsmittel die Gesteinsarten und können nun ihre Wirkung an Stellen äußern, wo sie, ohne im gelösten, d. i. im äußerst fein vertheilten Zustande zu sein, niemals hingelangt wären; außerdem bringen sie auf diese Weise auch gleichzeitig das Wasser mit für die Hinwegführung der unter ihrem Einflusse gebildeten Zersetzungsproducte.

3. Kohlensäure. Diese Säure, welche so allgemein verbreitet ist und sich überall bildet, wo organische Stoffe verwesen, welche ferner in großen Quantitäten und an vielen Orten dem Erdinnern entströmt, greift die Gesteinsarten auf das Energischste an. Bei allen Gesteinsarten, welche durch eine starke Säure, z. B. Schwefelsäure oder Salzsäure, zersetzt werden, geschieht auch ein solches, wenn gleich langsamer, durch Kohlensäure. Der gleichzeitigen Einwirkung von Kohlensäure und Wasser widersteht aber selbst das dichteste und schwierigst zersetzbare Gestein nicht.

Die Wirkung der Kohlensäure besteht zum Theile darin, daß die Bestandtheile mancher Mineralien und Gesteine geradezu, wenn auch sehr allmählig, in den löslichen Zustand übergeführt werden. In den meisten Fällen wird jedoch nur ein Glied des verwitternden Gesteines durch die Kohlensäure löslich gemacht, während das zweite Glied unlöslich und gewöhnlich des Zusammenhanges beraubt, zurückbleibt. Dieses ist bei den Kieselsäure-Verbindungen, den s. g. Silikaten, der Fall. Sie bestehen aus zwei Gliedern, aus kieselsauren Alkalien (Kali, Natron, Kalk, Magnesia 2c.), welche durch die Kohlensäure zersetzt und abgeschieden werden — es bilden sich kohlensaures, lösliches Alkali und lösliches Kieselsäure-Hydrat — sowie aus kieselsauren Erden (Thonerde), welche unlöslich zurückbleiben.*)

*) Einen Begriff von der Großartigkeit des durch die Kohlensäure im

Die beiden nachstehenden Analysen geben ein Bild von der verschiedenen Zusammensetzung, welche z. B. verwitterte und nicht verwitterte feldspathartige Gesteine zeigen.

In 100 Theilen sind enthalten:

	Wenig veränderter Orthoklas	Stark verwitterter Orthoklas
Kieselsäure . . .	66,00	48,00
Thonerde . . .	17,59	34,57
Kali	15,00	5,11
Magnesia . . .	0,48	
Wasser	0,38	13,55

Aehnlich wie bei der Wirkung des Wassers, wird auch die der Kohlensäure bei einem und demselben Gesteine, je nach seinen verschiedenen Zuständen, eine verschiedene sein. Ein noch unverletztes Mineral wird schwieriger angegriffen, als ein solches, bei welchem schon die Zersetzung begonnen hat. Vorzugsweise ist aber der Cohäsionszustand des Minerals von größtem Einflusse auf die leichtere oder schwerere Zersetzbarkeit des Minerals; je mehr der Cohäsion durch Zerkleinerung und Pul-

---

Vereine mit Wasser bewirkten Zersetzungsprocesses der feldspathartigen Gesteine erhält man, wenn man erwägt, daß 1000 Pfd. Wasser eines Säuerlinges, der nur 1,3 Pfd kohlensaures Natron enthält, dazu die vollständige Zersetzung von 6,5 Pfd Natronfeldspath fordert. Ein Säuerling, welcher in 24 Stunden 1157 Cubikfuß = 76362 Pfd. Wasser liefert, erfordert daher für diese Zeit die vollständige Zersetzung von 49,6 Pfund Natronfeldspath, mithin für ein Jahr 18104 Pfund, um die in ihm enthaltene Menge kohlensaures Natron aufnehmen zu können. In anderen Säuerlingen ist aber die Menge des kohlensauren Natrons 3 bis 13mal so groß als in dem eben angeführten; außerdem sind die alkalischen Säuerlinge äußerst zahlreich und fließen vielleicht schon seit vielen Jahrhunderten. — Es unterliegt daher keinem Zweifel, die Kohlensäure im Vereine mit Wasser ist die wirksamste Ursache der Verwitterung. (M. vgl. Bischoff a. a. O. Bd. II. S. 425)

verung des Minerals entgegengewirkt ist, in desto kürzerer Zeit hat die Kohlensäure die Zersetzung vollendet. So ergiebt sich aus den Versuchen der beiden Rogers (Bischoff a. a. O. Bd. I. S. 219), daß von 40 Gr. fein gepulverter Hornblende*) kohlensaures Wasser in 48 Stunden 0,355 Gr. auflöste. Würde bei Wiederholung des Versuches immer dieselbe Menge des Minerals in Lösung übergehen, so wären die 40 Gr. in 224 Tagen vollkommen gelöst. Die 40 Gr. Hornblende dagegen im ungepulverten Zustande, also als zusammenhängende (cohärente) Masse, mit derselben Menge kohlensaures Wasser von zwei zu zwei Tagen behandelt, geben nur den zehnmillionsten Theil der obenangeführten Menge an Wasser ab, und die 40 Gr. Hornblende würden deßhalb bis zur gänzlichen Auflösung, wenn solche überhaupt stattfände, eine Zeit von 2240 Millionen Tage oder etwas über 6 Millionen Jahre brauchen.

Die Sorgfalt, mit welcher der rationelle Landwirth seine Felder bearbeitet, und die Erfolge, welche er durch seine Bearbeitung erzielt, sind daher leicht erklärlich. Die mechanische Bodenbearbeitung bezweckt nicht allein eine bessere Vertheilung der aufnehmbaren Pflanzennahrungsstoffe im Boden (vgl. S. 39) und eine Verminderung der Widerstände, welche sich der Pflanzenwurzel beim Aufsuchen ihrer Nahrung im Boden entgegenstellen, sondern die gehörige Bodenbearbeitung bewirkt auch eine Pulverung der, unaufgeschlossene (chemisch gebundene) Pflanzennahrungsstoffe enthaltenden Mineralien und Gesteinsarten des Bodens. Durch die Pulverung wird die Oberfläche der Gesteinsarten vergrößert, die Einwirkung der Verwitterungseinflüsse bedeutend erhöht und auf diese Weise das ruhende Bodencapital in einer viel kürzeren Zeit wirksam gemacht.

---

*) Besteht aus kieselsaurem Kalk und kieselsaurer Magnesia mit kieselsaurer Thonerde.

4. Sauerstoff. Er wirkt durch seine große Fähigkeit sich mit zahlreichen Körpern zu vereinigen. So z. B. verbinden sich die eisenoxydulhaltigen Gesteinsarten mit noch mehr Sauerstoff; das Eisenoxydul geht in Eisenoxyd über und die cohärente Gesteinsart verliert ihren Zusammenhang. — Die Verwitterung der schwefelkieshaltigen*) Thonschiefer ist ein allgemein gekannter und bei Bedachung der Gebäude mit Thonschieferplatten sehr gefürchteter Vorgang. Auch hier ist der Sauerstoff die Veranlassung zur Verwitterung. Der eingelagerte Schwefelkies verbindet sich mit dem Sauerstoffe und der Zusammenhang der Thonschieferplatten geht hiedurch verloren, indem die Platten zuerst chemisch und dann physikalisch verändert werden. Nicht minder energisch verbindet sich der Sauerstoff mit den organischen Substanzen des Bodens; seine Wirkung ist jedoch hier eine secundäre. Er bildet Kohlensäure, und sind die organischen Substanzen, welche sich mit Sauerstoff verbinden, stickstoffhaltig, auch Salpetersäure, welche beide Säuren in hohem Grade die Verwitterung der Mineralien des Bodens veranlassen.

5. Ammoniakverbindungen, salpetersaure Salze, Kochsalz, Gyps, Kalk, Mergel, organische Substanzen rc. — Ueber ihren Einfluß auf den Verwitterungsproceß vergleiche man im Abschnitte Dünger die betreffenden Paragraphen.

6. Die Pflanzen. Die Landpflanzen, durch ihren sauren Wurzelsaft, sowie durch die Kohlensäureausscheidungen ihrer Wurzeln, äußeren einen direct zersetzenden Einfluß auf die Gesteinsarten des Bodens und veranlassen die stärkere Verwitterung und Löslichmachung ihrer Bestandtheile. In einem aus reinen (unverwitterten) Gesteinsarten bestehenden Boden, welcher

*) Das Schwefelkies besteht aus Eisen und Schwefel.

unter übrigens sonst gleichen Umständen bepflanzt und nicht bepflanzt ist, werden in der bepflanzten Hälfte viel mehr Pflanzennahrungsstoffe löslich, geht also die Verwitterung rascher vor sich, als in der nicht bepflanzten.

Dietrich (erster Bericht der Versuchsstation Heidau S. 83), ließ Bundsandstein und Basalt für sich verwittern und Pflanzen darin wachsen. Das Mehr an löslich gewordenen Mineralstoffen, welches durch die Pflanzen in den genannten Bodenarten erhalten wurde, mit andern Worten die Größe der Verwitterung durch den Pflanzenwuchs, läßt sich durch folgende Zahlen ausdrücken:

	Pflanzen:	Bundsandstein:	Basalt:
100	Lupinenpflanzen . .	20,27 Gramm	24,97 Gramm
„	Erbsenpflanzen . . .	16,02 „	23,77 „
„	Spörgelpflanzen . .	1,01 „	1,84 „
„	Buchweizenpflanzen .	2,32 „	3,27 „
„	Wickenpflanzen . . .	5,53 „	6,30 „
„	Weizenpflanzen . . .	0,34 „	2,45 „
„	Roggenpflanzen . .	0,17 „	1,64 „

Die in der vorstehenden Tabelle gegebenen Zahlen drücken einzig und allein die Vermehrung der löslichen Mineralbestandtheile aus, welche der Pflanzenbau in dem Bundsandsteine und Basalte bewirkte. Die Zahlen sind dadurch erhalten, daß man von der Gesammtmenge der geernteten und löslich gewordenen Mineralstoffe, die Mineralstoffe des Samens und die, welche für sich ohne Vegation im Bundsandsteine und Basalte löslich wurden, in Abzug brachte. — Die Zahlen ergeben außerdem eine sehr bemerkenswerthe Thatsache. Sie zeigen nemlich, wie ungleich das Vermögen der verschiedenen Kulturpflanzen ist, die Verwitterung zu beschleunigen. Während die Getreidepflanzen nur geringe Mengen von Pflanzennahrungsstoffen in den löslichen Zustand überführten, war die Löslichmachung durch die

Lupinenpflanzen sehr bedeutend. Diese quantitativ verschiedene Fähigkeit der Pflanzen hängt offenbar mit ihrer Bewurzelung zusammen; ist diese eine größere, so ist auch die Wirkung auf das Löslichwerden der chemisch gebundenen Nährstoffe des Bodens eine bedeutendere. Die Zahlen bestätigen aber auch in überraschender Weise die schon so alte Wahrnehmung der landwirthschaftlichen Praxis, daß die Getreidefelder verhältnißmäßig sehr reich an direct aufnehmbaren Pflanzennahrungsstoffen sein müssen und daß alle Stoffe, welche die Löslichmachung der chemisch gebundenen Pflanzennahrung im Boden bewirken, wie z. B. Kalk, Kochsalz, Chilisalpeter, Ammoniaksalze ꝛc., auch eine Erhöhung der Erträge der Getreidepflanzen hervorbringen.

7. Als ein weiteres, die Verwitterung des Kulturbodens unterstützendes Mittel, könnte man noch die Drainirung anführen. Sie bewirkt eine Entfernung des überschüssigen Wassers im Boden, verändert hiedurch die physicalische Beschaffenheit des letzteren und veranlaßt, daß an die Stelle des Wassers Luft tritt. Der Boden wird durch die Drainirung also nicht allein für Pflanzenbau geeignet gemacht, denn die Landpflanzen wachsen normal nur in Böden, welche von Zeit zu Zeit austrocknen, sondern er wird auch durch dieses Kulturmittel wärmer, die Oxydationsprocesse gehen in ihm nun unbehindert vor sich, die Atmosphärilien überhaupt können energischer auf die Bestandtheile des Bodens wirken, und die Zersetzung und Löslichwerdung der verwitterbaren Bodenstoffe geschieht daher in erhöhtem Maaße.

Die Drainirung ermöglicht also die Pflanzencultur in einem nassen oder sumpfigen Boden, sie veranlaßt ferner ein rascheres Wirksamwerden der chemisch gebundenen Nährstoffe des Bodens und bedingt aus dem Grunde seine raschere Erschöpfung. Bei drainirten Feldern ist daher der gehörigen Ersatzleistung von Seiten des Landwirthes die größte Aufmerksamkeit zu schenken.

24. Der Verwitterungsproceß hat für die Landwirthschaft eine doppelte Bedeutung. Durch ihn wird der Kulturboden gleichsam erzeugt. Der Ackerboden besteht ja aus den Trümmern der Gebirgs- und Gesteinsarten; die Zertrümmerung derselben ist eine Folge des Verwitterungsprocesses. Für's zweite besteht die Wirkung des genannten Processes in der Ueberführung der chemisch gebundenen Nährstoffe des Bodens in den Zustand der physicalischen Bindung, d. i. in den Zustand, in welchem, wie schon öfters erwähnt, die Pflanzennahrungsstoffe geradezu aufnehmbar für die Pflanzen sind. — Ueber die zahlreichen Mittel, welche neben anderen Wirkungen auch das Vermögen haben, die Verwitterung zu unterstützen und zu beschleunigen, wird der Abschnitt über Dünger und Düngungserfolge ausführlich handeln. Hier möge nur noch der Brache gedacht werden.

25. Mit dem Namen „Brache" bezeichnet man eine Reihe von landwirthschaftlichen Operationen, welche im Wesentlichen die Aufgabe haben, den von Pflanzen freien Ackerboden, während einer bestimmten Zeit, der größtmöglichsten Einwirkung des Verwitterungsprocesses auszusetzen. Liebig nennt daher treffend: die Brachezeit die Zeit der Verwitterung, d. i. die Zeit der Löslichmachung und Verbreitung der chemisch gebundenen Pflanzennahrungsstoffe im Boden behufs eines folgenden vortheilhaften Anbaues von einer oder mehreren Kulturpflanzen. Man unterscheidet die reine Brache und die gemischte Brache. Die erstere unterstützt den Verwitterungsproceß nur durch eine sehr weitgehende mechanische Bodenbearbeitung, die letztere gesellt zur Bodenbearbeitung noch die Zuführung verschiedener Düngstoffe, theils organischer und anorganischer Natur, welche durch ihre Bestandtheile und Zersetzungsproducte die Wirkungen des Verwitterungsprocesses erheblich verstärken. Solche Mittel sind die §. 23 unter 5 aufgeführten Substanzen.

Es ist selbstverständlich, daß durch die reine Brache der Ackerboden nicht an Pflanzennahrungsstoffen reicher wird, denn derselbe enthält ja immer nur eine ganz bestimmte und, dem Bodenvolum gegenüber, verhältnißmäßig sehr kleine Menge Pflanzennahrungsstoffe (s. §. 13, S. 15), und mehr als diese können unmöglich durch die Verwitterung frei werden. Vielmehr führt die Brache nur einen Theil der chemisch gebundenen, also den nicht geradezu wirksamen Theil der Bodennahrung in den physicalisch gebundenen Zustand über und macht ihn so aufnahmsfähig für die Pflanzenwurzel. Wenn demnach durch die Brache keine Bodenbereicherung stattfindet, wohl aber durch sie den darauf wachsenden Pflanzen Gelegenheit geboten wird, in derselben Zeit mehr Nährstoffe aus dem Boden aufzunehmen, so muß die Brache mit darauf folgender Pflanzenkultur erschöpfend auf den Boden wirken. — Der Erschöpfung durch die Brache wird vorgebeugt und das geradezu für die Pflanzenernährung wirksame Bodencapital stetig vermehrt, wenn man die in der Ernte entzogenen wirksamen Bodenbestandtheile dem Acker wieder zurückersetzt. — Es ist nicht zu läugnen, daß bei sehr reichen Böden das Sichtbarwerden der Erschöpfung, durch das Kultursystem der eingeschobenen Brache, oft erst nach langer Zeit erfolgt.

26. **Die Pflanzennahrungsstoffe sind für das Leben der Pflanze gleichwerthig, keiner darf fehlen, soll sich die Pflanze in der gehörigen Weise entwickeln.** Diesen wichtigen Satz der Pflanzenährungslehre haben **Stohmann**, und auch **Nobbe**, durch ihre Vegetations-Versuche in wässerigen Lösungen auf's Neue bestätigt. Wurden den Pflanzen die Nährstoffe sämmtlich in der geeigneten Form und gehörigen Concentration gelöst dargeboten, so geschah das Pflanzenwachsthum in der üppigsten Weise. Fehlte jedoch ein einziger Nährstoff, ob Phosphorsäure oder Chlor, Kalk oder

Kali u. s. w., so gingen die Pflanzen zu Grunde, es erfolgte kein Wachsthum derselben. — Aus diesen Versuchen ergiebt sich aber auch noch das weitere Resultat, daß von einer vollständigen Vertretung des einen Pflanzennahrungsstoffes durch einen anderen chemisch ähnlichen nicht die Rede sein kann.

27. Für die Zwecke der Landwirthschaft sind jedoch die Pflanzennahrungsstoffe nicht gleichwerthig. Je nach der Menge der aufnahmsfähigen Nahrungsstoffe, welche schon im Boden und in der Luft enthalten sind, wird dem Landwirthe die Zuführung der einen oder anderen Nahrungsstoffe, dieses oder jenes Pflanzennahrungsmittels wichtiger erscheinen.

Im Allgemeinen kann angenommen werden, daß der Landwirth die wenigste Rücksicht zu nehmen hat auf die Zuführung der atmosphärischen Nahrungsstoffe: Kohlensäure, Wasser und Ammoniak (Salpetersäure), denn ihre Quelle fließt, so lange überhaupt organisches Leben besteht (s. auch S. 13). Unter den Bodenbestandtheilen hat er der Phosphorsäure und dem Kali die meiste Aufmerksamkeit zuzuwenden. Es können jedoch Fälle vorkommen, und sie kommen öfters vor, wo es äußerst vortheilhaft ist, neben Phosphorsäure und Kali auch noch lösliche Kieselsäure und Kalk zu geben. Ebenso kann eine Zuführung von atmosphärischen Nahrungsstoffen, von Ammoniak oder Salpetersäure z. B., für gewisse Culturzwecke geboten sein.

Angenommen, es existiren drei Felder, das eine Feld enthält die Bodenbestandtheile, und zwar sämmtlich in sehr bedeutender Menge, das zweite Feld enthält alle übrigen Nährstoffe, nur an Phosphorsäure hat es Mangel, dem dritten Felde fehlt es an Kali, aber es hat Phosphorsäure und die übrigen Nährstoffe im Ueberfluße.

Die Vegetationsperiode der Kulturpflanzen, d. i. die Zeit von den ersten Wachsthumserscheinungen bis zur Reife oder bis zu dem Grade ihrer Entwicklung, bei welchem sie für unsere Zwecke nutzbar werden, ist eine verschiedene, entweder längere oder kürzere. Der Ertrag hängt ab von der Menge der Nährstoffe, welche während dieser Zeit im pflanzlichen Organismus zur Wirkung gekommen sind. Sie kommen aber zur Wirkung, wenn sie von der Pflanze in der richtigen Form, dem richtigen Verhältniß, und in der richtigen Menge aufgenommen werden können. Wärme, Licht, Feuchtigkeit, die äußeren Wachsthumsbedingungen überhaupt vorausgesetzt.

Es ist gewiß, die Ernte fällt um so reichlicher aus, je mehr Nährstoffe in derselben Zeit in der zu kultivirenden Pflanze wirksam werden.

Der erste Acker war reich an Bodenbestandtheilen, sollen diese wirksam werden, so müssen sie bei ihrem Eingange in die Pflanze begleitet sein von den atmosphärischen Nahrungsstoffen; es gelangen aber um so mehr Bodenbestandtheile zur Wirkung, je größer hierbei die gleichzeitige Mitaufnahme der atmosphärischen Nahrungsstoffe ist.

Wenn nun dem erwähnten Acker noch Bodenbestandtheile zugeführt werden, so tritt eine Ertragserhöhung dadurch nicht ein, der Boden enthält diese ja schon in der reichlichsten Menge. Fügt man aber dem Acker zu seinen Bodenbestandtheilen atmosphärische Nährstoffe, so wird zweifellos die höchste Ernte erzielt werden. Diese vortheilhaften Wirkungen wären beobachtet, so liegt der Schluß nahe, man giebt dem Acker wieder atmosphärische Nahrungsstoffe und erhält hiedurch wiederholt gute Ernten. Es ist möglich, daß der Erfolg auch das zweite Mal, ja das dritte und sechste Mal diesen Schluß bestätigt. Giebt man nun fortwährend atmosphärische Nahrungsstoffe, immer in der Voraussetzung, nur sie thun dem Acker noth, so kommt früher oder später, trotz der reichlichen Zufuhr, eine Zeit, in der keine vortheilhaften Erträge mehr gewonnen werden, in der die Ernten fort und fort sinken. Die Ursache der Ertragsabnahme ist klar. In den Ernten sind die Bodenbestandtheile dem Acker fortwährend entzogen und ihm dafür nur atmosphärische Nahrungsstoffe zurückgegeben worden. Der Boden ist nun zwar reich an Kohlensäure und Ammoniak, aber es fehlt ihm an Phosphorsäure, an Kali, überhaupt an den Stoffen, die unbedingt zur Organischwerdung der atmosphärischen Nahrungsstoffe nöthig sind. Es ist natürlich, daß man die Ernten stets reichlich hätte haben können, wenn zur Düngung mit Kohlensäure und Ammoniak immer auch die Bodenbestandtheile gegeben worden wären, welche man jedesmal durch die Ernte entzog.

Im zweiten Acker sind alle Nährstoffe enthalten, nur an Phosphorsäure ist Mangel. Hier wird eine solche Düngung bedeutende Wirkungen hervorbringen, während Zufuhr von Stickstoff und Kali völlig nutzlos wäre. Wenn nun Jemand mit Phosphorsäure düngte und das nächste Jahr wieder, und er würde in beiden Fällen günstige Erträge erzielen, so könnte er folgern, sein Acker bedürfe nur des genannten Nährstoffes. Mit den Phosphorsäuredüngungen fortfahrend, käme er jedoch bald zur Ueberzeugung, daß eine Steigerung der Erträge nicht mehr eintrete, sondern daß sie fortwährend, trotz der großen Menge der gegebenen Phosphorsäure sinken würden. Der Landwirth hatte ja durch die weggenommenen Ernten die übrigen Nährstoffe vermindert, sein Boden war nur noch reich an Phosphorsäure.

In gleicher Weise würde einem dritten Acker die Zuführung von Phosphorsäure, Stickstoff und allen übrigen Nährstoffen, mit Ausnahme des Kali nutzlos sein, denn es fehlen dem Acker die Alkalien. Nur eine Düngung mit Kali wäre hier am Platze. Aber es ist natürlich, daß bei fortgesetzter Kalidüngung im Felde ein Kaliüberschuß und ein Mangel an den übrigen Nährstoffen entstünde. Der anfängliche durch die Kalidüngung bewirkte Ertrag würde bald nicht mehr zu erlangen sein.

Wie bereits im §. 21, bei Betrachtung der daselbst angeführten Düngungsversuche, darauf hingedeutet wurde, muß auch betont werden, daß die landwirthschaftliche Bedeutung des einen oder anderen pflanzlichen Nährstoffes um so größer ist, je weniger der Boden davon enthält. Und diese landwirthschaftliche Bedeutung trifft nicht bloß den Stickstoff, sie bezieht sich auch auf die Phosphorsäure, auf das Kali, auf den Kalk, auf alle übrigen Nährstoffe. Fehlt dem Boden irgend ein Nährstoff, oder ist er nur in geringer Menge vorhanden, so ist der stärkste Ueberschuß aller anderen Bodennährstoffe nicht vermögend, eine gute Ernte hervorzubringen. Der Ertrag richtet sich immer nach dem in kleinster Menge im Boden vorhandenen Pflanzennahrungsstoffe. (Vgl. übrigens auch Handwörterbuch der Chemie von Liebig, Wöhler und Poggendorf, 2. Aufl., II. Band, Abth. 3, S. 500.)

28. Die Pflanzennahrungsstoffe sind im Boden und in der Luft gleichzeitig vorhanden: die Kohlensäure, das Wasser und Ammoniak (Salpetersäure), oder sie sind nur im Boden vorhanden: die s. g. Aschenbestandtheile. Die im Boden und in der Luft gleichzeitig enthaltenen Nahrungsstoffe gelangen auf zweierlei Wegen in den Pflanzenorganismus, durch die Blätter und Wurzeln; die Aschenbestandtheile hingegen nur durch die Wurzeln.

In den Pflanzenorganismus aufgenommen, erleidet der eine Theil der Pflanzennahrungsstoffe bestimmte Veränderungen, in Folge deren sie in organische Körper übergehen; der andere Theil der Pflanzennahrungsstoffe dagegen ist als der Hauptvermittler dieser Umänderungen zu betrachten. Die Kohlensäure, das Wasser, das Ammoniak (Salpetersäure) und die

Schwefelsäure sind das Material zur Bildung der organischen Pflanzenbestandtheile, die Aschenbestandtheile die Veranlassung der Organischwerdung.

Ueber die Vorgänge, welche in dem Pflanzenkörper stattfinden, um die Bildung seiner organischen Bestandtheile aus anorganischen Nährstoffen zu bewirken, sind leider noch wenig sichere Thatsachen bekannt. Bis jetzt weiß man nur, daß der pflanzliche Lebensproceß in der Hauptsache ein großer Desoxydationsproceß ist. Die Nahrungsstoffe der Pflanzen, in ihrer Zusammensetzung mit den organischen Pflanzenbestandtheilen verglichen, sind viel sauerstoffreicher als die letzteren; es muß daher auf irgend eine Weise im pflanzlichen Lebensprocesse Sauerstoff von ihnen abgeschieden, sie müssen bei ihrem Uebergange in organische Körper sauerstoffärmer (desoxydirt) werden. In der That geschieht dieses. Während des Wachsthumsprocesses der Pflanzen athmen die grünen Pflanzentheile fortwährend Sauerstoff aus.*) — Die Ursache dieses Desoxydationsprocesses, die Zwischenglieder in der Reihe von den anorganischen Nährstoffen aufwärts bis zu den Endproducten des pflanzlichen Stoffwechsels, ihre Umänderungen und Spaltungen, die Function der Aschenbestandtheile hierbei, und wie der ganze Stoffbildungsproceß (die Assimilation der anorgani-

*) Es besteht ein merkwürdiges Naturgesetz zwischen dem Thier- und Pflanzenleben. Während das Thier fortwährend Sauerstoff aus der Luft einathmet und dieser, indem er sich mit den ursprünglich von der Pflanze stammenden organischen Körpern des Thierkörpers verbindet, in Form von Kohlensäure, Wasser und Harnstoff (Ammoniak) den thierischen Organismus wieder verläßt, lebt die Pflanze von den Ausscheidungsprodukten des Thieres. Die Pflanze nimmt dieselben auf und verwandelt sie unter Zurückgabe des überschüssigen Sauerstoffes — dieses unentbehrlichen Lebensbedürfnisses — an die Atmosphäre, wieder in Nahrungsmittel für die Thiere. — Liebig war es, der diesen wunderbaren Kreislauf zuerst mit Bestimmtheit nachwies.

schen Nahrungsstoffe) in der Pflanze von Licht und Wärme, von den äußeren Wachsthumsbedingungen überhaupt sich abhängig zeigt, — alles dieses ist noch so gut wie unaufgeklärt. In den weitaus meisten Fällen existiren über diese Vorgänge nur Vermuthungen und es eröffnet sich hier der wissenschaftlichen Forschung noch ein reiches Feld.

In der That wäre eine Aufklärung in dieser Richtung höchst bedeutungsvoll für die Praxis. Würde der Landwirth einmal die gesetzmäßigen Beziehungen kennen zwischen der Bildung der organischen Stoffe im Pflanzenkörper und den die Stoffbildung bedingenden Factoren, würde er wissen, wie sich die Stoffbildung, überhaupt das Pflanzenwachsthum ändere mit der jeweiligen Aenderung dieser Factoren, und welchen Einfluß jeder einzelne Factor auf das Wachsthum äußere, dann läge es auch in seiner Macht — wenigstens zum großen Theile — das Pflanzenwachsthum gewissermaßen zu beherrschen und den möglichen Erfolg seiner Thätigkeit zum Voraus zu bestimmen. Der Umfang des rationellen Pflanzenbaues hätte sich mächtig erweitert.

Es ist einzusehen, wenn man unter rationellem Ackerbau die Verwerthung der wissenschaftlichen Forschungsresultate beim praktischen Betriebe versteht, daß dann der Umfang unseres Wissens in dieser Beziehung, den Umfang des rationellen Ackerbaubetriebes bestimmt, und daß, je mehr sich unser Wissen erweitert, um so berechtigter von einem rationellen Betriebe gesprochen werden kann. In Wahrheit ist dieses auch von der Mehrzahl der Landwirthe erkannt; sie ergriffen schon vor geraumer Zeit die Initiative, um, durch Errichtung von agriculturchemischen ꝛc. Versuchsstationen, die wissenschaftliche Forschung auf das Gebiet der Landwirthschaft zu lenken und durch die gewonnenen Resultate eine immer breiter werdende Unterlage für den rationellen Ackerbau zu gewinnen. — Wenn nun auch zugestanden werden muß, daß die gegenwärtige Grundlage des rationellen Pflanzenbaues von einem einzigen Manne, von Justus von Liebig, herrührt,*) so gehört doch unzweifelhaft den Versuchsstationen das Verdienst, die von Liebig gegebene Grundlage zum allgemeineren Verständnisse und zur Verwerthung in der landwirthschaftlichen Praxis gebracht zu haben. Dieses war natürlich vor allen Dingen nöthig, denn dem praktischen Ackerbauer mußte zuerst gezeigt werden, welche Vortheile und welchen Nutzen ihm die wissenschaftliche Lehre und das Handeln nach den aus ihr fließenden Grundsätzen bringe, ehe die Versuchsstationen 2c., fußend auf der von Liebig gegebenen sicheren wissenschaftlichen Basis, sich daran machen konnten, die wissenschaftliche Lehre weiter auszubauen. Dieser Zeitmoment ist jetzt eingetreten. Die Landwirthschaft sieht ein, welche Vortheile ihr die wissenschaftlichen Forschungen noch bringen werden, und das anfängliche Drängen zu s. g. praktischen Versuchen, welches die Versuchsstationen von Seiten der Landwirthe erfuhren, hat jetzt nachgelassen und der Ueberzeugung Platz gemacht, daß die s. g. praktischen Düngungsversuche 2c. 2c.

*) Die Unterlage des heutigen rationellen Pflanzenbaues ist im Wesentlichen: die Erkenntniß der Natur der Pflanzennahrungsstoffe, daß von diesen Stoffen die Fruchtbarkeit der Felder und die Wirksamkeit des Düngers sich abhängig zeigt und sie im Boden auf einer gewissen Höhe erhalten werden müssen, wenn dieser dauernd fruchtbar sein soll. Hiezu kommt weiter das Verhalten der Pflanzennahrungsstoffe gegen den Ackerboden und die aus diesem Verhalten sich ergebende Aufklärung: über Form der Nährstoffe im Boden, Art und Weise ihrer Aufsaugung durch die Pflanzenwurzeln und zur Erzielung von Mittelernten nothwendige Nährstoffmenge im Boden. Ferner wurde die Grundlage des rationellen Pflanzenbaues noch vervollständigt, durch die Feststellung des Gesammtbedürfnisses der Kulturpflanzen an Pflanzennahrungsstoffen, sowie ihres Nahrungsbedürfnisses in verschiedenen Wachsthumsperioden, und zuletzt, indem man zu erforschen strebte, welche besondere Wirkungen die einzelnen Pflanzennahrungsstoffe auf das Pflanzenwachsthum äußeren.

nur nutzbringend von dem einzelnen Landwirthe selbst auf seinen eigenen Feldern rc. ausgeführt werden können, denn nur indem der Landwirth diese Düngungsversuche, um bei dem gewählten Beispiele stehen zu bleiben, selbst unternimmt, wird er die Frage nach der Qualität seiner Bodenarten und welches ihr Nährstoffverhältniß u. s. w. ist, zu lösen im Stande sein. Für die Versuchsstationen ist aber nunmehr eine der nächsten Hauptaufgaben: das Studium des chemischen Stoffbildungsprocesses im Pflanzenkörper.

29. Die Pflanzen scheiden Sauerstoff ab und bilden aus den atmosphärischen Nahrungsstoffen ihre organischen Bestandtheile.

Die Sauerstoffabscheidung geht, wie dieses schon Sennebier, Priestley und Saussüre beobachteten, nicht im Dunkeln, sondern nur im Lichte vor sich; sie ist, unter sonst gleichen Umständen, proportional der Bestrahlung der Pflanzen. Ferner ist die Sauerstoffausscheidung eine Function der grünen Pflanzentheile und findet endlich nie statt, wenn der Pflanze nur Wasser und Ammoniak, aber keine Kohlensäure geboten wird. In Wasser vegetirende Pflanzen, welchem die Kohlensäure fehlt, oder in welchem sie gebunden ist, ebenso Gewächse, welche sich in kohlensäurefreier Luft befinden, athmen durch ihre grünen Pflanzentheile keinen Sauerstoff aus. Dieses Verhalten der Pflanzen erklärt sich auf die einfachste Weise. Die Sauerstoffabscheidung beim pflanzlichen Wachsthumsprocesse hängt zusammen mit der Bildung der organischen Pflanzenbestandtheile. Keinen organischen Körper giebt es aber, welcher nicht Kohlenstoff enthalte, und es ist daher leicht einzusehen, daß ohne die Anwesenheit der Kohlensäure im Pflanzenkörper, auch die Bildung der organischen Substanz und die damit zusammenhängende Sauerstoffabscheidung nicht geschehen kann.

Man folgerte früher, und es geschieht auch jetzt noch, daß überhaupt nur die Kohlensäure im Pflanzenorganismus zerlegt werde, denn diese Annahme schien dadurch hinreichend begründet zu sein, daß bei ihrem Fehlen eine Sauerstoffabscheidung überhaupt nicht eintrete. Nach der gegebenen Erklärung ist jedoch eine solche Zersetzung der Kohlensäure nicht absolut nöthig, es kann vielmehr, wenn nur Kohlensäure zur Bildung des Kohlenstoffgehaltes der organischen Bestandtheile, im Innern der Pflanze vorhanden ist, auch das Wasser zersetzt und von ihm der ausgeschiedene Sauerstoff hergeleitet werden. In Wirklichkeit nehmen auch neuerdings verschiedene Chemiker an, geleitet durch die leichte Zersetzbarkeit des Wassers in seine beiden Bestandtheile, in Wasserstoff und Sauerstoff, sowie durch die Aehnlichkeit des Zersetzungsprocesses in der Pflanze mit der zersetzenden Wirkung der electrischen Kraft, daß in der Pflanze einzig und allein das Wasser zerlegt würde, und durch Addition des Wasserstoffes zur Kohlensäure, sowie durch Substitution ihres Sauerstoffes durch den Wasserstoff, die Desoxydation der genannten Säure bewirkt werde. Es ist jedoch ebensowenig gerechtfertigt, eine ausschließliche directe Zersetzung des Wassers anzunehmen und die Desoxydation der Kohlensäure allein als secundäre Erscheinung aufzufassen, vielmehr erweisen zahlreiche chemische Thatsachen, daß die Kohlensäure sehr leicht ihr zweites Aequivalent Sauerstoff abzugeben vermag,*) eben so leicht

*) Wird von den Elementen der Kohlensäure ein Sauerstoff-Aequivalent getrennt — die Kohlensäure selbst besteht aus einem Aequivalent Kohlenstoff und zwei Aequivalenten Sauerstoff, welcher Zusammensetzung die Formel CO_2 entspricht, — so entsteht eine neue gasförmige Verbindung, welche mit blauer Flamme brennt und die Formel CO besitzt, d. h. aus einem Aequivalent Kohlenstoff und einem Aequivalent Sauerstoff besteht. Diese Verbindung, welche die Chemiker Kohlenoxyd nennen, führt im gewöhnlichen Leben den Namen „Kohlendampf", und ist das gefürch-

als eine Zerlegung des Wassers in seine Elemente geschieht. Der im Pflanzenorganismus durch die chemische Kraft hervorgerufene Zersetzungsproceß wird daher nicht ausschließlich das Wasser oder die Kohlensäure, sondern beide Körper gleichzeitig betreffen, wie dieses denn auch Liebig schon längst angenommen hat.

30. Die Heranbildung der organischen Stoffe im lebenden pflanzlichen Organismus läßt sich auf zweierlei Weise denken. Entweder, die verschiedenen organischen Körper bilden sich ohne Weiteres durch Zusammentreten der Elemente der anörganischen Pflanzennahrungsstoffe, oder, diese Nahrungsstoffe werden stufenweise verändert; sie gehen durch den Lebensproceß der Pflanzen zuerst in niedere und einfach zusammengesetztere organische Verbindungen über, aus welchen sich dann stufenweise die höher zusammengesetzten organischen Körper — durch weitere Desoxydation, Spaltungen u. s. w. — erzeugen.

Wir können uns z. B. denken, daß durch gleichzeitige Sauerstoffausscheidung aus Kohlensäure und Wasser direct Traubenzucker entstehe. C H O ist der einfachste Ausdruck für die Zusammensetzung des Traubenzuckers. Wenn daher aus Kohlensäure (CO_2) und Wasser (HO), je ein Aequivalent Sauerstoff abgeschieden würde, und der Rest der Elemente der Kohlensäure und des Wassers blieben als Ganzes verbunden zurück, so stellt dieser Rest geradezu die Zusammensetzung des Traubenzuckers dar, denn

$$\left.\begin{matrix} CO_2 \\ HO \end{matrix}\right\} = CHO_3,$$ davon 2 O abgetrennt, bleibt die Zusammensetzung : CHO, diese Formel entspricht aber, wie angeführt, dem Aequivalent-Verhältnisse des Traubenzuckers.

---

tete Erstickungsmittel. Es bildet sich stets, wenn glühende Kohlen nur mit wenig Luft in Berührung kommen; bei genügender Luftmenge erzeugt es sich nie.

Es ist jedoch eine solche directe Bildungsweise der Endproducte des Stoffwechsels und der höheren organischen Körper sehr unwahrscheinlich, denn sie verstößt gegen die Erfahrungen der reinen Chemie und gegen die wenigen Thatsachen, welche man bis jetzt über den Bildungsproceß der organischen Pflanzenbestandtheile kennt. Sowohl die Zersetzungen, als auch die Neubildungen gehen stufenweise vor sich. Aus den weniger zusammengesetzten Körpern werden bei ihrer Vereinigung höhere Verbindungen, die hoch complicirten organischen Körper zerfallen dagegen bei ihren Umsetzungen in stufenweise niedrigere, einfachere Zusammensetzungen. In gleicher Weise bilden sich im Pflanzen-Organismus zuerst die einfach zusammengesetzten organischen Säuren, aus ihnen entstehen die höheren Säuren, welche sich dann weiter in Kohlenhydrate: Zucker, Gummi u. s. w. umsetzen. So verwandelt sich die Oxalsäure, — welche man sich gebildet denken kann aus Kohlensäure, unter Sauerstoffabscheidung und Eintritt von Wasser, oder auch, indem sich zu Kohlensäure direct Wasserstoff hinzufügt — durch weitere Desoxydation in die höher zusammengesetzte Weinsteinsäure, welche sich unter bestimmten Bedingungen, dann in Zucker und die ursprüngliche Oxalsäure spalten kann. Tritt zu den organischen Säuren Ammoniak, so haben wir es mit organischen stickstoffhaltigen Körpern zu thun, welche sich auf die verschiedenartigste Weise zu den höheren organischen Stickstoffverbindungen hinaufbilden können. Kurz, alle organischen Pflanzenbestandtheile lassen sich physiologisch als zusammengesetzte Kohlensäuren, oder, die stickstoffhaltigen, als zusammengesetzte Ammoniake betrachten. Ueber das „Wie" ihrer Bildung im Pflanzenkörper sind wir noch völlig im Unklaren; nur so viel scheint wahrscheinlich, daß aus den einfacher zusammengesetzten organischen Körpern, sich stufenweise die höher zusammengesetzten erzeugen, und daß das erste Grundmaterial zu den höheren Bildungen die organischen Pflanzensäuren sind.

31. Ebensowenig wie der Bildungsproceß der organischen Körper aus Kohlensäure, Wasser, Ammoniak und Schwefelsäure bekannt ist, ebensowenig wissen wir etwas Zuverlässiges über die Rolle, welche die Aschenbestandtheile bei diesem Bildungsprocesse und bei dem pflanzlichen Wachsthumsvorgange überhaupt spielen; nur so viel ist über alle Zweifel erhaben, daß ohne die Aschenbestandtheile eine Pflanze nicht wachsen, d. i. an Masse zunehmen kann, daß also diese Körper absolut nöthig für die Unterhaltung des Pflanzenlebens sind. — Das Wenige, was uns über die Functionen der Aschenbestandtheile im Pflanzenkörper bekannt ist, enthält die nachstehende Zusammenstellung.

a) Die Phosphorsäure wird als in Beziehung stehend mit der Bildung der Eiweißkörper in den Pflanzen angenommen; wo eine derartige Bildung stattfindet, ist sie immer begleitet von Phosphorsäure, und zwar steht, wie dieses die Versuche von Mayer*) und Zöller**) dargethan haben, die Menge der in der Pflanze gebildeten Eiweißkörper in Proportion zu der vorhandenen Phosphorsäure. Das Verhältniß zwischen Eiweißkörpern und Phosphorsäure ist jedoch in den verschiedenen Pflanzen ein verschiedenes, und es erscheint deßhalb wahrscheinlich, daß bei Bildung der verschiedenen Eiweißkörper, auch verschiedene Mengen Phosphorsäure mitwirken.

Mayer bestimmte in einer großen Anzahl von Samen, hauptsächlich Cerealien-Samen, den Phosphorsäure- und Stickstoffgehalt***) und fand, indem er den mittleren Gehalt seinen Rechnungen zu Grunde legte, folgende Verhältnisse:

---

*) Annalen der Chemie u. Pharmacie Bd. 101, S. 129.

**) Ebendaselbst Bd. 112, S. 28; Landw. Versuchsstation zu München 1861, Heft III. S. 137.

***) Die Eiweißkörper werden von den Chemikern, wenn es auf die genaue Bestimmung ihrer Menge ankommt, nie direct, sondern immer indirect

Auf 1 Theil Phosphorsäure enthalten:

die Samen von Roggen . . .	2,21	Theile Stickstoff
„ „ „ Weizen . . .	2,04	„ „
„ „ „ Gerste . . .	1,93	„ „
„ „ „ Hafer . . .	2,02	„ „
„ „ „ Hülsenfrüchten .	3,16	„ „

Auf einen Theil Phosphorsäure kommen nach den von Zöller unternommenen Analysen von vierzehn, auf verschieden gedüngten Bodenarten gewachsenen Gerstenkörnersorten = 2,12 bis 2,27 Theile Stickstoff, eben so in 9 verschiedenen Roggenkörnersorten auf 1 Theil Phosphorsäure = 2,1 bis 2,4, deßgleichen in 9 verschiedenen Weizenkörnersorten auf 1 Theil Phosphorsäure = 1,96 bis 2,1 Theile Stickstoff. Wie man sieht, sind die Schwankungen in den Stickstoffmengen, welche in den verschiedenen Körnersorten auf 1 Theil Phosphorsäure kommen, so geringe, daß man sie, bedenkt man die Fehler bei der Methode der Stickstoffbestimmung, als gleiche Zahlen annehmen kann. — Ein nicht so genaues constantes Verhältniß zwischen Phosphorsäure und Samenstickstoff im Weizen und Roggen, welche Pflanzen in verschieden gedüngten Boden gewachsen waren, erhielt Siegert, obgleich die Schwankungen auch hier, mit einer Ausnahme, sich wenig vom Mittel entfernen. Auf einen Theil Phosphorsäure in den getrockneten Körnern kamen nach Siegert: beim Winterweizen im Mittel 2,38 Theile Stickstoff (die Schwankungen im Stickstoff-Gehalt betrugen zwischen 2,26 bis 2,59); beim Winterroggen auf 1 Thl. Phosphorsäure im Mittel 2,55 Theile Stickstoff (Schwankungen zwischen 2,35 bis 2,96); beim Sommerweizen

---

durch Feststellung ihres Stickstoffgehaltes bestimmt. Die in 100 Theilen Substanz gefundene Stickstoffmenge mit 0,156 dividirt, giebt die Procente der vorhandenen Eiweißkörper an.

kamen auf 1 Theil Phosphorsäure im Mittel 2,64 Theile Stickstoff; die Schwankungen im Stickstoffgehalte der Sommerweizenkörner waren übrigens sehr bedeutend, auf 1 Theil Phosphorsäure kamen zwischen 2,30 bis 3,23 Theile Stickstoff.

Aber nicht allein die constanten Verhältnisse zwischen Stickstoff und Phosphorsäure drücken die Beziehungen aus, welche zwischen der Bildung der Eiweißkörper und der Gegenwart der Phosphorsäure im Pflanzenorganismus obwalten, sondern auch der pflanzliche Wachsthumsproceß selbst. Wie später noch gezeigt werden soll, entspricht stets der Aufnahme der Phosphorsäure durch die Pflanze ein Zuwachs an Stickstoff in derselben; während ein Boden, welcher keine Phosphorsäure enthält, in den darauf wachsenden Pflanzen nicht mehr organischen Stickstoff erzeugt, als ursprünglich im Samen enthalten war.

Vielleicht ist auch hier das interessante Resultat am richtigen Orte, welches bei den Vegetationsversuchen des Münchner pflanzenphysiologischen Institutes erhalten wurde. Die Versuche betrafen das Tabaksblatt und sie sollten nachweisen, wie sich das Blatt in seiner Zusammensetzung ändere, wenn die Tabakspflanze in verschieden zusammengesetzten Böden wächst. — 100 Theile getrocknete Blätter der Pflanzen des Kalibodens enthielten 3,5 Proc. Stickstoff; 100 Theile getrocknete Blätter der Pflanzen des Ammoniakboden zeigten einen Procentgehalt von 4,5 Stickstoff; endlich enthielten 100 Theile trockene Tabaksblätter, welche auf mit Ammoniak und Phosphorsäure gedüngtem Boden gewachsen waren, 7,1 Proc. Stickstoff. (Mittheilung des Prof. Zöller.) Dieses sind in der That sehr bedeutende Unterschiede im Gehalte der verschiedenen Tabaksblätter und der Landwirth kann daraus ersehen, wie sehr die Güte seines gebauten Tabaks von der Bodenmischung und Düngung sich abhängig zeigt. Diese Versuche sind aber auch ein schlagender Beweis für die Richtigkeit des Gesetzes, daß die

Phosphorsäure in innigster Beziehung steht, zur Bildung der stickstoffhaltigen Pflanzenbestandtheile und daß, die übrigen Bedingungen vorausgesetzt, mit der Vermehrung der Phosphorsäure im Boden, auch eine Vermehrung des Stickstoffgehaltes der auf diesem Boden wachsenden Pflanzen eintritt. Dieselbe Quantität Ammoniak im Boden, und zwar ohne und mit Phosphorsäure, brachte, wie angeführt, bezüglich der Vermehrung des Stickstoffgehaltes in den Tabaksblättern eine sehr verschiedene Wirkung hervor; die Assimilation des Ammoniaks war beherrscht von der Gegenwart der Phosphorsäure im Boden und ihrer gleichzeitigen Mitaufnahme durch die Pflanze.*)

b) Die Magnesia ist unzweifelhaft bei der Samenbildung betheiligt. Mit welchen organischen Stoffreihen sie in Beziehung steht, ist noch nicht näher aufgeklärt; sie scheint im Vereine mit der Phosphorsäure bei der Bildung und Ablagerung der Eiweißkörper thätig zu sein. Dafür spricht der wenig wechselnde Gehalt der Magnesia in den völlig ausgebildeten und in ihrer Entwicklung nahezu gleichen Getreidekörnern. In 100 Theilen Asche von vierzehn verschiedenen

*) In welchen Verbindungsformen die Phosphorsäure in den Pflanzen vorkömmt, ist noch nicht in gehöriger Weise ermittelt. Jedenfalls ist die Thatsache interessant, daß in der Asche der Hülsenfrüchte-Samen die Menge der basischen Stoffe ausreicht, um mit der Phosphorsäure dreibasische Salze zu bilden, während in den Getreidekörneraschen hinwiederum das Verhältniß zwischen den basischen Körpern und der Phosphorsäure ein solches ist, daß die Mengen der Basen bei weitem nicht ausreichend sind, um mit der vorhandenen Phosphorsäure dreibasische Salze zu bilden. So enthält nach Erdmann die Weizenasche einbasisch phosphorsaure Salze, nach Zöller die Weizen- und Roggenasche ein- und zweibasisch, die Gerstenasche zweibasisch phosphorsaure Verbindungen.

Gerstenkörnersorten wechselte der Procentgehalt an Magnesia nur unbedeutend; er betrug zwischen 6,81 und 7,24, während z. B. der Procentgehalt des Kalkes in den vierzehn Gerstenkörneraschen zwischen 2,23 bis 3,22, und der Kaligehalt gar zwischen 14,98 und 21,89 schwankte. Verhältnißmäßig eben so gering wie die Schwankungen im Magnesiagehalte, waren in den vierzehn verschiedenen Gerstenkörnersorten die im Gehalte an Phosphorsäure und Stickstoff. An Phosphorsäure enthielten die vierzehn Aschen zwischen 31 und 33 Procent, der Stickstoffgehalt schwankte in den lufttrockenen Körnern zwischen 1,66 bis 1,91 Procenten. Noch weniger wechselnd zeigte sich der Gehalt an Magnesia, Phosphorsäure und Stickstoff in neun verschiedenen Roggenkörnersorten und eben so vielen Weizenkörnersorten.*) Rechnet man noch hiezu die Thatsache, welche Arendt**) gefunden, daß die Aufnahme der Magnesia, ähnlich der Phosphorsäure, während der ganzen Vegetation sich beinahe gleich bleibt, und daß bei dieser Basis***) stets ein

*) Zöller, Annalen der Chemie u. Pharmacie Bd. 112, S. 38; Münchener Ergebnisse Heft III. S. 146 u. 153.

**) Arendt, chemische Lebensbeschreibung der Haferpflanze, Leipzig bei Brockhaus, S. 196.

***) In der Chemie werden die basischen Körper, die s. g Basen, den sauren Körpern, den Säuren, gegenübergestellt; die ersten zeigen, wenn sie löslich sind, einen laugenhaften Geschmack, wie die Seifensiederlauge, die letzteren schmecken sauer, wie der Essig. Der Hauptcharacter dieser beiden Stoffreihen liegt aber darin, daß, wenn sie zusammen kommen, sie sich zu neuen Körpern vereinigen, welche keine der Eigenschaften, der Basen und Säuren mehr zeigen, also weder laugenhaft, noch sauer schmecken. Diese neuen Körper heißen „neutrale" Salze oder Salze schlechtweg, ihr Geschmack ist ähnlich dem des Kochsalzes. Nur wenn zu wenig Basis oder zu viel Basis im Salz enthalten ist, schmecken die Salze noch sauer oder laugenhaft; im ersteren Falle heißen die Verbindungen „saure Salze", im letzteren Falle „basische Salze". Von den Pflanzennahrungsstoffen

Zug nach Oben sich bemerklich macht, so ist an ihrer Bedeutung für die Samenbildung nicht zu zweifeln und ihre Nothwendigkeit bei Erzeugung der Eiweißkörper zu vermuthen.

c) **Das Kali scheint in inniger Beziehung zur Bildung der Kohlenhydrate, überhaupt der stickstofffreien Pflanzenbestandtheile zu stehen.** Wenn in Wirklichkeit die organischen Säuren, welche im Pflanzenkörper in so bedeutender Menge erzeugt werden, das erste Bildungsmaterial für die höher zusammengesetzten Pflanzenbestandtheile sind, so erscheint von vornherein die Bedeutung des Kali, überhaupt der Alkalien, zweifellos. Denn alle Säuren, und besonders diejenigen, welche weitere Umänderungen erleiden, sind in Form von Salzen, gewöhnlich von sauren Kali-Salzen, in dem Pflanzensafte gelöst vorhanden, und die Bildung dieser Salze würde nicht vor sich gegangen sein, hätten die alkalischen Basen im Pflanzenorganismus gefehlt. Aber wir müssen auch geradezu die Basen, als die erste Veranlassung der Säureerzeugung in der Pflanze betrachten, um so mehr, da die Wirksamkeit der basischen Körper in dieser Beziehung durch zahlreiche Thatsachen der reinen Chemie außer Zweifel gestellt ist. Ammoniak geht unter dem Einflusse starker Basen in Salpetersäure über; aus Kohlenoxyd und Wasser bildet sich nur Ameisensäure, wenn Kali oder Natron mitwirkt; in vielen Fällen können aus verschiedenen indifferenten 2c. Körpern einzig und allein Säuren erzeugt werden, wenn bei dem Processe gleichzeitig eine Basis mit thätig ist.

Die Bedeutung des Kali, der Alkalien überhaupt, beim

---

sind Kali, Kalk, Natron, Magnesia, Eisenoxyd = Basen; Phosphorsäure, Schwefelsäure, Kieselsäure = Säuren. Verbindet sich die Schwefelsäure z. B. mit Kali, so entsteht eine Verbindung aus einer Säure und einer Basis, das schwefelsaure Kali; diese Verbindung ist aber ein Salz.

Säurebildungsprocesse im Pflanzenkörper ergiebt sich jedoch nicht allein daraus, daß die gebildeten Säuren darin als Salze vorhanden sind und in zahlreichen Fällen sich bei chemischen Processen nur Säuren bei Gegenwart von Basen erzeugen, sondern auch daraus, daß eine vermehrte Säurebildung in den Pflanzen nur durch eine vermehrte Alcalienzufuhr bewirkt wird, und da, wie angenommen werden muß und von uns auch angenommen wurde, die Säuren das erste organische Bildungsmaterial im pflanzlichen Leibe sind, ihre Erzeugung demnach vorzugsweise in die ersten Wachsthumsperioden fällt, so muß auch in diesen ersten Perioden die stärkste Aufnahme von Kali stattfinden. — Wie bei dem Wachsthumsprocesse der Pflanzen noch näher erörtert werden soll, fällt die Hauptaufnahme des Kali in der That in die erste und zweite Periode, während in der Periode der Frucht- und Samenbildung nur mehr verhältnißmäßig wenig Kali aufgenommen wird.

Aber nicht allein bei der Erzeugung des ersten organischen Bildungsmateriales, der Säuren, sind die Alkalien betheiligt, sondern auch bei den weiteren Umwandlungen, welche dieses Material erfährt, um in Zucker, Gummi, Stärkemehl, überhaupt in die Endproducte des pflanzlichen Stoffwechsels überzugehen. Der bedeutende Gehalt der Asche der Gummiarten an Kali, die vermehrte Zuckerbildung in den Zuckerrüben bei Kalidüngung, das constante Verhältniß zwischen Alkalien und Stärke in den Getreidesamen, — alle diese Thatsachen sprechen für die Betheiligung der Alcalien bei dem allmähligen Heranbildungsprocesse der höheren, stickstofffreien Pflanzenbestandtheile. — Wir belegen unsere Angaben noch mit den gefundenen Zahlenresultaten. Nach Löwenthal und Hausmann enthalten verschiedene arabische Gummisorten einen durchschnittlichen Aschengehalt von 3,2 Proc. Asche; in 100 Theilen dieser Asche sind 25 Theile Kali und 29 Theile Kalk, aber nur

Spuren von Phosphorsäure enthalten.*). — Böden, welche Kali erhielten, erzeugten Zuckerrüben, deren Saft 12 Proc. Zucker enthielt, während diejenigen Böden, welche nicht mit Kali gedüngt wurden, Zuckerrüben lieferten, deren Saft einen Gehalt von nicht mehr als 9 Proc. Zucker zeigte. Die ersteren Rüben gaben in ihrer Asche 51 Proc. Kali, die letzteren nur 42 Proc. Kali.**) Gleiches Resultat, nemlich Vermehrung des Zuckergehaltes in den Zuckerrüben durch Kalidüngung, erhielten, im Jahre 1864, Rimpau in Schlanstädt und Seilern in Mähren. (Ueber die Versuche des Letzteren vergl. übrigens auch später.) — Zöller fand zwischen den Alkalien und dem Stärkemehl im Gerstenkorne ein constantes Verhältniß. In vierzehn verschiedenen Gerstenkörnersorten kamen immer auf 1 Theil Sauerstoff der Alkalien, oder in Kali umgerechnet, auf 5,9 Theile Kali, 579 Theile Stärkemehl, dieses wäre auf 1 Theil Kali, in runden Zahlen, = 97 Theile Stärke.

Es wurde im Vorhergehenden, bei Betrachtung der Rolle, welche das Kali und die Phosphorsäure bei der organischen Stoffbildung im Pflanzenkörper spielen, Gewicht gelegt auf die constanten Verhältnisse zwischen diesen beiden Aschenbestandtheilen und gewissen organischen Stoffreihen in der Pflanze. Um diese

*) Nach Wigand in Marburg entsteht ein großer Theil des Gummi durch Desaggregation (Löslichwerdung) der Cellulose. Es scheint diese Desaggregation der Cellulose jedoch nur einzutreten — bedenkt man den Kali- und Kalkgehalt der Gummiasche — wenn ein Ueberschuß dieser Basen, und zwar vorzugsweise des Kalis, da der Kalk in den meisten Fällen schon die Cellulose begleitet (s. später), in der betreffenden Pflanze vorhanden ist. — Zeigt sich diese von Zöller gemachte Annahme richtig, so wäre wohl das beste Mittel gegen den schädlichen Gummifluß der Bäume eine Düngung mit Phosphorsäure, indem durch Aufnahme dieser Säure das richtige Verhältniß zwischen Kali und Phosphorsäure in der Pflanze hergestellt, und der chemische Proceß in derselben hiedurch abgeändert würde.

**) Mittheilung des Prof. Zöller.

constanten Verhältnisse jedoch nicht wichtiger erscheinen zu lassen, als sie wirklich sind, schließen wir uns enge dem von Zöller (Handwörterbuch der Chemie von Liebig, Poggendorf und Wöhler, 2 Aufl., Bd. II, Abth. III, S. 497) Gesagten an.

Wenn gesagt wird, es besteht ein Zusammenhang zwischen den organischen stickstoffhaltigen Pflanzenbestandtheilen und der Phosphorsäure, oder zwischen den Alkalien und den stickstofffreien Pflanzenstoffen, so ist natürlich damit gemeint, eine bestimmte Menge Eiweißsubstanz, oder Zucker, oder Stärke ist in den betreffenden Pflanzentheilen stets von einer in engen Grenzen wechselnden Menge Phosphorsäure oder Kali begleitet. Würde behauptet, ein Minimum von Phosphorsäure oder Kali erzeuge unbegrenzte Mengen von Eiweißkörpern oder Kohlenhydraten — denn sobald ja die Eiweißkörper oder die Kohlenhydrate erzeugt sind, kann die Phosphorsäure oder das Kali derselben Bildung wieder auf's Neue dienen; diese Aschenbestandtheile stehen in keiner Beziehung mehr zur fertigen organischen Substanz, — so wäre diese Behauptung mindestens sehr gewagt.

Ohne auf das Bestehen des großen Naturgesetzes hinzudeuten, nach welchem Pflanzen oder Pflanzentheile für die thierische Ernährung vollkommen nutzlos sind, wenn sie nicht von den Aschenbestandtheilen begleitet werden, und ohne weitgehend die Frage zu erörtern, sind denn diese Stoffe, bei der etwaigen Umwandlung der organischen Pflanzenbestandtheile, nicht eben wieder in der durch das Verhältniß ausgedrückten zugehörigen Menge nöthig, ist vor Allem zu bemerken, daß sämmtliche Versuche beweisen: die aus einem Samen sich erzeugende einjährige Pflanze vermehrt, ohne Zufuhr von neuer Phosphorsäure und neuem Kali, weder ihren Gehalt an Eiweißstoffen, noch an löslichen Kohlenhydraten (Man s. übrigens später.)

Wir läugnen keinen Augenblick, daß, sobald die höheren

Pflanzenstoffe, die s. g. Endproducte des Stoffwechsels, bleibend im Pflanzenorganismus abgelagert sind und weitere Umwandlungen nicht mehr erleiden, dann auch die zu ihrer Bildung gehörigen Aschenbestandtheile anderen Verwendungen dienen können, daß aber letztere stets gegenwärtig sein müssen, und zwar in einem bestimmten Verhältnisse, soll die betreffende organische Substanz weitere Metamorphosen in der Pflanze durchlaufen. Keinem Menschen fällt es ein zu bezweifeln, sobald die löslichen Kohlenhydrate im Baume sich in Holz umgebildet haben, daß dann die sie begleitenden Alkalien wieder auf's Neue zur Bildung löslicher Kohlenhydrate verwendet werden können, ja dieses ist geradezu eine Thatsache (s. später); allein in dem nemlichen Momente, wann die Cellulose sich anfängt in Gummi zu verwandeln (vgl. die Anm. S. 83), muß die zur Gummibildung nöthige Menge Kali wieder vorhanden sein, es muß sich ein constantes Verhältniß zwischen Cellulose und Alkalien zeigen.

In gleicher Weise ungerechtfertigt wäre es, und würde eine Unkenntniß der bisherigen Untersuchungen verrathen, wenn man die bestehenden constanten Verhältnisse zwischen den organischen und anorganischen Stoffen in den Pflanzen so auffassen wollte: man giebt den Pflanzen Alkalien und erhält nun eine bedeutende Menge Stärke oder Zucker in ihnen, oder man giebt ihnen Phosphorsäure und sie produciren vorzugweise Eiweißkörper.

Wie es einen höchst einseitigen Standpunct auf dem Gebiete der thierphysiologischen Forschung verräth, das Chlorkalium z. B., das Muskelsalz zu nennen, würde es nicht minder einseitig sein, die phosphorsauren oder die Alkalisalze mit Kleber- oder Stärkesalze zu bezeichnen. In den, Seite 35, erwähnten Versuchen, welche in Schleißheim angestellt wurden, bewirkte die Phosphorsäure die bedeutendste Ertragssteigerung; der damit gedüngte Boden brachte eine sechs Mal höhere Ernte hervor, als der ungedüngte Boden. Indem Phosphorsäure gegeben wurde, regelte sich im Boden das Verhältniß zwischen Phosphorsäure, Kali und den übrigen Nährstoffen in einer Weise, daß nun von der Pflanze das zu ihrem Gedeihen nöthige Nährstoffverhältniß aufgenommen werden und im pflanzlichen Organismus zur Wirkung kommen konnte; die Ertragserhöhung war die Folge davon. Durch einfache Zufuhr von Phosphat zum Boden erzeugte sich, abgesehen von den übrigen organischen Stoffen, eine große Quantität Stärkemehl in den Roggenpflanzen. — Bei einer dem Obigen entsprechenden, irrthümlichen Auffassung der constanten Verhältnisse zwischen organischen und anorganischen Pflanzenbestandtheilen, wäre das gegebene Phosphat das Eiweißsalz, das Stärkemehlsalz und das Cellulosesalz gleichzeitig gewesen.

d) Den Kalk bedürfen die Pflanzen schon in ihrer ersten Wachsthumszeit, er scheint in Beziehung zu stehen mit der Bildung des Zellstoffes (der Cellulose). Bei seinen Vegetationsversuchen mit der Maispflanze in wässerigen Nährstofflösungen fand Stohmann, daß bei Entziehung des Kalkes, wenn auch alle übrigen Nährstoffe in ausreichendster Menge vorhanden waren, doch die junge Pflanze kein Wachsthum zeigte. Wurde hingegen einer solchen Vegetation Kalk zugeführt, so zeigte sich die auffallendste Veränderung.

Die ohne Kalkzusatz in ihrem Wachsthum vier Wochen lang stationär gebliebene junge Maispflanze, fing schon fünf Stunden nach Zusatz des Kalkes an lebendig zu werden, und entwickelte sich dann unter Kalkaufnahme bis zu Ende des Versuches auf das Ueppigste. — Wenn selbst der Kalk sonst keine Function im pflanzlichen Organismus zu erfüllen hätte, als bei der Bildung des Zellstoffes betheiligt zu sein, so ist seine so eben beschriebene Wirkung auf eine Vegetation, welche in kalkfreien Lösungen wächst, dennoch leicht erklärlich. Ohne die Möglichkeit der Zellbildung ist kein Wachsthum denkbar; zur Zellbildung gehört aber nothwendig die Bildung der Zellhaut, und diese findet nur bei Gegenwart von Kalk statt.

Daß wirklich Kalk und Zellstoffbildung in innigem Zusammenhange stehen, ergiebt sich auch daraus, daß mit dem vermehrten Uebergange der löslichen Kohlenhydrate in Zellstoff oder in Holzsubstanz sich immer größere Mengen von Kalk in den betreffenden Pflanzen ansammeln. Die Kalkmenge ist dann oft in den alten verholzten Pflanzenorganen auf die drei- bis sechsfache Menge ihres anfänglichen Vorkommens gestiegen. Aber nicht allein die so eben erwähnte Function des Kalkes: bei der Erzeugung des Zellstoffes betheiligt zu sein, sondern auch die: als Ablagerungssubstanz zu dienen, um dem Gerüste der Pflanzen, vorzüglich den Stengeln 2c. der Dicotyledonen,*) die gehörige Stärke und Festigkeit zu geben, kommt unzweifelhaft dem Kalk zu. Der Kalk spielt hier ganz dieselbe Rolle, wie die Kieselsäure bei den Monocotyledonen.

e) Die Kieselsäure ist als ein Befestigungsmittel des Gerüstes der Pflanzen, besonders der Monocotyledonen zu betrachten. Bei manchen Palmarten besteht die Hauptmasse des ganzen Stammes aus Kieselsäure, und die Menge der letzteren überwiegt sogar bedeutend die organische Substanz der Stengelgebilde. Aber gleichfalls bedeutende Mengen enthalten auch die Blätter; ja nach Arendt sind bei der Haferpflanze die Blätter die kieselreichsten Theile der Pflanze; die Halme sind verhältnißmäßig arm daran. —

---

*) Das ganze Gewächsreich theilt man ein: in Acotyledonen, Mono- und Dicotyledonen, d. h. in Pflanzen, welche beim Keimen ihrer Samen entweder keinen (Moose, Flechten, Farrenkräuter), oder einen (Gräser, Lilien-Palmen), oder zwei Samenlappen (die meisten Gewächse) bilden.

Uebrigens tritt die Kieselsäure nicht bloß als Ablagerung bei den Monocotyledonen auf, sondern auch bei den Dicotyledonen, und es hat allen Anschein, daß als Befestigungsmittel des Gerüstes der Pflanzen sich Kalk und Kieselsäure großentheils vertreten können. Nach einer Mittheilung des Professor Zöller enthalten Bohnenstengel und Blätter, je nachdem die Bohnenpflanzen auf Böden gewachsen sind, welche kieselsäurereich oder sehr kalkhaltig waren, in derselben Wachsthumsperiode untersucht, sehr verschiedene Mengen der genannten beiden Nahrungsstoffe. Die Asche des Stengels und der Blätter von Bohnenpflanzen, deren Boden vorzugsweise aus Silikaten bestand, gelatinirte mit Säuren beim Eindampfen auf dem Wasserbade, während die Asche der beiden Organe der Pflanzen des Kalkbodens nur wenig Kieselsäure enthielt. Verschiedene Pflanzen, theils Mono- theils Dicotyledonen, entnehmen einem Kieselsäure und Kalk enthaltenden Boden diese beiden Stoffe gleichzeitig. 100 Theile Asche von Buchenblättern enthalten in der I. Periode (Mai) 9,8 Thl. Kalk und 1,2 Thl. Kieselsäure, in der II. Periode (Juli) 26,5 Thl. Kalk und 13,4 Thl. Kieselsäure, in der III. Periode (October) 34,0 Thl. Kalk und 20,7 Thl. Kieselsäure und in der IV. Periode (November) 34,1 Thl. Kalk und 24,4 Thl. Kieselsäure. Diese Zahlen beweisen auch, daß je mehr sich die Blätter, und man kann sagen auch die Stengelgebilde, dem Ende ihres Wachsthumes nähern, wobei sich ihr Gehalt an löslichen Kohlenhydraten und Eiweißstoffen vermindert und ihr Cellulosengehalt mehrt, desto reicher werden sie an abgelagerter Kieselsäure oder Kalk, oder an diesen beiden Stoffen zugleich.

Welche Rolle die Kieselsäure in dem pflanzlichen Lebensprocesse noch spielt, ob sie sich bei der organischen Stoffbildung in der Pflanze als mitwirkender Factor erweiset, also in Beziehung steht mit irgend welchen Pflanzenbestandtheilen, oder ob sie nur einfach als Ablagerungssubstanz in die Zellwandungen gleichsam diffundirt, darüber ist noch nichts Sicheres festgestellt.

Nach Wicke (Botanische Zeitung 1861 S. 97), der sich bemühte, die große Verbreitung der Kieselsäure im Pflanzenreiche nachzuweisen, hat die Kieselsäure nur Bedeutung als incrustirende Substanz (Ablagerungsstoff) der Oberhautszellen, und zwar incrustirt sie die Oberhaut sowohl bei den niedrigsten Gewächsen (Acotyledonen), als auch bei den höheren Pflanzen, den Mono- und Dicotyledonen. Er glaubt ihr jedoch keine Betheiligung bei Bildung der Eiweißkörper, der Pflanzensäuren, überhaupt der organischen Stoffe schon um deßwillen beimessen zu dürfen, weil eine solche Betheiligung voraussetzen würde, daß die Kieselsäure auch eine wichtige Rolle bei den physiologischen Vorgängen im Thierleibe*) spiele, was jedoch thatsächlich nicht der Fall sei, denn wenn sie auch im Blute vorkomme, so gehe sie von da doch nur in Zähne und Knochen über und finde sich außerdem, nach Gorup-Besanez, noch in der Federfahne.

Dagegen ist zu bemerken, daß Stohmann, bei seinen Vegetationsversuchen in wässerigen Lösungen, die Kieselsäure als nothwendig für den Lebensproceß der Maispflanze erkannte. Diesen Versuchen stehen die von Knop entgegen; Knop spricht der Kieselsäure alle Bedeutung für den Lebensproceß der Halmgewächse ab, hält sie nicht für ein Nahrungsmittel der Cerealien,

---

*) Die Wichtigkeit der Aschenbestandtheile und die Nothwendigkeit, daß sie von den Pflanzen aus dem Boden aufgenommen werden können, ergiebt sich nicht allein daraus, daß bei ihrem Mangel im Boden überhaupt kein Pflanzenwachsthum möglich ist, sondern auch, wenn selbst Pflanzen wachsen könnten, ohne hiezu der Aschenbestandtheile zu bedürfen, diese Pflanzen und ihre Organe für das thierische Leben geradezu nutzlos wären, indem die Vorgänge im thierischen Organismus nur unter Mitwirkung der Aschenbestandtheile geschehen (s. auch S. 84).

indem er gleichfalls Maispflanzen bis zur völligen Samenreife erzog, ohne seiner Nährstofflösung ein kieselsaures Salz zugesetzt zu haben (vgl. übrigens oben die aus Zöller's Versuchen sich ergebende gegenseitige Vertretbarkeit der Kieselsäure und des Kalkes). Die Beobachtung Arendt's: daß die Kieselsäure nur zum geringsten Theile in den Halmen der Haferpflanze bleibt, vielmehr immer in größter Menge in die Blätter übergeht, spricht hinwiederum für eine Rolle dieser Säure beim Vegetationsprocesse, wozu schließlich noch kommt, daß viele Pflanzen aus einem und demselben Boden vorzugsweise die Kieselsäure aufnehmen, während andere Pflanzen aus demselben Boden nur geringe Mengen beziehen. Die Wasserrose entnimmt dem Sumpfboden nur wenig Kieselsäure — in 100 Theilen ihrer Asche enthält sie kaum $1/2$ Proc. Kieselsäure, — während das Rohr aus demselben Boden eine große Menge davon, 71 Proc. ihrer Asche, aufnimmt. — Aus allem diesen ergiebt sich aber, daß die Kieselsäure ein Pflanzennahrungsstoff ist, daß sie für viele Pflanzen sich als einen specifischen, nicht durch einen anderen Nährstoff zu ersetzenden erweiset, bei zahlreichen Pflanzen jedoch auch ganz oder theilweise durch Kalk vertreten werden kann.

Bezüglich des Zusammenhanges der Kieselsäure mit der Bildung von organischen Stoffen, muß einstweilen die Thatsache genügen, daß sich in den Gerstenkörnern mit der Vermehrung des Zellstoffes auch eine solche der Kieselsäure zeigte.

10000 Theile Gerstenkörner, in 14 verschiedenen Sorten, enthielten nach Zöller:

Theile			Theile		
Kieselsäure	—	Zellstoff	Kieselsäure	—	Zellstoff
68,51	—	552	76,45	—	789
70,86	—	563	78,96	—	804
73,82	—	643	80,79	—	811
74,46	—	734	84,76	—	907
74,67	—	572	88,62	—	1086
74,67	—	693	93,78	—	1189
74,49	—	614	96,97	—	1152

f) Die Schwefelsäure ist betheiligt bei der Bildung der Eiweißkörper; sie verliert im pflanzlichen Organismus ihren Sauerstoff, und ihr Schwefel nimmt, indem er in Vereinigung tritt mit Kohlenstoff, Wasserstoff, Stickstoff und Sauerstoff, organische Form an. Welche Rolle die Schwefelsäure als solche im Pflanzenorganismus spielt — denn sie kommt auch als Schwefelsäure in den Pflanzen vor — ist nicht aufgeklärt. — Nach Arendt wird sie in den verschiedenen Wachsthumsperioden der Haferpflanze in sehr wechselnden Mengen in den Organismus dieser Pflanze eingeführt.

g) Das Eisenoxyd. Sind auch die Mengen, welche in der Pflanze vorkommen, sehr gering, so ist es doch ein nothwendiger Nahrungsstoff für die Vegetabilien. Dafür spricht schon seine beständige Aufnahme, denn sie geschieht, zwar in kleinen Quantitäten, bis gegen die Reife hin. — Neben anderen, noch unbekannten Verrichtungen im Pflanzenleibe, scheint das Eisen — nach Annahme der meisten Physiologen — sich an der Bildung des grünen Farbstoffes der Pflanzen (des Chlorophylls) zu betheiligen und in die Zusammensetzung desselben mit überzugehen. Diese Function würde allein schon hinreichen, das Eisen zu dem Range eines unentbehrlichen Pflanzennahrungsstoffes erheben.

h) Das Chlor, dessen Nothwendigkeit für den pflanzlichen Lebensproceß von Knop geläugnet wird, ist nach den Versuchen von Nobbe und Siegert (Landwirthschaftliche Versuchsstationen Bd. VI. S. 108) für die Buchweizenpflanze ein specifischer Nahrungsstoff, und scheint es auch, nach der Allgemeinheit seines Vorkommens, für die große Mehrzahl der übrigen Gewächse zu sein.

32. Der Einfluß der äußeren Wachsthumsbedingungen auf den pflanzlichen Stoffbildungsproceß, sowie auf die Pflanzenentwicklung selbst, ist noch so gut wie unaufgeklärt,

wenn man unter Aufklärung nicht die allgemeinsten Erfahrungen versteht, nemlich, daß überhaupt keine Pflanze gedeiht, die nicht die ihr zusagenden Mengen von Feuchtigkeit, von Licht und von Wärme ꝛc. erhält, sondern, wenn man darunter versteht, welches der Antheil ist, den jeder dieser einzelnen äußeren Wachsthumsbedingungen an der Pflanzenentwicklung hat.

Gewiß sind die Angaben der Pflanzengeographie, so viel auch in dieser jungen Wissenschaft noch zu leisten ist, sehr interessant und im Allgemeinen sehr nützlich. Es ist unzweifelhaft die Art und Weise der Verbreitung der Pflanzenarten in verticaler und horizontaler Richtung, nach Höhe und Länge, und der hiedurch ausgedrückte Zusammenhang mit den bezüglichen Temperaturen höchst bemerkenswerth; nicht minder erscheint es von größtem Nutzen mit aller Bestimmtheit zu wissen, daß z. B. der Bau der Baumwollenstaude oder der Indigopflanze nur in gewissen Breitegraden, bei bestimmter Licht- und Wärme-Intensität mit Erfolg gekrönt, oder was dasselbe ist, für den Pflanzer sich nutzbringend zeigt. — Für den Betrieb der Landwirthschaft sind jedoch diese im Großen und Ganzen hergeleiteten Beziehungen zwischen Pflanzenentwicklung und Klima, und noch dazu hergeleitet aus Mittelzahlen, nur von untergeordneter Bedeutung. Für den Landwirth, welcher durch seinen Grundbesitz an eine bestimmte Gegend gebunden ist, muß es vielmehr vom höchsten Interesse sein zu wissen, welchen Einfluß die jeweiligen wechselnden klimatischen Einzelfactoren auf die Entwicklung der in seiner Gegend möglichen Gewächse haben, um diesen Einfluß unter Umständen beherrschen zu können.*)

*) Unter Berücksichtigung des Obigen und im Hinweise auf das Seite 70 Gesagte, muß es als eine der Hauptaufgaben der Wissenschaft angesehen werden: den gesetzmäßigen Zusammenhang zwischen den Wachsthumsbedingungen und der Pflanzenentwicklung nachzuweisen und festzustellen.

In Folgendem sollen die Beziehungen der einzelnen äußeren Wachsthumseinflüsse zur Pflanzenentwicklung und zur Stoffbildung in der Pflanze betrachtet werden. Freilich kann sich

---

Die Methoden, nach welchen solches einzig und allein geschehen kann, sind die der exacten Wissenschaft; aber ehe diese Methoden selbst angewendet werden können, muß die Fragestellung vorausgehen, und wir geben sie, wie sie das Programm des Münchener pflanzenphysiologischen Institutes enthält, indem wir von der Ueberzeugung durchdrungen sind, daß nur auf diesem Wege ein Erfolg zu gewärtigen ist (vgl. Landw. Versuchsstationen Bd. IV. S. 430).

Die Entwicklung der Pflanzen im Boden, ihre Formverhältnisse, ihre chemische Zusammensetzung, ihre Erträge sind abhängig von der Menge und dem Verhältnisse der im Boden und in der Luft vorhandenen aufnehmbaren Nahrungsstoffe; ferner von den äußeren Wachsthumsbedingungen: Licht, Wärme, Feuchtigkeit; endlich von gewissen atmosphärischen Einflüssen, von dem Bodenzustande und der Bodenlage.

Die Pflanzenentwicklung ist eine Function aller genannten Bedingungen. Aendert sich eine, oder ändern sich alle Bedingungen, so müssen sich auch das Wachsthum der Pflanzen, die Zusammensetzung und der Ertrag ändern; und würde man das Gesetz dieser Aenderungen kennen, nichts wäre leichter, als aus einfachen Beobachtungen, Gleichungen zu construiren, die uns in den Stand setzen würden, immer etwas ganz Bestimmtes über den Einfluß der wechselnden Wachsthumsfactoren auf die Pflanzenentwicklung aussagen zu können.

Von einer auch nur geringen Kenntniß dieses gesetzmäßigen Zusammenhanges ist natürlich keine Rede; bis jetzt ist blos die Frage formulirt. Aber indem man im Sinne der Fragestellung Versuche unternimmt, wird es gelingen, zur vollen Erkenntniß zu gelangen.

Es ist hierbei nothwendig, die einzelnen Wachsthumsbedingungen in ihren Beziehungen zur Pflanzenentwickelung zu bestimmen. Soll z. B. bestimmt werden, in welcher Beziehung stehen Nährstoffverhältniß im Boden und Ertrag, und wie ändert sich der Ertrag, wird das Nährstoffverhältniß ein anderes, so müssen natürlich die übrigen Wachsthumsbedingungen für alle Versuchsreihen die nemlichen sein. Von einem Eliminiren dieser ist keine Rede, sie sind ja nothwendig zum Gedeihen der Pflanze; es kann nur ein Gleichmachen für alle Versuchsreihen angestrebt werden.

diese Betrachtung nur auf spärliches Beobachtungsmaterial stützen und ihre Unvollkommenheit hat darin ihren Grund:

a) Feuchtigkeit. Abgesehen von den bereits erwähnten Wirkungen des Wassers als Pflanzennahrungsmittel und eines Hauptfactors beim Verwitterungsprocesse, muß hier noch seine Wichtigkeit als Constitutionswasser, seine Wirkung als Lösungsmittel der pflanzlichen Nährstoffe und Transportmittel derselben in den Pflanzenorganismus, sowie seine durch physicalische Eigenschaften bedingten Einflüsse auf das Pflanzenleben näher beleuchtet werden.

Der lebende Pflanzenorganismus besteht, wie jeder Or-

Die Schwierigkeiten, welche sich der Bestimmnng der Wachsthumsbedingungen in ihrem Verhältnisse zur Pflanzenentwickelung entgegenstellen, sind nicht zu verkennen. Es muß jedoch zugestanden werden, daß ohne solche Bestimmung ein Fortschritt des rationellen Pflanzenbaues nicht mehr möglich ist. Ein anderer Weg, als der angedeutete, führt aber nicht zur Feststellung des erwähnten naturgesetzlichen Zusammenhanges. Denn was, kann man fragen, nützen Düngungsversuche mit einem oder dem anderen Salze auf freiem Felde und an den verschiedensten Orten gleichzeitig ausgeführt, auch bei noch so sorgfältiger Prüfung der chemischen und physicalischen Bodeneigenschaften, bei noch so genau angestrebter Bestimmung der Bodenlage, der Temperatur, der Windesrichtung u. s. w.? Sicherlich sehr wenig. Wir wissen nur im Allgemeinen, daß Licht, Wärme, Feuchtigkeit 2c. nothwendige Bedingungen des Pflanzenwachsthumes sind, aber in welchem Abhängigkeitsverhältniß das letztere zu den einzelnen Wachsthumsbedingungen steht, wie es sich ändert, wenn eine der Bedingungen wechselt, darüber ist, wie erwähnt, nichts festgestellt. Und doch hat man solche Versuche als bedeutungsvoll für Wissenschaft und Praxis vorgeschlagen und sich vermessen, durch einfache Bestimmung der Wachsthumsfactoren, selbst nach den jetzigen, so mangelhaften Methoden, die sich an den verschiedenen Versuchsorten ergebenden abweichenden Versuchsresultate zu erklären. Mit anderen Worten, man will aus einer großen Anzahl Unbekannten, ohne eine einzige Gleichung zu besitzen, etwas Sicheres ableiten.

ganismus, bezüglich seiner Hauptmasse aus Wasser, und zwar Wasser, welches nicht in Form von organischer Substanz, sondern als wirkliches Wasser vorhanden ist, theils die Zellen der Pflanzen erfüllend, theils mit den Pflanzenstoffen physicalisch und chemisch verbunden. Durch Trocknen bei 100 Grad, kann dieses Wasser vollständig aus den Organismen wieder ausgetrieben werden; seine Menge beträgt bei der grünen, noch lebenskräftigen Pflanze fast nie unter, wohl aber in sehr vielen Fällen über 75 Procent. Zum Leben der Pflanze ist die genannte Wassermenge unumgänglich nothwendig.

Die chemische Kraft, die Ursache der Entstehung aller zusammengesetzten Körper, wirkt bloß, wenn die ihr unterliegenden Substanzen in unmittelbarer Berührung sich befinden. Die sich chemisch verbindenden Theilchen dürfen demnach nicht in meßbarer Entfernung von einander liegen, denn wäre solches der Fall, so befänden sie sich außerhalb der Wirkungssphäre der ihnen innewohnenden chemischen Kraft und eine Verbindung würde nicht stattfinden können. Daher gilt es als eine alte Regel in der Chemie, daß wenn Körper überhaupt chemisch aufeinander wirken sollen, sie sich im aufgelösten Zustande befinden müssen (corpora non agunt, nisi fluida). Auflösung und Zustand der höchsten Vertheilung sind ja gleichbedeutend. Zwei gelöste Körper durchdringen sich vollständig und ihre Theilchen gelangen durch die Lösung in die innigste unmittelbare Berührung.

Die Bedeutung des Wassers in der Pflanze ist hiernach leicht einzusehen. Die Pflanzennahrungsstoffe lösen sich in dem Wasser, in der Zellflüssigkeit auf, gelangen auf diese Weise in unmittelbare Berührungsnähe und die Wirkung der chemischen Kraft beginnt. Die Elemente der anorganischen Pflanzennahrungsstoffe ordnen sich unter ihrem Einflusse zu den pflanzlichen organischen Körpern an.

Das Wasser durchdringt ferner die Gewebe und die meisten organischen Bestandtheile der Pflanzen. — Werden organische Stoffe, welche ihr Wasser theilweise oder ganz verloren haben, wieder in Wasser gelegt, so nehmen sie, vorausgesetzt, daß sie sich nicht lösen, auf's Neue Wasser auf, sie saugen sich gleichsam damit voll, oder, wie man zu sagen pflegt, sie imbibiren sich mit Wasser. Das mit Flüssigkeit imbibirte Pflanzen-Gewebe, oder die imbibirte organische Substanz, ist als eine physikalische Wasserverbindung zu betrachten, als eine Verbindung, die sich durch Wärme wieder aufheben läßt. Der Vorgang aber, die Imbibition selbst, besteht in einem Einschieben von kleinsten Wassertheilchen (s. g. Wassermolekülen) zwischen die kleinsten Theilchen (Moleküle) des organischen Körpers und zwar in einer Weise, daß der mit Wasser, oder Flüssigkeit überhaupt, vollgesaugte organische Körper überall und continuirlich, d. i. Theilchen an Theilchen sich reihend, aus Molekülen von Wasser und organischer Substanz besteht. Diese Anordnungsweise, oder, wie sie wohl auch genannt wird, die physicalische Constitution der organischen Körper und Gewebstheile des lebenden Organismus, ist von höchster Bedeutung für die in seinem Innern stattfindenden Vorgänge. Die Pflanzengewebe — und selbstverständlich auch die organischen Pflanzenbestandtheile — werden auf diese Weise durchdringlich für feste und gasförmige, in Wasser lösliche Stoffe, und da die Zellen der Pflanzen vollkommene geschlossene kleine Säckchen, ohne jegliche, selbst durch die stärkste Vergrößerung nicht sichtbare Poren (Oeffnungen) sind, so stehen sie auch nur durch das Constitutionswasser ihrer Membranen (Umkleidungshaut) miteinander in Verbindung. Durch dieses Wasser erfolgen alle Vertheilungen und Wanderungen der Stoffe aus einer Zelle in die andere, von einem Pflanzenorgane zu den übrigen. Ebenso vermittelt das Constitutionswasser den Nahrungseintritt aus dem Boden in die Wurzelzellen und den Eintritt der luftförmigen Nahrungsstoffe aus der Atmosphäre in die Zellen der oberirdischen Pflanzentheile.

Das Wasser übt zuletzt noch mehrere Einflüsse auf das Pflanzenleben, welche gleichfalls von großer Wichtigkeit sind. Es erhält die eigentliche physicalische Beschaffenheit des Pflanzengewebes, gewissermaßen seine Form; es regulirt die Einflüsse der Temperatur auf die Pflanzen; es führt endlich in Form von atmosphärischen Niederschlägen und dadurch, daß es als atmosphärischer Wasserdampf stets von jedem Boden verdichtet wird, der Pflanze jährlich sehr erhebliche Mengen der atmosphärischen Nahrungsmittel zu.

So sehr nun auch die Nothwendigkeit des Wassers für das Pflanzenleben anerkannt ist, so wenig sind bis jetzt Versuche vorhanden über das Maaß von Wasser, welches eine Pflanze, bei Verlauf ihres Vegetationsprocesses unter verschiedenen Umständen, bedarf. Ja es ist noch nicht einmal völlig aufgeklärt, auf welche Weise die Pflanze die Menge des jährlich von ihr verdunsteten Wassers bezieht, ob es ihr einzig und allein der Boden liefert, oder ob vielleicht gleichzeitig Wasserdampf aus der Atmosphäre durch die oberirdischen Pflanzentheile aufgenommen und verdichtet wird.

In der That läßt sich die Menge des während einer Vegetationsperiode von der Pflanze, und noch dazu unausgesetzt, ausgedunsteten Wassers nicht allein von dem periodisch eintretenden Regenfalle und von der Bethauung ableiten. In heißen Sommertagen verdunstet oft eine Pflanze ihr gleiches Gewicht Wasser und darüber (Saussüre, Knop). In 120 Tagen der eigentlichen Vegetationszeit verdunstet, nach Hales, eine Hectare mit Sonnenblumen bepflanzter Boden $3^4/_5$ Mill. Kilo Wasser, ein solcher mit Kohl bepflanzt $3^3/_5$ Mill. Kilo, mit Wein etwas über 1 Million Kilo, mit Hopfen $1^2/_5$ Mill. Kilo, nach Schleiden, mit Klee und Hafer bepflanzt

$3^2/_5$ Mill. Kilo und endlich verdunstet 1 Hectare Rasen, nach Schübler, sogar 12 Kilo Mill. Wasser. In derselben Zeit fallen aber in Form von Regen, Thau und Nebel, im günstigsten Falle, $4^1/_2$ Millionen Kilo auf die Hectare. Von diesem Wasser geht aber sicher mehr als die Hälfte durch den Boden, ohne der Pflanze, bezüglich ihres Wasserbedarfes, den mindesten Dienst geleistet zu haben. Ja nach den Berechnungen von Berghaus soll der Rhein $^3/_4$tel der atmosphärischen Niederschläge führen; aus der Weser soll sogar noch etwas mehr Wasser abfließen, als durch die atmosphärischen Niederschläge geliefert wird. — Ueber die Verdunstungsgröße des Bodens nach einem Regenfalle, welche jedenfalls sehr bedeutend ist, existiren keine Versuche.

Wenn nun der größte Theil des jährlich in flüssiger Form dem Boden zukommenden Wassers zur Speisung der Flüsse und Quellen abfließt, wenn ein weiterer Theil desselben, ohne durch die Pflanze zu gehen, wieder verdunstet, und der Boden den größten Theil der Vegetationszeit hindurch wie trocken erscheint, so ist gewiß die Frage: woher die Pflanze ihr Wasser bezieht, von hohem Interesse.

Wie die Untersuchungen jetzt liegen, muß angenommen werden, daß die Hauptmasse des Wassers, welches die Pflanzen jährlich verdunsten, aus der Atmosphäre durch den Ackerboden verdichtetes Wasser ist. Die früher einmal von verschiedener Seite gemachte Angabe, die Pflanzen condensirten durch ihre oberirdischen Theile gasförmiges Wasser aus der Luft, wird gegenwärtig von keinem Physiologen mehr angenommen; ja Unger hat vor wenigen Jahren bewiesen, daß Pflanzen aus mit Wasserdampf gesättigten Räumen nicht allein kein Wasser absorbiren, sondern sogar noch Wasser in solchen Räumen verdunsten.

Daß der Boden wirklich befähigt ist, der Luft ihren Wasserdampf zu entziehen, darüber haben neuere Versuche die unumstößlichste Gewißheit gegeben. Die verschiedenen Bodenarten werden sich zwar bezüglich der Absorption des Wasserdunstes ganz so verhalten, wie bei der Absorption der Pflanzennahrungsstoffe angegeben ist (S. 22), d. h. sie werden ein verschiedenes Absorptionsvermögen in dieser Beziehung besitzen; allein eben so gewiß ist auch, daß alle Bodenarten, ohne Ausnahme, der Wasserdampf enthaltenden Atmosphäre solchen entziehen. — Babo*) hat nachgewiesen, daß gewöhnliche Ackererde, welche ausgetrocknet ist, den Wasserdunst aus der Luft mit einer Kraft anzieht und verdichtet, die fast gleich der wasseranziehenden Kraft der Schwefelsäure ist; und Knop**) hat bestimmt, daß die Wassermengen, welche durch die verschiedenen absorbirenden Körper bei verschiedenen Temperaturen aufgenommen werden, in der Hauptsache abhänging sind: von dem Absorptionsvermögen des betreffenden Körpers, nicht aber von dem Sättigungsgrade der Luft mit Feuchtigkeit; daß also, unter denselben Umständen, einer mit Wasserdampf verhältnißmäßig weniger gesättigten Luft durch den absorbirenden Körper ebensoviel Wasserdampf entzogen wird, als der verhältnißmäßig wasserreicheren Luft. Knop ist dabei noch der Ansicht, durch die Verdichtung des atmosphärischen Wasserdampfes, in Folge der Anziehung des porösen Erdreiches, würde dem letztern eine größere Menge Kohlensäure, Ammoniak und Salpetersäure aus der Atmosphäre zugeführt, als durch den Regen, und alle deßfallsigen Angaben, welche nur den Gehalt des auf eine Fläche fallenden flüssigen meteorischen Wassers an atmosphärischen Nahrungsstoffen berücksichtigten, blieben weit zurück hinter dem wirklichen Zuwachs,

*) Liebig's chemische Briefe, 4. Aufl., Bd. II, S. 277.

**) Knop, Landwirthsch. Versuchsstationen Bd. VI. S. 281.

welchen der Boden durch die Verdichtung des atmosphärischen Wasserdampfes jährlich erfahre.*)

So hoch nun auch diese Eigenschaft des Bodens, sein Wasserverdichtungsvermögen nemlich, anzuschlagen ist, indem diese Eigenschaft fortwährend wirkt, und das Ackertheilchen, sobald ihm durch die Thätigkeit der Wurzel Wasser entzogen ist, entsprechend dem ihm zukommenden Condensationsvermögen, der Luft-Temperatur 2c. wieder Wasser aufnimmt und, den Vorgang so aufgefaßt, hiedurch unbegränzte Mengen von Wasser in den Pflanzenorganismus gelangen können, — läßt sich doch nicht läugnen, die Pflanzen müssen auch flüssiges Wasser, Regen und Thau erhalten. Es ist eine Thatsache, daß in Jahrgängen, in denen es nur selten regnet oder wenig thaut, also die Pflanzen nicht mit tropfbarflüssigem Wasser in Berührung kommen, die Entwicklung derselben eine schlechte, ja der Pflanzenwuchs geradezu unmöglich ist. Welchen besonderen Einfluß, außer der theilweisen Versorgung des Bodens und der Pflanze mit Wasser und der Zuführung wichtiger atmosphärischer Pflanzennahrung,**) der Regen und Thau auf die Vegetation noch

---

*) Nach Liebig's Berechnungen (Naturgesetze des Feldbaues, 8. Auflage, S. 300) fallen allein durch die atmosphärischen Niederschläge auf die Fläche einer Hectare im Jahre: 27 Kilo Ammoniak = 22 Kilo assimilirbarer Stickstoff und 34 Kilo Salpetersäure = 5 Kilo Stickstoff, im Ganzen also 27 Kilo Stickstoff, welche für die Pflanzen geradezu aufnehmbar und assimilibar sind; hierzu noch die Knop'sche Annahme, so würde die Menge der jährlichen Stickstoffnahrung, welche dem Boden durch die wässerigen Niederschläge und durch die von ihm bewirkte Verdichtung des Wasserdampfes zufließt, allein schon genügen, um der üppigsten Vegetation ihre stickstoffhaltigen organischen Bestandtheile zu bilden.

**) Nach den zahlreichen und genauen Versuchen von Knop (Landwirthsch. Versuchsstationen Bd. III. S 118) enthält das Regenwasser durchschnittlich 2 Milligramm Ammoniak im Liter; die Menge des Ammoniak

haben, darüber kann man wohl Vermuthungen äußern, aber keine begründeten Thatsachen beibringen. Bezüglich der Nützlichkeit des Thaues hebt Sachs hervor, der Thau führe den

---

im Schneewasser betrug bei Beginn und am Ende des Winters beinahe ebensoviel, und nur im Januar konnte kein Ammoniak im Schneewasser aufgefunden werden; übrigens gab sich schon Ende November ein Sinken im Gehalte des Schneewassers an Ammoniak kund. Im Hagel und Thau wurden gleichfalls keine höheren Ammoniakmengen wahrgenommen, als im Regenwasser. — Etwas andere Resultate, wenigstens in gewissen Puncten, erhielt Boussingault Je nachdem er Regenwasser bei Beginn des Regens oder nach längerer Dauer desselben untersuchte, fand er verschiedene Ammoniakmengen Bei Beginn des Regens auf dem Lande enthielt ein Liter fast 4 Milligramm Ammoniak, am Ende desselben nur mehr $^{8}/_{1000}$ Milligramm! (Knop fand die Ammoniakmenge im Regenwasser zu allen Zeiten des Regenfalles gleich.) Durchschnittlich fand jedoch Boussingault in dem auf dem Lande gefallenen Regen nur $^{4}/_{5}$ Milligramm Ammoniak im Liter Wasser, im Regen von Paris dagegen 2—4 Milligramm. Der Thau, auf dem Lande gesammelt, enthielt in 1 Liter zwischen 1 bis 6 Milligramm Ammoniak. — Bineau fand in Lyon sehr große Mengen von Ammoniak bis zu 30 Milligramm im Regenwasser und 8 Milligramm, pro Liter, im Schneewasser; durchschnittlich enthielt nach ihm im Jahre 1853 der Liter Regenwasser 7 Milligramm Ammoniak. — In dem atmosphärischen Wasser entspricht, nach Knop, die Menge der Salpetersäure, unter gewöhnlichen Umständen, der darin enthaltenen Ammoniakmenge; sie beträgt also für den Liter = 2 Milligramm (Landwirthsch. Versuchsstationen Bd. V. S. 140). — Boussingault fand dagegen durchschnittlich nur $^{1}/_{5}$ Milligramm Salpetersäure im Liter auf dem Lande gefallenen Schnee- und Regenwasser, im Liter Thauwasser dagegen $^{1}/_{10}$—$^{11}/_{10}$ Milligramm Salpetersäure, im Mittel aus seinen Versuchen in den verschiedenen Jahreszeiten = $^{3}/_{10}$ Milligramm (Agronomie t. II. p. 311). Im Liter Pariser Regenwasser $^{2}/_{5}$ bis 2 Milligrm, in eben solchem Schneewasser $^{3}/_{10}$ bis $^{4}/_{10}$ Milligramm, im Hagelwasser $^{8}/_{10}$ Milligrm. und im Nebelwasser sogar 10 Milligr Salpetersäure, — während er im Nebel auf dem Lande nur $^{4}/_{10}$—2 Milligrm. Salpetersäure im Liter fand. — Bineau erhielt in Lyon in 1 Liter Regenwasser im Winter $^{3}/_{10}$ Milligrm., im Sommer 2 Milligrm. Salpetersäure. — Die Menge der Kohlensäure, welche

Blättern der Pflanzen nicht allein Wasser und in diesem gelöste Kohlensäure, Ammoniak und Salpetersäure zu, sondern er übe auch noch eine weitere wichtige Function. Bei Sonnenaufgange sind nemlich die Wurzeln der Pflanzen in dem noch kalten Boden wenig thätig, und die Blätter plötzlich von der Sonne getroffen, würden welken, da dann ihre Ausdünstung viel stärker wäre, als die Wasserzuführung durch die Wurzel. In diesem Falle nun schützt der Thau die Blätter vor der plötzlich eintretenden starken Wasserausdünstung und die Pflanze gewinnt hiedurch Zeit in den Erregungszustand einzutreten, welcher dem Tage entspricht.

b) Das Licht. Schon Seite 70 wurde erwähnt, daß der chemische Proceß der Pflanze, die Zersetzung der anorganischen Nährstoffe und ihre Heranbildung zu immer höheren organischen Stoffen, nur im Lichte vor sich gehe. Im Dunkeln scheiden die Pflanzen keinen Sauerstoff aus, sondern die mit Wasser in den Pflanzenorganismus eingetretene Kohlensäure verläßt denselben unzersetzt wieder.*) Das Licht unterhält eben

---

das Regenwasser und der Thau dem Boden jährlich zuführt, beträgt im günstigsten Falle für die Hectare zwischen 25 bis 30 Kilo. Wie schon früher angeführt, entnimmt jedoch die Pflanze die Hauptmenge der ihr nöthigen Kohlensäure durch ihre Blätter direct der Luft.

*) Werden die Pflanzen nicht vom Lichte getroffen, so nehmen sie Sauerstoff auf und hauchen Kohlensäure aus. Man könnte sich denken, daß die ausgeathmete Kohlensäure auf Kosten der bereits gebildeten organischen Substanzen in der Pflanze sich erzeuge, indem sich der aufgenommene Sauerstoff mit deren Kohlenstoff vereinige. Dieses ist jedoch sehr unwahrscheinlich; vielmehr ist anzunehmen, daß zwar der aufgenommene Sauerstoff eine oxydirende Wirkung äußere, diese jedoch weniger in einem Entziehen des organischen pflanzlichen Kohlenstoffes besteht, als vielmehr in einem einfachen Sauerstoffzutritt zu gewissen Pflanzenbestandtheilen, oder, wohl am häufigsten, in einem Oxydiren von pflanzlichem Wasserstoff und Ersatz desselben durch weiteren Sauerstoff. Die Frage aber, woher die im Dunkeln thatsächlich ausge-

im Pflanzenleibe die chemischen Processe, ohne Licht geschehen keine Zersetzungen der Kohlensäure und des Wassers, keine Bildung von organischen Stoffen.

Schon die tägliche Erfahrung lehrt, wie sehr das Licht die Vegetation beeinflußt. Alle Pflanzen neigen sich dem Lichte zu. Läßt man in einem, nur durch eine einzige Oeffnung erleuchteten Raume Pflanzen vegetiren und sorgt dafür, daß von Zeit zu Zeit die lichteinlassende Oeffnung an verschiedene Stellen des Raumes verlegt wird, so erhält man zuletzt ganz verdrehte Pflanzen, denn sobald die eine Oeffnung geschlossen und die andere geöffnet ist, kehren sich die Pflanze und ihre Theile wieder der neuen Oeffnung zu und wachsen ihr im wahren Sinne des Wortes entgegen. — Außerdem bleibt die im Dunkeln befindliche Pflanze, auch bei allen übrigen noch so günstigen Wachsthumsbedingungen, bleichsüchtig und in ihrem Wachsthum stationär, während in dem nemlichen Augenblicke, wenn sie in's Licht gebracht wird, die Sauerstoffausscheidung und die Grünfärbung, sowie das Wachsthum und die Vergrößerung und Zunahme an Masse beginnen.

Wird das Sonnenlicht in seine Strahlen zerlegt, so findet sich dasselbe aus drei Arten sehr verschieden wirkenden Strahlen zusammengesetzt; aus solchen, welche nur leuchten, aus solchen, die Wärme erzeugen und aus einer dritten Reihe, welche chemische Wirkungen hervorruft. Diese chemischen Strahlen werden von den grünen Pflanzentheilen absorbirt und veranlassen in der Pflanze die chemischen Vorgänge, die organische Stoffbildung.

---

schiedene Kohlensäure stamme, läßt sich leicht dahin beantworten: sie wurde aus dem Boden gleichzeitig mit dem Wasser aufgenommen, konnte aber, da die Bedingung ihrer Organischwerdung, das Licht, fehlte, nicht verwendet werden und ging daher unzersetzt durch den Leib der Pflanze.

Daß wirklich die schnell schwingenden blauen Sonnenstrahlen, das sind aber die chemisch wirkenden Strahlen, nur von den grün gefärbten Pflanzentheilen absorbirt werden, während sie z. B. durch Blätter, welche eine andere Farbe besitzen, hindurch gehen und im Innern des Blattes nicht zur chemischen Arbeitsleistung verwendet werden, hat Roscoë durch einen einfachen, aber schönen Versuch nachgewiesen. Die Blätter der bunten Münze sind nur zum Theile grün gefärbt; ein Theil der Blattoberfläche besitzt diese Farbe nicht. Die grün und anders gefärbten Stellen dieser Blätter sind jedoch in gleichem Maaße transparent für das Licht, wie dieses der Schatten beweiset, den die Blätter bei Beleuchtung werfen. Bringt man nun ein solches verschieden gefärbtes Blatt auf eine empfindliche photographische Platte und setzt das Ganze dem Lichte aus, so absorbirt der grüne Theil des Blattes alle chemischen Strahlen des ihn treffenden Lichtes und der darunter liegende lichtempfindliche Ueberzug der Platte wird nicht zersetzt. Die anders gefärbten Stellen des Blattes halten jedoch die chemischen Strahlen nicht zurück, sondern lassen sie unverändert durch sich hindurchgehen; die Folge davon ist, daß sie die lichtempfindliche Oberfläche der photographischen Platte treffen und dieselbe vollkommen chemisch zersetzen.

Nach dem Vorhergehenden kann man die Pflanze als den Sammler der von der Sonne ausstrahlenden chemischen Kraft ansehen. Diese Kraft speichert die Pflanze in ihrem Körper auf, um sie bei Umsetzung ihrer organischen Bestandtheile, sei es im thierischen Organismus, oder in unseren Oefen, oder bei unserer gewerblichen Thätigkeit, wieder als lebendige Kraft, als Wärme und Bewegungskraft, erscheinen zu lassen.

Ueber die Größe der chemischen Kraft, welche die Sonne der Erde jährlich spendet, über die Vertheilung derselben auf der Erdoberfläche, sowie über das Bedürfniß der einzelnen Pflanzen daran, bestehen keine Versuche, ja erst die allerneueste Zeit brachte uns, durch die Bemühungen von Bunsen und Roscoë, eine Methode, welche es ermöglicht, vorerst einmal die chemische Intensität der Sonnenstrahlen zu messen.*) —

*) Bemerkungsweise geben wir hier in ihren Grundzügen die noch wenig bekannte Bunsen-Roscoë'sche Methode zur Bestimmung der chemischen Lichtintensität.

Die Methode gründet sich auf die genaue Bestimmung der Zeitdauer, welche nothwendig ist, damit ein photographisches Papier, von einem nicht wechselnden Grade der Empfindlichkeit, dem Lichte ausgesetzt, eine gegebene bestimmte Färbung annimmt. Hierbei ist es selbstverständlich weiter nöthig, sich zu vergewissern, daß auch stets die gleiche Färbung des Papiers durch die nemliche auf das Papier fallende Lichtmenge erzeugt wird.

Es war daher ein Apparat zu construiren, in welchem man photographisch präparirtes Papier dem Sonnenlichte so aussetzen konnte, daß gleichzeitig die Bestimmung auch kleiner Bruchtheile einer Secunde zu ermöglichen war. — Der hierzu sehr taugliche Apparat besteht im Wesentlichen aus einem Pendel, welcher in Zeiträumen von etwa 3/4 Secunden schwingt und durch dessen Oscillation ein geschwärztes Glimmerblättchen über einen horizontalen mit Chlorsilber präparirten Papierstreifen, der in einer constanten Lage zum Pendel und zum Glimmerblättchen steht, so hin- und hergeführt wird, daß das Blättchen abwechselnd das Papier bedeckt und freiläßt. Die Zeitdauer der Exposition ist für jeden Punct des Papierstreifens eine andere; sie kann aber berechnet werden, sobald man die Lage und Länge des Streifens, die Dauer und Weite der Schwingungen des Pendels kennt. Der Papierstreifen zeigt, nachdem er exponirt war, nun eine graduelle Abnahme der Färbung von dunkel zu hell; für jede Färbung ist aber die Exposition, welche hierzu nöthig gewesen, bekannt.

Soll nun ein solcher Papierstreifen als Maaßstab für die chemische Wirkung des Lichtes dienen, so ist erforderlich:

1. Die Kenntniß der Relation, welche zwischen den verschiedenen Färbungen und den zu ihrer Hervorbringung nöthigen Lichtintensitäten besteht;

2. die Anfertigung von photographischem Papier, welches stets einen

Vielleicht gelingt es, indem nach dieser Methode an den verschiedenen Orten der Erde Beobachtungen angestellt werden, — ähnlich wie man aus den thermometrischen Beobachtungen

---

gleichen Grad von Empfindlichkeit besitzt und sich jederzeit mit Leichtigkeit herstellen läßt.

Durch eine lange Reihe von Versuchen ist aber erwiesen, daß wenn man stets das gleiche Verfahren beobachtet, auch die Herstellung eines constant empfindlichen Papiers eine leichte ist; ferner: daß die Färbung des Papiers eine gleiche bleibt, wenn gleiche Lichtquantitäten auf dasselbe fallen, so daß z. B. ein Licht von der Intensität = 50, welche 1 Zeiteinheit auf das Papier fällt, dieselbe Färbung erzeugt, wie das Licht = 1, welches 50 Zeiteinheiten darauf fällt.

Mit dem angeführten Gesetze und einem stets gleich empfindlichen Papier ist es nun ein Leichtes die chemische Wirkung des Lichtes zu messen. Man stellt sich eine Normalfärbung her und sagt: diejenige Lichtmenge, welche in 1 Secunde oder Zeiteinheit eine Färbung hervorruft, die der Normalfärbung gleichkömmt, besitzt die chemische Intensität = 1. Beträgt nun die mittelst des Pendelphotometers gemessene Zeit, welche zur Hervorrufung der Normalfärbung nöthig war = 2, so ist die Intensität = $\frac{1}{2}$ u. s. w.

Alles was demnach zur Bestimmung der chemischen Wirkung des zerstreuten Tageslichtes oder des Sonnenlichtes erfordert wird, ist die Bestimmung der Zeitdauer, welche zur Hervorbringung der als chemische Lichteinheit angenommenen Färbung des Normalpapiers nöthig ist, und dieses geschieht mittelst des Papierstreifens im Pendelphotometer. Um jedoch die Färbungen zu vergleichen, darf man weder gewöhnliches Tageslicht, noch Lampenlicht benützen, weil dadurch eine Veränderung des lichtempfindlichen Papiers bewirkt würde. Es muß eine chemisch nicht wirksame Flamme zur Beobachtung angewendet werden, und diese ist die gelbe Sodaflamme; sie hat bei dem Ablesen noch den weiteren Vortheil, daß man äußerst leicht die Tiefe des Farbetons erkennt. Hat man nun auf dem Papierstreifen den Punct aufgefunden, welcher der als Einheit angenommenen Färbung entspricht und betrug die Zeit zur Hervorrufung der Färbung 3 Secunden, so war die Lichtintensität = $\frac{1}{3}$, bedurfte man nur einer halben Secunde, so ist die Intensität = 2.

Durch diese Beobachtungen gelangt man aber zu Curven, welche die

Linien gleicher Wärmeintensität (Isothermen) construiren konnte — auch Linien gleicher chemischer Lichtintensität nachzuweisen, welche dann, bei Vergleichung der chemischen Zusammensetzung der Pflanzen, die an den durch dieselbe chemische Lichtintensitätslinie verbundenen Orten wachsen, jedenfalls zu interessanten Resultaten führen würden.

c. Die Wärme ist gewissermaaßen die bewegende Kraft im pflanzlichen Lebensprocesse; nur unter ihrem Einflusse gehen die Lebenserscheinungen der Gewächse vor sich, und der schnellere oder langsamere Verlauf der Vegetation ist, unter den sonst gleichen Bedingungen des Lichtes, der Feuchtigkeit ꝛc., bis zu einer gewissen Gränze der Temperatur entsprechend. So dauerte, nach Angaben von Boussingault, bei einer mittleren Sonnentemperatur von 15⁰ im Elsaß die Vegetation des Weizens 137 Tage, während sie bei 14,4⁰ = 146 Tage erforderte; in America zu Kingston, im Staate New-York, reifte bei der mittleren Temperatur von 17,2⁰ der Weizen in 122 Tage, dagegen hatte das Reifen desselben zu Quinchuqui, nahe am See San Tablo, bei einer mittlern Temperatur von 14⁰ = 181 Tagen nöthig. — Die Gerste reifte zu Bechelbronn im Elsaß in 92 Tagen bei einer mittleren Temperatur — natürlich die mittlere Temperatur während der Entwicklungszeit gemeint — von 19⁰, in Mühlhausen dagegen in 114 Tagen bei der Mitteltemperatur von 15,5⁰. Die Vegetation des Mais dauert im Elsaß bei einer Mitteltemperatur

---

täglichen chemischen Lichtintensitäten darstellen, und Roscoë hat bereits solche entworfen für die im Sommer und Winter ꝛc. beobachteten chemischen Lichtintensitäten der Gegend von Manchester. — Bei der Einfachheit, die chemische Lichtintensität zu bestimmen, und bei dem geringen Zeitaufwand, welche die Bestimmung erfordert, wäre es äußerst wünschenswerth, wenn an recht vielen Orten solche Bestimmungen zur Ausführung kämen.

von 16,7° = 153 Tage, in Südamerica bei der mittlern Temperatur von 27,5° = 92 Tage. — Die Dauer der Kartoffel-Cultur zu Bechelbronn, bei einer Temperatur von 18,2°, betrug 157 Tage, zu Santa-Fé, auf den gemäßigten Hochebenen Neu-Granada's, betrug sie bei der Temperatur von 14,7° = 200 Tage. — Auch die nachstehende Tabelle giebt den mächtigen Einfluß der Temperatur auf die Pflanzenentfaltung zu erkennen. Erhebung über der Meeresoberfläche ist gleichbedeutend mit Temperaturabnahme; dieselben Pflanzen in Niederungen gebaut, werden daher, wegen der daselbst herrschenden höheren Temperatur, rascher ihre Vegetationszeit durchlaufen, als wenn ihre Cultur in höheren Lagen erfolgt. Man hat nun festgestellt, daß für je tausend Fuß Erhebung über die Meeresfläche — so weit überhaupt noch die betreffende Pflanze gedeiht — sich Blüthe und Ernte verspäten und zwar:

	Verspätung der Blüthe		Verspätung der Ernte
Bei Winterweizen .	22 Tage	—	22 Tage
„ Roggen . . .	13 „	—	22 „
„ Hafer . . .	20 „	—	14 „
„ Gerste . . .	22 „	—	22 „
„ Kartoffel . .	23 „	—	5 „

Diese Zahlen zeigen dem Landwirthe, wie wichtig eine Erhöhung der mittleren Wachsthumstemperatur für die Vegetationsdauer seiner Culturpflanzen ist. Wenn, wie die angeführten Beobachtungen darthun, schon durch Erhöhung der Mitteltemperatur von nicht ganz einem Grade der Zeitunterschied in der Beendigung der Weizenvegetation 8 Tage ausmachte, so ergiebt sich die Bedeutung der geschützten und sonnigen Lage der Culturfelder, die Zuführung von ihre Temperatur erhöhenden Substanzen (vgl. S. 12, sowie das Nachfolgende) wohl von selbst.

Es ist anzunehmen, daß eine jede Pflanze eine bestimmte Summe von Wärmegraden während ihrer Wachsthumszeit bedarf, um den ganzen Cyclus ihrer Entwicklung zu durchlaufen. Diese Summe wird zwar, je nach den anderen Wachsthums-Bedingungen, schwankend sein, aber doch nicht unter einer gewissen Größe bleiben können, noch über eine andere hinausgehen dürfen, wenn die Pflanze zur vollkommenen Ausbildung gelangen soll. Die Minimal- und Maximal-Summe der Wärmegrade zur völligen Ausbildung einer Pflanze, unter bestimmten Bedingungen, sind bis jetzt noch nicht einmal für die Kulturpflanzen ermittelt. Wir wissen höchstens, daß Weizen in Breitegraden nicht mehr gedeiht, wo noch Gerste fortkömmt, und daß unsere Cerealien zwar in tropischen Gegenden sich üppig entwickeln, aber daselbst kaum mehr zum Fruchtansatze gelangen. — Um übrigens den Beweis zu liefern, wie nahezu gleich die Summen der Wärmegrade, welche zum Reifen einer Pflanze, der Gerste z. B., in den verschiedensten Gegenden gehören, mögen folgende Beobachtungen dienen:

		Vegetationsdauer		Mittlere Temperatur	Gesammtsumme der Wärmegrade während der ganzen Vegetationsdauer
Elsaß, Wintergerste	.	122	Tage	14°	1748°
„ Sommergerste	.	92	„	19°	1708°
Mais, „	.	137	„	13,1°	1795°
Mühlhausen, „	.	114	„	15,5°	1790°
Aegypten „	.	90	„	21,0°	1890°
Kingston „	.	92	„	19,0°	1778°
Cumbal „	.	168	„	10,7°	1796°
Santa-Fé „	.	122	„	14,7°	1793°

Die Gesammtsumme der Wärmegrade während der ganzen Vegetationszeit wird erhalten, wie aus der Tabelle ersichtlich, durch Multiplication der mittleren Temperatur mit der die Vegetationsdauer ausmachenden Zahl der Tage.

Mit Zugrundlegung der verschiedenen Beobachtungen erfordern die nachstehenden Kulturpflanzen folgende Summen von Wärmegraden, zu ihrer vollständigen Ausbildung.

Die Kartoffel bedarf zur Vollendung ihrer Vegetationszeit 3075, der Mais 2733, der Weizen 2152 und die Gerste 1782 Wärme-Grade.

Es genügt jedoch nicht allein, daß den Pflanzen während ihrer Vegetationszeit eine bestimmte Summe von Wärmegraden zufließt, sondern daß auch die Wärmegrade auf die einzelnen Tage 2c. der Vegetationszeit richtig vertheilt sind. — Es ist z. B. die Gesammtsumme der einer Pflanze nöthigen Wärmegrade während ihrer Vegetation erreicht worden, allein die Pflanze ist trotzdem nicht in der gehörigen Weise gediehen. Hierbei ist als selbstverständlich vorausgesetzt, daß die übrigen Wachsthumsbedingungen günstige waren. Der Grund des Nichtgedeihens ist nun offenbar die unregelmäßige Vertheilung der Wärmesumme auf die einzelnen Tage und Perioden der Vegetation. Verschiedene chemische Processe in der Pflanze verlaufen nemlich in vielen Fällen nur bei ganz bestimmter Temperatur; es gehören also zu ihrer Einleitung und Unterhaltung neben den ihnen unterliegenden Körpern und der sie bedingenden chemischen Kraft, noch bestimmte Wärmegrade; werden letztere nicht erreicht oder überschritten, so gehen die chemischen Processe entweder gar nicht vor sich, oder sie geschehen mit geringer, nicht einem guten Wachsthum entsprechenden Intensität. So ist es Jedermann z. B. bekannt, daß bei nicht gehöriger Wärme die Zuckerbildung in den Weintrauben auf ein Minimum beschränkt ist. Die chemischen Processe in der Traube bilden bei allzu geringer Temperatur nur Säure, man erhält einen saueren Traubensaft.

Man hat sich aus den angeführten Gründen bestrebt, Zahlen aufzufinden, welche angeben sollten, bei welchen Mitteltemperaturen das Wachsthum verschiedener Pflanzen vor sich gehe. Der Weizen soll nach gemachten Angaben gut gedeihen, wenn die Mitteltemperatur während des Sommers nicht bedeutend über und — jedenfalls aber nur kurz dauernd — unter 13° geht. In ähnlicher Weise wurde für das Gedeihen des Weines die Zahl 18°, der Baumwolle und des Zuckerrohrs = 19°, des Oelbaumes = 23° und der Dattelpalme = 26° angegeben.

Aus dem Vorhergehenden ergiebt sich: Die Pflanze bedarf während ihrer Vegetationszeit nicht allein einer gewissen Summe von Wärmegraden, sondern diese Summe muß auch in gehöriger Weise, entsprechend der in den verschiedenen planzlichen Entwicklungsperioden vor sich gehenden chemischen Processen, auf diese Perioden vertheilt sein.

Bis heute ist aber die Frage: nach der zur besten Entwicklung einer Pflanze gehörenden Gesammtsumme von Wärmegraden sowohl, als auch nach den Theilsummen, welche zu den einzelnen Wachsthumperioden gehören, eine noch fast völlig offene; die vorhandenen, oben zum Theile angeführten, sparsamen Angaben sind zu unvollständig und ungenau, um die Frage zu beantworten.

Die Pflanze bezieht die ihr nöthigen Wärmemengen von der Sonne, — entweder durch directe Bestrahlung, oder von der erwärmten Luft, oder dem erwärmten Boden.

Es darf wohl nicht bezweifelt werden, daß die chemischen Vorgänge im Innern der Pflanze von Wärmeentwicklung begleitet sind, allein die auf diese Weise freigewordene Wärme ist in der Pflanze nur in ganz besonderen, wenigen Fällen wahrnehmbar; sie wird vielmehr im Augenblicke ihres Freiwerdens in den Wasser- und Gasausscheidungen der Pflanze wieder latent, d. h. sie verschwindet für die Wahrnehmung durch das Thermometer oder das Gefühl. — Von einer Eigenwärme der Pflanzen kann daher nicht gesprochen werden, wie dieses denn auch die Versuche ergaben, welche bewiesen, daß die Schwankungen in der Wärme des lebenden Pflanzenkörpers immer von den Schwankungen der äußeren Temperatur bedingt sind.

Wenn nun die große Abhängigkeit des Pflanzenwachsthums von der Wärme keinem Zweifel unterliegt, so ist es von hohem landwirthschaftlichen Interesse über eine Wärmequelle gebieten zu können, welche es ermöglicht, die mittlere Wachsthumstemperatur vielleicht um einen Grad zu erhöhen, oder doch die Pflanzen etwas weniger abhängig zu machen von den großen Schwankungen der Lufttemperatur. Ein solches Mittel besitzt der Landwirth in seinem Boden, welchen die Natur schon von vornherein mit der Fähigkeit ausgerüstet hat, die Wärmestrahlen, die von der Sonne ausgehen, sehr leicht aufzunehmen, jedoch schwierig wieder abzugeben. Aber das Wärmeaufsaugungsvermögen des Bodens kann der Landwirth auch durch verschiedene Mittel erhöhen, z. B. durch Farbegebung mit organischen Substanzen, s. g. Humussubstanzen (s. S. 12), — ein dunkel gefärbter Boden saugt viel leichter die Wärmestrahlen ein, als ein Boden von lichter Farbe —, durch Lockerung des Bodens, Mischung des schweren Bodens mit Sand u. s. w.; ferner läßt sich durch Entwässerung des Bodens dieser überhaupt wärmer machen, denn die Wärme wird sich in einem trockenen Boden ansammeln, während sie in einem nassen zur Verdunstung des Wassers fortwährend verwendet und unfühlbar (latent) wird; endlich kann der Landwirth durch Zuführung von sich oxydirenden Mitteln, besonders von organischen Substanzen eine von der Sonne unabhängige Wärmequelle im Boden eröffnen.*)

Nach allem diesen ist also der Boden — durch seine Fähigkeit Wärme leicht zu absorbiren und sie wieder schwer, nach Verschwinden der wärmespendenden Sonne, in den kalten Weltraum ausstrahlen zu lassen, sowie durch die Möglichkeit in ihm eine unabhängige Wärmequelle zu eröffnen, — gleichsam der Regulator zwischen dem Wärmebedürfniß der Pflanzen und der so häufig und in großen Abständen schwankenden Lufttemperatur. Man hat deßhalb der Bodentemperatur, ihrer Abhängigkeit von der Sonnenwärme und ihres jährlichen Verlaufes, deßgleichen ihrer Erhöhung durch verschiedene physicalische Eigenschaften des Bodens und vorzüglich durch die Verwesung organischer Körper in ihm, eine große Aufmerksamkeit geschenkt. Bis jetzt ist man jedoch über Einzelangaben noch nicht hinausgekommen, und ebensowenig gelangte man zu irgend einer durch Zahlen ausdrückbaren Beziehung zwischen ihr und der Pflanzenentwicklung.

*) Die organischen Substanzen verwesen im Boden. Der Verwesungsproceß ist aber nichts weiter als ein Verbennungsproceß, oder was dasselbe ist, ein Oxydationsproceß. Die Elemente des organischen Körpers verbinden sich unter Wärmeentwicklung mit Sauerstoff. Es ist völlig gleich, ob die organischen Substanzen im Ofen verbrennen, oder ob sie verwesen. In beiden Fällen ist die sich entwickelnde Wärmemenge bei demselben organischen Körper die gleiche; der einzige Unterschied liegt in der Zeit, in welcher die Wärmeentwicklung vor sich geht. Während im Ofen die Verbrennung (die Oxydation) sehr rasch geschieht, die Wärme der verbrennenden Substanz deßhalb in kurzer Zeit frei wird und die Erscheinung des Feuers hervorbringt, geht der Verwesungsproceß und aus dem Grunde auch die Wärmebildung nur langsam vor sich; letztere vertheilt sich auf längere Zeiträume, die Wärme wird weniger fühlbar und die Erscheinung des Glühens tritt nicht ein. Man nennt daher den Verwesungsproceß, im Gegensatz zu dem gewöhnlichen feurigen Verbrennungsproceß, die dunkle Verbrennung.

Ueber die mittlere Bodentemperatur, sowohl an der Oberfläche des Bodens, als auch in verschiedenen Tiefen, verglichen mit der Temperatur im Schatten, giebt Schübler die auf Seite 115 stehende Tabelle. Die unter I. gemachten Angaben beziehen sich auf die Beobachtungen Schübler's, welche er selbst in seinem Garten in Tübingen (Würtemberg) — der Garten lag 1010 Fuß über dem Meere und hatte südliche Lage — und, bei ganz unbewölktem Himmel, des Mittags zwischen 12 und 1 Uhr anstellte. Unter II. sind die Mittel angeführt, welche die Beobachtungen, bei jeder Witterung, in dem 1252 Fuß hoch liegenden botanischen Garten zu Genf, während des Jahres 1796, lieferten.

Aus den unter I. mitgetheilten Beobachtungen ergiebt sich, wie außerordentlich verschieden erwärmend die Einwirkung der directen Sonnenstrahlen auf die Luft und den Boden ist; bei bei einer Lufttemperatur von 3,3° im Januar wurde die Bodenoberfläche durch die direct auf sie fallenden Strahlen der Mittagssonne auf fast 10° erwärmt; bei einer Lufttemperatur von beinahe 22° im Juli stieg die Temperatur der von der Sonne beschienenen Erdoberfläche auf die Höhe von 51°. — Freilich sinkt die Temperatur der Bodenoberfläche, sobald die wirkende Kraft, die Sonne also, in ihrer Intensität durch irgend eine Ursache geschwächt wird, sogleich wieder, allein die Abnahme ist bedeutend langsamer als die Temperaturabnahme der Luft, so daß, nach Malaguti und Durocher, die Temperatur des Bodens im Winter nie ganz bis zur Tiefe der kältesten Lufttemperatur herabsinkt. Aus Tabelle II. ergiebt sich dieses gleichfalls unzweifelhaft. Die mittlere Temperatur der Bodenoberfläche geht in allen Monaten des Jahres nie unter das Mittel der Lufttemperatur herab, sondern übertrifft letzteres stets um mehrere Grade. Uebrigens ersieht man aus Tabelle II. noch weiter: wie viel allmähliger die Zunahme und

	I. Mittlere Temperatur		II. Mittlere Temperatur			
	der Erdoberfläche	der Luft im Schatten	der Erdoberfläche	3 Zoll unter der Erde	4 Fuß unter der Erde	der Luft im Schatten
Januar	+ 9,8	— 3,3	+ 4,89	+ 2,88	+ 3,28	+ 2,73
Februar	+ 24,1	+ 4,9	+ 6,10	+ 3,46	+ 2,92	+ 2,17
März	+ 30,0	+ 6,5	+ 9,42	+ 4,97	+ 2,72	+ 2,71
April	+ 39,8	+ 13,2	+ 20,85	+ 12,75	+ 7,25	+ 8,07
Mai	+ 44,1	+ 15,7	+ 21,38	+ 14,40	+ 10,05	+ 10,59
Juni	+ 47,9	+ 19,2	+ 25,48	+ 18,49	+ 13,11	+ 12,82
Juli	+ 50,8	+ 21,9	+ 27,30	+ 18,37	+ 14,59	+ 13,86
August	+ 43,6	+ 16,4	+ 28,44	+ 19,95	+ 16,27	+ 15,01
September	+ 39,0	+ 16,0	+ 22,55	+ 16,98	+ 15,16	+ 13,49
October	+ 21,7	+ 4,8	+ 12,36	+ 9,93	+ 11,90	+ 8,81
November	+ 18,1	+ 3,6	+ 6,79	+ 5,18	+ 7,51	+ 4,23
Dezember	+ 12,1	+ 1,6	+ 1,44	+ 0,57	+ 3,09	+ 0,05
Mittel	+ 31,75	+ 10,04	+ 15,58	+ 10,58	+ 9,03	+ 7,87

8*

Abnahme der Mitteltemperaturen in größeren Tiefen des Bodens vor sich gehen, als in den oberen Schichten. Die Temperatur der tieferen Schichten zeigt sich viel weniger abhängig von dem momentanen Stand der Lufttemperatur. Im Monate Dezember betrug die mittlere Lufttemperatur 0,03 Grad, die Temperatur 3 Zoll unter der Erde = 0,57 Grad, die Temperatur bei 4 Fuß Tiefe dagegen = 3,09 Grad. Nach den Angaben verschiedener Forscher soll in einer Tiefe von 30 Fuß und darüber die Bodentemperatur zu allen Zeiten eine constante, d. h. eine von der Lufttemperatur unabhängige sein. Noch tiefer nimmt die Wärme gesetzmäßig zu, und zwar für je 90 bis 100 Fuß Tiefe erhöht sich die Temperatur um einen Grad.

Es ist selbstverständlich, daß die Bodentemperatur in den verschiedenen Gegenden und, wie wir sogleich sehen werden, auch in den verschiedenen Bodenarten wechseln wird, allein im Allgemeinen ist der jährliche Verlauf der Bodentemperatur an allen Orten derselbe. Alle in dieser Richtung angestellten Versuche ergaben nemlich dasselbe Resultat. Wie sich bei der Lufttemperatur ein jährliches Minimum und Maximum zeigt, so auch bei der Bodentemperatur; ja nach den Versuchen von Rozet (Comptes rendus t. XXXVIII p. 366), giebt es für die Oberfläche und geringe Tiefe des Bodens gleichfalls ein tägliches Minimum (nach Sonnenuntergang und vor Sonnenaufgang) und Maximum (etwa um 2½ Uhr des Nachmittags). — Die Zeit, in welcher jährlich die Maximal- und Minimal-Temperatur des Bodens eintritt, ist für die verschiedenen Schichten desselben verschieden; sie fällt um so weniger mit dem Zeitpunkte der Minimal- und Maximal-Lufttemperatur zusammen, je tiefere Schichten man erreicht.

Die verschiedenen Bodenarten, entsprechend ihrer verschiedenen physikalischen und chemischen Beschaffenheit, haben ein ungleiches Vermögen die Wärmestrahlen zu absorbiren und sich zu erwärmen. Die Abhängigkeit der Bodenerwärmung aber von der Bodenbeschaffenheit ist für den Landwirth gerade von Bedeutung, denn nach den beiden Richtungen hin, sowohl der chemischen, als auch der physicalischen, kann er die Beschaffenheit seines Bodens ändern. — Die Beobachtungen, welche bezüglich der ungleichen Erwärmungsfähigkeit des Bodens, je nach seiner verschiedenen Beschaffenheit, vorliegen, sind wenig zahlreich; wir geben die wesentlichsten derselben.

Schübler hat verschiedene Bodenarten, im trockenen und feuchten Zustande, unter möglichst gleichen Umständen und während einer gleichen Zeit der Sonne ausgesetzt, und folgende Temperaturen daran gemessen:

Bodenarten	Temperaturmaxima der oberen Erdschicht bei einer mittleren Temperatur der umgebenden Luft von 25°	
	Feuchter Boden	Trockener Boden
Quarzsand von graugelber Farbe	37,25 Grad	— 44,75 Grad
Kalksand von weißgrauer „	37,38 „	— 44,50 „
Feiner Gyps von hellgrauer „	36,25 „	— 43,62 „
Magerer Thon von gelblicher „	36,75 „	— 44,12 „
Fetter Thon „ „ „	37,25 „	— 44,50 „
Thonboden von graugelber „	37,38 „	— 44,62 „
Feine Kalkerde von weißer „	35,65 „	— 43,00 „
Humus von schwarzgrauer „	39,75 „	— 47,37 „
Gartenerde von „ „	37,50 „	— 45,25 „
Reiner Thon von bläulicher „	37,50 „	— 45,00 „
Ackererde von Hofwyl, graue „	36,88 „	— 44,25 „
„ vom Jura „ „	36,50 „	— 43,75 „

Vor Allem ist hier der Unterschied bemerklich in der Erwärmungsfähigkeit des feuchten und trockenen Bodens; im Uebrigen sind die Unterschiede nicht sehr bedeutend, nur in Augen springend ist der Einfluß der Farbe des Bodens. Feine Kalkerde von weißer Farbe erwärmte sich im feuchten Zustande auf 35½ Grad, trocken auf 43 Grad; in derselben Zeit erwärmte sich der schwarzgraue Humusboden auf 39,8 Grad (feucht) und auf 47,4 Grad (trocken). — Auf der canarischen Insel Graziosa fand Humboldt nebeneinander weißen und schwarzen (basaltischen) Sand, während der erste eine Temperatur von 40 Grad besaß, zeigte das Thermometer in dem letzteren 54 Grad.

An die so eben mitgetheilten Versuche schließen sich die von Durocher und Malaguti an. Die beiden Forscher drückten den Einfluß, welchen der mineralogische Character des Bodens auf seine Erwärmungsfähigkeit ausübt, in folgender Tabelle aus:

Temperatur der Luft	32°
Temperatur der Bodenarten in 3 Millimeter Tiefe	
Quarzsand	52,3°
Kalkboden aus Marmorkörnern	46,5°
Gartenerde	45,8°
Gelbe thonig-sandige Erde .	37,7°
Pfeifenthon	34,4°
Feinkörniger Kalkboden . .	30,5°

Aus diesen Angaben ist ersichtlich, wie außerordentlich verschieden, je nach der mineralogischen Beschaffenheit des Bodens, sich dieser erwärmt, und die Unterscheidung zwischen kalten und warmen Boden, wie sie von der landwirthschaftlichen Praxis geübt wird, beruht auf guter Beobachtung. Interessant wäre es jedenfalls durch genaue Versuche zu erfahren, wie groß die Abkühlung der verschiedenen Bodenarten innerhalb einer gewissen Zeit sich zeigt, denn es kommt nicht allein auf das Wärmeeinsaugungsvermögen des Bodens an, sondern auch auf seine Wärmehaltungskraft.

Von nicht geringerem Einflusse, wie chemische Zusammensetzung, mineralogische Mischung und Farbe der Bodenarten auf ihre Erwärmungsfähigkeit, ist die Lage des Feldes. So fanden Malaguti und Durocher, daß in 7 Apriltagen das mittlere Maximum der Bodentemperatur des nach Süden, am Fuße einer Mauer gelegenen Theiles eines Gartens an der Oberfläche um 20° höher war, als des unter übrigens gleichen sonstigen Bedingungen nach Norden liegenden Gartentheiles; in 10 Centimeter Tiefe war der südlich gelegene Boden um 10° wärmer als der nördlich gelegene.

Bezüglich der Bedeckung des Bodens, z. B. mit Rasen, führen Durocher und Malaguti an, daß sich die Verbreitung der Wärme nach abwärts zwar hiedurch verzögere, aber auch die Abkühlung in demselben Verhältnisse sich verlangsame.

Die mitgetheilten Thatsachen ergeben auf das deutlichste, wie sehr der Gang der Bodentemperatur von den Eigenschaften des Bodens selbst beherrscht ist, und wie hier der Landwirth durch Aenderung seiner Bodenbeschaffenheit mächtig auf diesen Gang wirken kann. Zunächst sind jedoch die angeführten Thatsachen von geringer praktischer Bedeutung, denn der Einfluß der Bodenwärme auf die Vegetation müßte, sollten die gemachten Angaben praktisch verwerthet werden, zuerst festgestellt sein.

d. Die Electrizität. Ueber ihre Wirkung auf das Pflanzenwachsthum sind die widersprechendsten Angaben vorhanden. Während Graf Siersdorf, Helmert und Fichtner einen günstigen Einfluß des durch den Boden gehenden künstlich erregten electrischen Stromes auf das Pflanzenwachsthum fanden,*) behaupten Krocker und Eichhorn, sowie

*) Der electrische Strom glaubt man, rege den Pflanzenorganismus zu einer erhöhten chemischen Thätigkeit an.

auch Trommer und Jühlke, derselbe sei ohne allen Einfluß. In ihren Versuchen, welche sie auf Veranlassung des preußischen Landesökonomiecollegiums anstellten, und in welchen sie verschiedene Kulturpflanzen, wie Kartoffeln, Gerste, Erbsen ꝛc., unter dem Einflusse eines galvanischen Stromes wachsen ließen, zeigte der Wachthumsproceß der Versuchspflanzen sich nicht verschieden von demjenigen der unter gewöhnlichen Umständen gewachsenen Pflanzen.

e) Physikalische Bodeneigenschaften.*) Ueber den Einflusse der physicalischen Bodeneigenschaften auf das Pflanzenwachsthum, so sehr er auch stets in allen Lehrbüchern und Zeitschriften hervorgehoben wird, besitzen wir nur die gewöhnlichen landwirthschaftlichen Erfahrungen. Wir wissen im Allgemeinen, daß in einem leichten Boden manche Pflanzen besser gedeihen, als in einem specifisch schwereren, daß in Böden von bestimmtem Grade der Lockerheit die Wurzelausbreitung eine verhältnißmäßig sehr große ist, daß manche Böden die Feuchtigkeit viel länger halten, als andere, u. s. w., aber ein bestimmtes durch Zahlen ausdrückbares Verhältniß zwischen irgend einer der physicalischen Bodeneigenschaften und der Pflanzenentwicklung, ist bis heute noch nicht festgestellt. Und doch wäre die genaue Ermittelung des Abhängigkeitsverhältnisses zwischen Vegetation und äußeren Wachthumsbedingungen — zu welchen letzteren ja auch die physicalischen Bodeneigenschaften gehören — vor allem anzustreben, denn mit der Erkenntniß desselben würde auch die Grundlage der Ackerbauphysik gewonnen sein. Selbst-

*) Zu den physicalischen Bodeneigenschaften zählen: Farbe, specifisches Gewicht, Porosität und davon bedingte Haarröhrchenkraft, Zusammenhang und Consistenz, Volumänderung beim Austrocknen, Aufsaugungsvermögen für Wasserdunst und Gase, wasserzurückhaltende Kraft, Absorptionsvermögen für die Pflanzennahrungsstoffe, für Wärmestrahlen, Wärmeleitungsfähigkeit, Verhalten gegen Licht und Electrizität.

verständlich kann, so lange dieses Verhältniß unbestimmt ist, von einer wissenschaftlichen Disciplin, Ackerbauphysik genannt, nicht die Rede sein, denn was man manchmal so genannt, ist immer nur eine Zusammenstellung verschiedener Bestimmungen, welche in ihrer Allgemeinheit für den rationellen Ackerbau und die Pflanzenernährungslehre von geringer Bedeutung, und meistens kaum verwerthbar sind.

33. Das Leben der Pflanze theilt sich im Wesentlichen in drei Zeitabschnitte; in die Periode der Keimung, die des Wachsthumes und in die der Anlage zur neuen Pflanze.

In der ersten Periode entfaltet sich die Pflanzenanlage zur selbstständigen, von der Reservenahrung des Hilfskörpers unabhängigen Pflanze. In der zweiten Periode, in der der eigentlichen Wachsthumszeit, entnimmt die selbstständig gewordene Keimpflanze ihre Nahrung der Luft und dem Boden, und verarbeitet sie, d. h. die aufgenommene anorganische Nahrung wird in organisches Zellenbildungsmaterial verwandelt, theils um direct die Vergrößerung der Pflanze zu bewirken, theils um als Reservenahrung aufgespeichert zu werden. In der dritten Periode endlich ordnet sich die gebildete Reservenahrung, sowie die noch während dieser Periode gebildeten organischen Stoffe entweder zu Samen an, oder sie werden in den überdauernden Pflanzenorganen abgelagert, um in der nachfolgenden Wachsthumszeit zur Entfaltung einer selbstständigen jungen Pflanze, oder bei den perennirenden Pflanzen — d. s. solche Pflanzen, welche mehrere oder viele Jahre dauern — zur Vergrößerung der überdauernden Theile und der anfänglichen Entfaltung der nächstjährigen neuen Triebe zu dienen.

34. Aus dem Samen entwickelt sich die junge Pflanze; er enthält die Samenanlage, den s. g. Embryo. Dieser ist die Keimpflanze im Kleinen; denn alle einzelnen Theile, welche

die ausgebildete Keimpflanze später zeigt, sind im Embryo schon angelegt. Die Entfaltung des Embryos geschieht während des Keimungsactes auf Kosten des Samenhilfskörpers, welcher bei den Getreidesamen auch Eiweißkörper genannt wird.

Der Samen zeigt also zwei wesentliche Theile, die Samenanlage (Embryo) und den Hilfskörper. Letzterer ist die erste Nahrung für den Embryo und besteht aus organischen Zellbildungsstoffen: löslichen Kohlenhydraten, Oel und Eiweißstoffen, und aus anorganischen Nährstoffen. Aus den organischen Stoffen des Hilfskörpers bilden sich neue Zellen; die anorganischen Bestandtheile desselben dienen zur Unterhaltung der chemischen Processe in den neugebildeten Zellen.

Der Unterschied zwischen der Ernährung der ausgebildeten Keimpflanze und der des Embryo ist in die Augen fallend. Während sich der Embryo von den organischen Stoffen des Samenhilfskörpers ernährt und aus ihnen seine Zellen bildet, lebt die entwickelte Pflanze nur von anorganischen Nahrungsstoffen. Aus Kohlensäure, Wasser und Ammoniak (Salpetersäure) unter Mitwirkung der Aschenbestandtheile bildet die vollendete Keimpflanze zuerst Zellbildungsmaterial, und aus ihm erzeugen sich dann die die Pflanze vergrößernden Organe.

Die Samenanlage repräsentirt, wie gesagt, die junge Keimpflanze. Man unterscheidet daher auch an ihr wesentlich zwei Theile: das Würzelchen (radicula), d. i. der nach abwärts gehende Theil des Embryo, aus welchem sich die Wurzel entwickelt, und das Knöspchen, auch Federchen (plumula) genannt, welches bei der Entfaltung zu Stengel und den ersten grünen Blättern wird. Es finden sich außerdem noch weitere Organe an dem Embryo. Es sind diese die Samenlappen (Cotyledonen); sie enthalten gewöhnlich den Samenhilfskörper, und der junge sich entwickelnde Embryo schöpft aus ihnen seine Nahrung. Ist daher die Keimpflanze in ihrem

Wachsthume vollendet, oder was dasselbe ist, hat sie sich so weit entwickelt, daß sie nun selbstständig ihre Nahrung aus Luft und Boden aufnehmen kann, so sind auch die Cotyledonen erschöpft; sie schrumpfen ein und fallen ab.

Manche Kulturpflanzen, z. B. die Kartoffeln entwickeln sich gleichfalls aus Samen, allein zweckmäßiger geschieht ihre Vermehrung durch Knollen. Die Knollen unterscheiden sich wesentlich von den Samen; sie sind Stengelgebilde, und die sich entwickelnde Pflanze entsteht aus einer der an ihnen befindlichen dem Federchen des Embryo entsprechenden Knospe. (Bei den Kartoffelknollen heißt die Knospe: das Auge der Kartoffel.) Zwar geschieht auch hier die Entwicklung der Knospe auf Kosten der in der Knolle abgelagerten Reservenahrung, welche dem Hilfskörper der Samen entspricht und gleichfalls aus Zellbildungsstoffen besteht; allein der eine Theil des Embryos ist bei der Knollenknospe nicht angelegt, nemlich das Würzelchen; dieses entwickelt sich erst ganz neu aus dem untern Theil der Knospe.

35. Der Embryo (die Knospe) entwickelt sich nur kräftig, wenn die Samen (Knollen) völlig ausgebildet sind und die gehörige Menge des Hilfskörpers enthalten.

Es ist zwar durch vielfältige Versuche nachgewiesen, daß Samen, auch wenn sie nicht vollkommen ausgebildet und reif sind, keimfähig sich zeigen. So ergaben die Versuche Duchatre's, daß Körner von Roggen, Weizen und Gerste schon Keimkraft zeigten, selbst wenn der Samenkeim in ihnen sehr unvollkommen entwickelt und der Eiweißkörper noch milchig war. In gleicher Weise bewiesen Göppert, Cohn und andere Forscher die Keimungsfähigkeit unreifer Pflanzensamen. Jedoch ergaben alle Versuche einen bedeutenden Unterschied bezüglich der Kräftigkeit der erhaltenen Keimpflanzen, welche aus völlig ausgebildeten Samen oder aus unreifen erhalten worden waren.

Aus völlig reifen und vollkommenen Samen erwuchsen immer starke und gesunde Keimpflanzen, während unreife und unvollkommen ausgebildete Samen nur schwächliche Pflanzen lieferten.

Die Versuche von Trommer zeigen recht augenfällig, wie nutzbringend für den praktischen Landwirth es ist, auf die Auswahl der Saatfrucht ein großes Gewicht zu legen. Je vollkommener die Saatfrucht ist, desto höhere Erträge wird er unter sonst gleichen Bedingungen erzielen. — Auf 15 Quadrat-Ruthen Land säete Trommer $1^1/_8$ Metzen vollkommen ausgebildete und ausgesuchte Erbsenkörner; die Ernte betrug, auf den preußischen Morgen berechnet, 10 Schäffel und 11 Metzen, die Saatfrucht verhielt sich also zur Ernte wie 1 : 13. Wurden hingegen auf 15 Quadratruthen des gleich bestellten Feldes 2 Metzen unausgesuchter Erbsen ausgestreut, von einer Saatfrucht also, welche zahlreiche nicht völlig entwickelte Körner enthielt, so liefert der Morgen nur 9 Schäffel und 3 Metzen Ernte, oder die Saatfrucht verhielt sich zur Ernte wie 1 : 6.

Bei dem Samen kommt es aber nicht allein darauf an, daß er völlig reif und entwickelt sei, sondern daß er auch seine Keimkraft nicht eingebüßt habe und sie im stärksten Grade zeige.

Wir besitzen zahlreiche, wenn auch sehr abweichende Angaben über die Dauer der Keimkraft normal aufbewahrter Samen. Diese Dauer ist sehr verschieden. Während z. B. die Getreidesamen Jahrhunderte lang ihre Keimkraft bewahren sollen, geht sie bei den Kaffeebohnen schon nach vier Wochen verloren. — Im Allgemeinen kann angeführt werden, daß die stärkemehlhaltigen Samen am längsten ihre Keimkraft bewahren, ihnen folgen die ölhaltigen. Dagegen büßen die gerbestoffhaltigen Samen, wie z. B. die Kaffeebohnen, ihre Keimkraft sehr rasch ein.

Die Keimkraft des Samens hängt offenbar, neben der gehörigen Ausbildung des Keimes, von der Anwesenheit bestimmter chemischer Verbindungen im Samen ab; sie wird aber auch ferner bedingt sein, durch gewisse Veränderungen, welche die verschiedenen Samenbestandtheile, während der s. g. Samenruhe erleiden. Daß solche Veränderungen wirklich stattfinden und in Folge davon die Samen leichter keimen, beweiset die tägliche Erfahrung der praktischen Landwirthschaft. Frische, auch noch so vollkommen ausgebildete Getreidekörner keimen in diesem Zustande nur sehr langsam und schwierig; während dieselben Körner, nach einer gewissen Zeit der Ruhe, sehr rasch ihre Keime entwickeln. Welche Veränderungen die Bestandtheile des Samens während der Samenruhe erleiden, darüber fehlen von Seite der Chemie noch alle Aufklärungen. — Die Keimkraft eines an sich keimungsfähigen Samens wird außerdem, wie erwähnt, zerstört sein, wenn die Bestandtheile des Samens — oder auch nur einer der Bestandtheile — welche an der Entwicklung des Embryos Theil nehmen, in einer Weise zersetzt sind, daß sie als Bildungsmaterial beim Wachsthume des Keimes nicht mehr dienen können. So keimt ein längere Zeit der Feuchtigkeit ausgesetzter Samen nicht mehr, weil seine Bestandtheile durch Fäulniß zersetzt sind; ein Samen der Temperatur der Eiweißgerinnung ausgesetzt, hat gleichfalls seine Keimkraft verloren. Es ist möglich, daß z. B. für die Entwicklung des Embryos der gerbsäurehaltigen Samen die Gerbsäure nöthig erscheint. Nun verwandelt sich aber die Gerbsäure sehr leicht in andere Stoffe und der rasche Verlust der Keimkraft der gerbsäurehaltigen Samen kann vielleicht von der leichten Spaltbarkeit des genannten Samenbestandtheiles abgeleitet werden.

Die zweckmäßigste Methode, um die Keimkraft der Samen zu bewahren, ist ihnen Schutz gegen Feuchtigkeit zu leisten, sie in luftigen Räumen aufzubewahren und zu veranlassen, daß in diesen Räumen kein zu rascher Temperaturwechsel stattfinde. — Uebrigens muß noch hervorgehoben werden, daß starke Kälte die Keimkraft eines trockenen Samens viel weniger leicht vernichtet, als dieses eine über 40 bis 60° hinausgehende Wärme thut.

36. Die übrigen Hauptbedingungen des Keimungsprocesses sind Feuchtigkeit, ein gewisser Wärmegrad und Zutritt von sauerstoffhaltiger Luft. Man hat ferner als eine Bedingung der Keimung, wenigstens für deren Anfang, noch Lichtabschluß, und endlich als besondere Bedingungen: die Wirkungen verschiedener, dem Samen künstlich zugesetzter Substanzen genannt. — Unter diesen Einflüssen beginnen die chemischen Processe im Hilfskörper des Samens, seine Bestandtheile werden löslich, und indem der Embryo aus ihnen neue Zellen bildet, beginnt sein Wachsthum.

a) Das Wasser. Die Samen mit Feuchtigkeit in Berührung saugen sich voll Wasser, erweichen und quellen auf; der sich streckende Embryo kann daher mit Leichtigkeit die Samenhüllen durchbrechen. — Das Wasser vermittelt außerdem die Beweglichkeit der Samenbestandtheile, ermöglicht so ihre chemische Aufeinanderwirkung und ihren Eintritt in die Zellen des Keimes.

Jeder Same nimmt eine bestimmte Menge von Wasser auf. Es ist hiebei gleichgültig, wie Haberlandt's Versuche beweisen, ob der Samen in Wasser eingeweicht ist, oder ob er nur zwischen einem feuchten Tuche oder in feuchter Erde liegt. So nehmen in beiden Fällen, bei einer Temperatur von 15°, die Getreidekörner zwischen 40—60 Proc., der Mais 28 Proc., die Hirse 23—24 Proc., Erbsen, Bohnen, Linsen, Kleesamen zwischen 100—114 Proc., der Leinsamen 131 Proc. und die Gartenkresse sogar 308 Proc. Wasser auf.

Ist der Samen längere Zeit einer größeren Feuchtigkeit ausgesetzt, so verliert er von seinen Bestandtheilen und geht zuletzt in Fäulniß über; außerdem erniedrigt sich die Temperatur des keimenden Samens. Eine zu große Nässe während der Keimzeit wird daher die Keimung verlangsamen und der kräftigen Entfaltung des Keimes entgegenwirken, oder auch, bei Fäulniß, den Keim geradezu zerstören.

b) Wärme. Schon früher wurde darauf hingedeutet, daß die Wärme es ist, welche die chemischen Processe im Pflanzenorganismus einleitet, und daß letztere überhaupt nur bei bestimmten Temperaturgraden verlaufen. Ganz so erfordert es die Keimung; auch hier muß, soll dieselbe in normaler Weise vor sich gehen, eine bestimmte Temperatur herrschen. Die Samen keimen nicht bei 0°; die Wärmegrade müssen mindestens 4 bis 10 Grade übersteigen; sie betragen am zweckmäßigsten zwischen 10 bis 35°. Geht die Temperatur über 35° hinaus, so wirkt sie in vielen Fällen schädlich, während noch höhere Temperaturen die Entwicklung des Keimes geradezu aufheben.

Sachs stellte Versuche an über die niedrigste und höchste Keimungstemperatur und kam zu folgenden Resultaten.

Die niedrigste Keimungstemperatur liegt für:

Stärkehaltige Samen:				Oelhaltige Samen:			
Schminkbohne	bei	7,5°	R.	Kürbis	bei	10,0°	R.
Erbse	„	5,4°	„	Sonnenblumen	„	5,7°	„
Pferdebohnen	„	4,8°	„	Salat	„	5,7°	„
Linse	„	4,8°	„	Wasserrüben	„	4,0°	„
Klee	„	4,0°	„	Senf	„	4,0°	„
Luzerne	„	4,0°	„	Rettig	„	4,0°	„
Buchweizen	„	7,0°	„	Kresse	„	4,0°	„
Zuckerrüben	„	7,5°	„	Ricinus	„	11,0°	„
Spinat	„	5,7°	„	Möhre	„	4,8°	„

Stärke u. Oel im Samen:			Gerste	bei	4,0° R.
Mais	bei	7,3° R.	Roggen	„	4,0° „
Weizen	„	4,0° „	Hafer	„	4,0° „

Die höchsten Keimungstemperaturen dagegen sind für:

Stärkehaltige Samen:					
Bohne	bei	35° R.	Kürbis	bei	37° „
Pferdebohne	„	32° „	Sonnenblume	„	32° R.
Erbse	„	31° „	Stärke u. Oel im Samen:		
Oelhaltige Samen:			Mais	bei	37° R.
Wasserrübe	bei	37° R.	Weizen	„	32° „
Kresse	„	37° „	Gerste	„	32° „

Bei den angeführten höchsten Temperaturen gehen immer einige Körner zu Grunde; die meisten jedoch keimen rasch, unter kräftiger Entwicklung des Embryo.

Sachs stellte außerdem noch Versuche an über die Zeitdauer, welche bei verschiedenen Temperaturen bis zu Ende der Keimung, d. i. bis zur völligen Entfaltung des Embryos zur selbstständigen Keimpflanze, verfließt. Seine Angaben hierüber sind in der folgenden Tabelle zusammengestellt.

	Boden-Temperatur	Zeit nach dem Einlegen des trockenen Samens
Mais . . .	10—12° R.	30—35 Tage
„ . . .	16—18° „	25—30 „
„ . . .	27—30° „	7—8 „
Weizen . . .	4—6° „	40—45 „
„ . . .	10—12° „	20—25 „
„ . . .	28—30° „	10—12 „
Gerste . . .	4—6° „	40—45 „
„ . . .	7—9° „	20—25 „
„ . . .	28—30° „	10—12 „

	Boden-Temperatur	Zeit nach dem Einlegen des trockenen Samens
Roggen . . .	7—9° R.	20—25 Tagen
Buchweizen . .	7—9° „	15—20 „
„ . .	10—12° „	12—15 „
Schminkbohne .	8—10° „	50—60 „
„ .	10—12° „	30—40 „
„ .	18—20° „	15—20 „
Pferdebohne .	14—16° „	10—12 „
Erbse	14—16° „	10—12 „
Linse	8—10° „	15—20 „
„	14—16* „	10—12 „
Luzerne, Klee . .	10—12° „	8—10 „
Zuckererbse . .	10—12° „	12—14 „
Wasserrüben, Senf, Rettig .	10—12° „	8—10 „

c. Sauerstoff. Die Samen keimen nicht ohne Luftzutritt, dieses ist durch zahlreiche Versuche bewiesen. Ebenso ist es festgestellt, daß die Lebensluft, der Sauerstoff es ist, welcher die günstige Wirkung bedingt. Im Stickgase, dem zweiten Hauptbestandtheile der Luft, keimen die Samen ebensowenig, wie im Wasserstoffgase oder in Kohlensäure. Ja, wie für die Kohlensäure von Scheele und Saussure bewiesen ist, übt diese, obgleich ein Nahrungsstoff für die selbstständige Pflanze, in der ersten Zeit der Keimung einen geradezu schädlichen Einfluß. Scheele fand, daß zu 1 Theil reinem Sauerstoffgas nur $^1/_3$ Theil Kohlensäure gesetzt, in diesem Gasgemisch keine Keimung mehr stattfindet, und nach Saussure findet in einem Gemisch von $^1/_{12}$ Thl. Kohlensäure und 1 Thl. Luft nur mehr unvollkommenes Keimen statt. — Zwar scheint die erste Keimregung auch ohne Sauerstoff vor sich gehen zu können, denn in allen genannten Luftarten zeigt sich, bei der gehörigen Temperatur, immer sehr schnell ein Anfang der Keimung, ganz in derselben Weise, wie in der atmosphärischen Luft. Allein mit dieser Regung ist auch alles Leben des Embryo beendigt.

Abschluß der Luft wirkt auf den Samen eben so schädlich, wie Hineinbringen des Samens in fremde, nicht sauerstoffhaltige Gase; auch hier ist das Leben des Embryo mit der ersten Wachsthumserscheinung herum. Carradori wies nach, daß Samen von Wasserpflanzen nicht unter mit Oel bedecktem Wasser keimen; Saussure, daß sie es nicht in ausgekochtem, oder in durch Quecksilber von der Luft abgeschlossenem Wasser thun. Ja selbst das Verdampfen von sauerstoffbegierigen Körpern, wie Terpentinöl, Aether, Kampher ꝛc., in die Luft, unterdrückt die Keimung. Ebenso keimt keine Pflanze, wenn man durch Ueberziehen der Bodenfläche mittelst einer dünnen Lehm- oder Thonschicht den Zutritt der Luft zum eingelegten Samen hindert.

Bei dem Keimungsprocesse scheint es am zweckmäßigsten, wenn der nöthige Sauerstoff so verdünnt ist, wie er sich in der Luft findet. Ist er verdünnter, so keimen die Pflanzen erst nach längerer Zeit; befindet er sich in reinem Zustande, so übt er sehr bald eine schädliche Wirkung.

Die Keimung von Gerste, welche sonst in vier Tagen erfolgte, geschah in halbverdünnter Luft erst in 14 Tagen. — Reines Sauerstoffgas beförderte im Anfange die Keimung des Zuckerrübensamens sehr; allein hatte sich der Keim einmal entfaltet, so übte der Sauerstoff, durch seine zerstörende Wirkung auf den Samenhilfskörper, eine schädliche Wirkung aus.

Die Nothwendigkeit des Sauerstoffzutrittes zum keimenden Samen ist für den praktischen Landwirth sehr beachtenswerth. Wird der Samen zu tief gelegt, oder bildet sich eine Kruste auf der Bodenoberfläche, so wird in beiden Fällen der gehörige Zutritt der Luft gehindert und die Keimung geht nicht entsprechend vor sich.

Das Unterbringen der Samen in der richtigen Tiefe, gleich weit entfernt von zu großer Tiefe oder von zu seichter Bedeckung, ist daher möglichst anzustreben. Eine zu seichte Bedeckung schützt die keimenden Samen nicht gegen intensive Hitze oder Kälte und rasches Vertrocknen. Bei zu tiefem Unterbringen dagegen, erscheint, wenn überhaupt noch Sauerstoff genug hinzutritt, der Keim oft 4 bis 5 Tage später über der Bodenoberfläche und die Ernte schiebt sich entsprechend hinaus. Außerdem verbraucht ein tief gelegtes Samenkorn zum Hinaufwachsen des Embryos zu viele Zellbildungsstoffe und das Resultat wird daher eine schwächliche Keimpflanze sein.

Bezüglich des Einflusses der tieferen oder seichteren Bedeckung des Samens mit Erde auf die Keimung, hat Stöckhardt Versuche angestellt. Von 100 Weizenkörnern, welche ausgesäet wurden, keimten

	bei Bedeckung mit Erde von:						
	1	2	3	4	5	6	Zoll
Unreife Weizenkörner mit noch dünnflüssigem Inhalte . .	100	45	5	0	6	0	Körner
Weizenkörner mit dickbreiigem Inhalte .	100	100	60	30	0	0	„
Reifer Weizen . .	100	100	100	60	30	5	„

Die Versuche Grouvens über die Tiefe des Einlegens von Zuckerrübensamen haben zu folgenden Ergebnissen geführt:

1) hinsichtlich der Zeitdauer: die eingequollenen vier

Centimeter tief gelegten Samen bedurften zur Keimung $1^1/_2$ Tage, die 6 Centimeter tief gelegten Samen $2^1/_2$ Tage und die 9 Centimeter tief eingelegten Samen 5 Tage länger als die Samen, welche nur 1 Centimeter tief gelegt waren;

2) hinsichtlich der Keimkraft: von nur einen Centimeter tief gelegten Samen keimten sämmtliche; fünf Centimeter tief gelegt, keimten zwei, und 8 Centimeter tief, nur ein einziger Samen;

3) hinsichtlich der Kräftigkeit der erhaltenen Keimpflanzen, war diese am bedeutendsten bei den Pflanzen, welche aus 1 bis 3 Centimeter tief eingelegten Samen erwuchsen.

d) Als eine weitere Bedingung des Keimprocesses nahm man früher noch an, daß derselbe bei Lichtabschluß zu geschehen habe. — Ist nun auch durch eine Reihe von Versuchen bewiesen, daß die Keimung bei Lichtzutritt gleichfalls erfolgt, so geschieht dieselbe anfänglich doch viel zweckmäßiger im Dunkeln. Schleiden pflanzte im Monate August 36 Getreidekörner in zwei mit feuchtem Sande gefüllte Kästen. Der eine Kasten wurde mit einer Zinkplatte bedeckt (dunkel gemacht), nach drei Tagen hatten 27 Körner Würzelchen und Blattkeim getrieben; in dem zweiten Kasten, welcher mit einer Glastafel überdeckt war, hatten in derselben Zeit nur wenige Samen Würzelchen, aber kein einziger auch gleichzeitig den Blattkeim entwickelt. Deßgleichen keimten, nach Schacht, Kartoffeln in dickes Papier gewickelt sehr rasch, während sie am Lichte liegend nur äußerst schwierig und langsam zum Keimen zu bringen waren.

e. Besondere Bedingungen, welche auf den Keimungsproceß einwirken, sind verschiedene Substanzen, die, indem man sie in Wechselwirkung mit dem Samen bringt, entweder einen rascheren Verlauf der chemischen Processe im Hilfskörper und in den Zellen des Embryo veranlassen, oder als Pflanzennahrungsstoffe der jungen Keimpflanze in der ersten Zeit ihres

Wachsthums im Boden eine Quelle leicht aufnehmbarer wirksamer Pflanzennahrung eröffnen (Candiren des Samens*). Die Substanzen, welche zu vorgenannten Zwecken angewendet werden, sind Holzkohle, Kalk, verschiedene Salze, Salzsäure, Schwefelsäure, Chlorwasser, Superphosphat u. s. w. — Ueber die Erfolge der Anwendung dieser Substanzen sind übrigens die widersprechendsten Angaben gemacht worden.

Humboldt fand, daß in Chlorwasser eingeweichte Samen schon nach sieben Stunden keimten, während dieselben Samen, in reines Wasser eingeweicht, 24 Stunden zum Keimen brauchten. Bei anderen Versuchen hingegen wirkte schwaches Chlorwasser nicht im Mindesten erhöhend auf das Keimungsvermögen der in ihm aufgequollenen Samen ein.

Die Salze und Säuren werden selbstverständlich nur in Form von verdünnten Lösungen angewendet und es kommt hier, sollen solche Lösungen vortheilhaft auf den Keimungsproceß wirken, wesentlich auf den Grad der Verdünung an. Für verschiedene Salzlösungen hat man folgende Concentrationen angegeben, welche nicht überschritten werden dürfen, wenn die Keimung noch gut verlaufen soll.

In 100 Theilen Wasser aufgelöst:

	Beginn des nachtheiligen Einflußes	Gänzliche Zerstörung des Keimes
Kochsalz	0,52	1,04
Chlorammonium . .	0,48	1,02
Salpetersaures Natron	0,72	1,40
Ammoniak	0,58	1,36
Kohlensaures Kali .	0,98	1,18
Phosphorsaures Kali .	1,94	—
Schwefelsaure Magnesia	2,18	—

*) Eine zweckmäßige Art des Candirens der Samen ist, dieselben mit schwachem Leimwasser zu benetzen und dann mit den Pflanzennahrungsstoffen zu bestreuen.

Es unterliegt keinem Zweifel, daß eine Erhöhung des Keimungsvermögens der Samen von nicht geringem Interesse für die Landwirthschaft und für gewisse Klassen landwirthschaftliche Gewerbe, z. B. die Gährungsgewerbe, ist. Je gleichmäßiger und schneller nemlich die Keimung bewirkt wird, desto kräftiger entwickeln sich die Pflanzen und desto gleichmäßiger reifen sie; oder wenn die Keimung wie bei der Malzbereitung nur bis zu einem gewissen Grade getrieben werden darf, ein desto gleichförmigeres Malz erhält man, bei geringstem Verluste an organischen Samenbestandtheilen.

Nicht minder wichtig erscheint das Candiren der Samen — besonders kleiner Samen — mit Pflanzennahrungsstoffen. Der Erfolg, welchen leicht assimilirbare, in richtigem Verhältnisse und in richtiger Menge der jungen Keimpflanze gegebene Nährstoffe üben müssen, ist leicht zu begreifen, wenn man bedenkt, daß das spätere Wachsthum und der Ertrag in vielen Fällen von der anfänglichen Entwicklung der jungen Pflanzen sich abhängig zeigen.

37. Sind die Bedingungen der Keimung gegeben und ein keimungsfähiger Samen vorhanden, so beginnt der chemische Proceß im Samen. Es wird Sauerstoff aufgenommen und die erste Lebensregung des Embryo erfolgt. Durch die Sauerstoffaufnahme werden die Eiweißkörper in einen Zustand übergeführt, der sie nicht allein befähigt selbst in lösliche Verbindungen überzugehen, sondern auch die Löslichkeit der Stärke, ja sogar gewisser Arten des Zellstoffes zu veranlassen und in lösliches Gummi und Zucker zu verwandeln. Lösliche Eiweißsubstanz, Gummi (Dextrin) und Zucker sind aber im Wesentlichen das Zellbildungsmaterial. — Sind fette Oele im keimenden Samen vorhanden, so werden sie oxydirt und theilweise in eine dem Gummi oder Zucker ähnliche Zusammensetzung übergeführt.

Bei dem Processe der Löslichwerdung der Bestandtheile

des Samenhilfskörpers wird also Sauerstoff aufgenommen; dieser verbindet sich mit organischen Bestandtheilen des Hilfskörpers und wird zum Theile als Kohlensäure wieder abgeschieden. Schon früher wurde aber erwähnt, daß der Vorgang der Sauerstoffvereinigung als eine Verbrennung zu betrachten sei und unter Wärmeentwicklung erfolge. Der Keimungsproceß muß deßhalb gleichfalls unter Freiwerden von Wärme erfolgen, und in der That erzeugt auch der keimende Samen eine bedeutende Wärmemenge. Diese Wärme scheint eine nothwendige Bedingung zum gehörigen Verlaufe des Keimungsprocesses zu sein.

Es ist begreiflich, wenn organische Bestandtheile des Samens sich mit dem aus der Luft zugetretenem Sauerstoffe, zu sauerstoffhaltigen gasförmigen Ausscheidungsproducten verbinden, daß dann der Samen an Gewicht verlieren muß. Diese Erscheinung tritt bei jedem keimenden Samen ein. Die junge Keimpflanze wiegt weniger als der Samen, aus dem sie sich entwickelt. So verlieren beim Keimungsacte, den Versuchen von Schleiden zufolge, die Bohnen nach 16 Tagen 23 Proc., die Erbsen nach 18 Tagen 24 Proc., die Gerste nach 7 Tagen 68 Proc., die Wicken und der Mais nach 18 Tagen 17 Proc. ihrer organischen Masse (vgl. übrigens auch die nachfolgenden Paragraphen).

38. Sobald der Keim sein Würzelchen in die Erde geschickt und sich das Federchen über die Oberfläche des Bodens erhoben hat, beginnt auch schon die Aufnahme von Boden- und Luftbestandtheilen durch die junge Pflanze.

Man nahm früher an, die Aufnahme der anorganischen Pflanzennahrungsstoffe beginne erst nach der vollkommenen Entwicklung der jungen Keimpflanze, d. h. erst nach Verwendung der sämmtlichen Reservenahrung des Hilfskörpers. Diese Annahme ist nicht richtig. Wie neuere Versuche, besonders die von Wunder, nachgewiesen haben, beginnt die Aufnahme der

Nahrungsstoffe aus Boden und Luft schon viel früher, sobald sich nur einmal die Aufnahmsorgane des Embryo einigermaßen entwickelt haben. — Anderseits ist es jedoch auch gewiß, daß eine Aufnahme von anorganischen Nahrungsstoffen während der Keimperiode, so lange noch Reservenahrung vorhanden ist, nicht absolut nöthig erscheint, denn letztere ist vollkommen ausreichend, um den Bedürfnissen der wachsenden Keimpflanze zu genügen. Dieselbe bedarf erst dann der Nahrungszufuhr von Außen, wenn sie die im Samen abgelagerten Stoffe des Hilfskörpers verbraucht hat; ebenso sind auch die anorganischen Salze des Samens hinreichend, um die chemischen Processe in den neu gebildeten Zellen zu unterhalten. Nichts desto weniger ist die Aufnahme von Boden- und Luftnahrung in der Keimungsperiode äußerst fördernd für das spätere Wachsthum der Pflanzen; es sammelt sich schon sehr frühe ein Vorrath von Bodenstoffen in der Pflanze an, welcher später Verwendung findet, wie denn überhaupt, je früher die Aufnahme geschieht, eine desto größere Nahrungsmenge im Pflanzenorganismus zur Verwendung kommen kann. Auch in dieser Beziehung erscheint das Vorhandensein leicht aufnehmbarer Pflanzennahrung im ersten Entwicklungsstadium der Pflanzen sehr nützlich.

39. Sobald die Keimpflanze ihre gehörige Ausbildung erreicht hat, beginnt das eigentliche, von der Reservenahrung des Samens unabhängige Wachsthum. Aus den von Wurzeln und Blättern aufgesogenen anorganischen Nahrungsstoffen der Luft erzeugt sich, unter Mitwirkung der gleichzeitig von der Keimpflanze mit aufgenommenen Aschenbestandtheile, organisches Zellbildungsmaterial, welches theils zum Wachsthume der Pflanze, theils zur Samenbildung verwendet wird.

Wir geben hier das Bild des Gesammtwachsthumsprocesses einer einjährigen Pflanze nach den, in Gemeinschaft mit

Liebig, von Nägeli und Zöller angestellten Versuchen des Münchener pflanzenphysiologischen Institutes.

Die Frage, welche durch die genannten Versuche erledigt werden sollte, war: „in welcher Weise geschieht das Wachsthum der Pflanzen, welche Rolle spielen hiebei die Aschenbestandtheile und mit welchen organischen Stoffreihen stehen sie in Beziehung; ferner welches sind vorzugsweise die Bildungsstätten der organischen Substanzen in der Pflanze, und wie vertheilt sich die Stoffbildung auf die verschiedenen pflanzlichen Wachsthumsperioden?“

Die Versuche wurden mit der Bohnenpflanze angestellt. Der Versuchsboden war reiner, weißer und gutausgewaschener Quarzsand. Er enthielt nur Spuren von Phosphorsäure, sonst aber die übrigen Aschenbestandtheile der Pflanzen, freilich in nicht bedeutender Menge. Der Bohnensamen keimte und entwickelte sich in dem Sande. Die erste Pflanzenentnahme geschah 15 Tage nach dem Einlegen der Samen. Das erste Blattpaar war zu dieser Zeit völlig entwickelt und hatte die Größe der gewöhnlichen Bohnenblätter. Dieser Zeitraum von 15 Tagen bildete die erste Wachsthumsperiode. Die zweite Periode dauerte bis zum Verblühen der Pflanzen; ihr Zeitraum betrug 45 Tage; vom Einlegen der Samen an gerechnet bis zu Ende der zweiten Periode waren demnach 60 Tage verflossen. Die Zeit bis zur völligen Reife der Samen und dem Absterben der Pflanze, die dritte Periode, umfaßte 68 Tage, die Dauer der gesammten Wachsthumszeit also 128 Tage.

Die Ernteresultate waren folgende:

100 Pflanzen wogen getrocknet in der

I. Periode	II. Periode	III. Periode
37 Gramm	266 Gramm	321 Gramm

100 Samen, woraus sich 100 Pflanzen entwickelten, wogen im trockenen Zustande 72 Gramm.

Es ergiebt sich aus den mitgetheilten Zahlen, daß die anfängliche Entfaltung der jungen Pflanze mit Verlust an organischen Samenbestandtheilen verknüpft ist, daß aber dieser Verlust in der zweiten Periode des Wachsthumes nicht allein gedeckt, sondern überhaupt in dieser Periode die Hauptmasse der organischen Substanz erzeugt wird. Die Gewichtszunahme der hundert Pflanzen an Trockensubstanz, verglichen mit dem Samengewichte, betrug am Ende der zweiten Periode 270 Proc. Man könnte daher die zweite Periode des Pflanzenwachsthums eigentlich die Hauptbildungszeit für die organischen Stoffe nennen. In der dritten Periode nahmen die Pflanzen nur noch um 124 Procent an Masse zu. Allein die Hauptarbeit der Pflanze in dieser Periode ist nicht sowohl auf die Erzeugung organischer Stoffe gerichtet, als vielmehr auf die Anordnung der letzteren zu Samen. Alles Bildungsmaterial, das neugebildete und früher erzeugte wird zu Samen, d. i. zu Anlagen künftiger Pflanzen verwendet und die Mutterpflanze hiedurch erschöpft. Wie ersichtlich diese Erschöpfung und welch' großen Antheil die zweite Wachsthumsperiode an der Erzeugung der Samenbestandtheile hat, ergiebt sich, wenn man die Gewichte der Pflanzenorgane am Ende der zweiten und dritten Periode mit einander vergleicht. Wurzeln, Blätter und Stengel von 100 Pflanzen, getrocknet, wogen am Ende der zweiten Periode 266 Gramm, am Ende der dritten nur mehr 135 Gramm, sie hatten 131 Gramm, also die Hälfte ihrer Trockensubstanz verloren. Diese 131 Gramm erzeugten mit den während der dritten Periode noch gebildeten 95 Gramm organischen Substanzen die geernteten 266 Gramm Samen und Hülsen.

In der zweiten Periode erzeugen sich also nicht allein alle Bestandtheile, welche zur Bildung der Wurzeln, Stengel, Blätter und Blüthen dienen, sondern auch noch $^3/_5$ der Fruchtbestandtheile, und man versteht, wie nöthig der Pflanze in dieser Zeit ein an Nährstoffen reicher Boden ist; oder wie vortheilhaft eine Düngung, selbst am Anfange der zweiten Periode, auf die Vegetation wirken muß.

Vergleicht man die Zunahme der Pflanzen an ihren einzelnen Bestandtheilen, so ergiebt sich, daß die Phosphorsäuremenge am Ende der Vegetation kaum höher war, als die des gepflanzten Samens. Nur um $^1/_{12}$ Gramm, also um $^1/_9$ der Gesammtmenge nahm sie zu. So gering nun auch diese Zunahme war, sie erstreckte sich doch auf die zweite und dritte Periode, ja in der letzten Periode wurde $^1/_3$ des Mehr aufgenommen. Bezüglich des Stickstoffgehaltes in der Pflanze ist anzuführen, daß in der ersten Periode $^2/_3$ des Stickstoffgehaltes des Samens durch den Keimungsact verloren gingen, am Ende der zweiten Periode der Gehalt jedoch schon wieder auf $^5/_6$ der Menge des Samenstickstoffes gestiegen war und am Schlusse der dritten Periode sich derselbe um $^1/_{10}$ erhöht hatte. Hundert Pflanzen enthielten $2^1/_2$ Gramm Stickstoff, hundert Samen etwas über $2^3/_{10}$ Gramm. Es wurde also fortwährend von den Pflanzen Stickstoff, sehr wahrscheinlich in Form von Ammoniak, aus der Luf assimilirt.

Der Boden enthielt nur wenig Phosphorsäure, und die Pflanzen nahmen daher auch nur die oben angegebene geringe Menge auf. Dieser Vermehrung des Phosphorsäuregehaltes entsprach aber eine verhältnißmäßige Mehrung des Stickstoffgehaltes, und es unterliegt wohl keinem Zweifel, daß die Bildung der Eiweißkörper in der Pflanze von der Gegenwart der Phosphorsäure abhängig ist. Schon die früher mitgetheilten Thatsachen (Seite 76) bestätigen dieses Gesetz; aber auch der folgende Versuch, welcher die Wirkung gegebener Phosphorsäure in der dritten Wachsthumsperiode zeigen sollte, kann gleichfalls hiezu dienen.

Würde man am Ende der zweiten Periode die blühenden Bohnenpflanzen aus dem Boden herausgenommen und in reines Wasser gesetzt haben, so wären einfach die damals fertig gebildeten Pflanzenstoffe in Frucht (Hülse und Bohne) umgebildet worden, und man hätte statt 226 Gramm Früchte nur 131 Gramm, also $^2/_5$ weniger geerntet. Wenn man nun dem Boden in der dritten Periode Phosphorsäure und außerdem noch eine auf die Lebensfähigkeit der Blätter wirkende Substanz, z. B. Ammoniak und Salpetersäure, gegeben hätte, würde dann, da ja in der dritten Periode die Pflanze noch Phosphorsäure aufnimmt, eine Vermehrung der stickstoffhaltigen Substanz, und somit der Samen eingetreten sein?

Der unternommene Versuch war folgender: je zehn Bohnenpflanzen wurden nach der Blüthe mit 2 Liter destillirtem Wasser begossen, in welchem 2 Gramm phosphorsaures Ammoniak und etwas Salpeter aufgelöst waren. Als Resultat erhielt man: 100 nicht mit Nährstofflösung begossene Pflanzen lieferten 75 Gramm Samen; 100 Pflanzen dagegen, nach der Blüthe mit Nährstofflösung begossen, ertrugen 385 Gramm Samen.

Es ist gewiß, die Zuführung pflanzlicher Nährstoffe, welche im Stande sind die Bildung der stickstoffhaltigen Pflanzenbestandtheile zu ermöglichen, bringen auch nach der Blüthe dem Boden gegeben, noch eine bedeutende Ertragserhöhung hervor.

Die Aufnahme von Kali begann in der ersten Periode. Die junge Pflanze hatte am Ende dieser Periode schon nahezu die gleiche Menge des bereits im Samen enthaltenen Kali's dem Boden entzogen. In der zweiten Periode wurde die fünffache Menge Kali aufgenommen, welche jedoch in der dritten Periode keine Vermehrung mehr erfuhr. Der bedeutenden Kalimehrung in der Pflanze entsprach eine starke Zunahme an stickstofffreier organischer Substanz. Sie betrug am Ende der zweiten Periode 236 Gramm, das siebenfache von der des gepflanzten Samens. In der dritten Periode, in welcher nur mehr das bereits vorhandene Kali wirkte, bildeten die Pflanzen 56 Gramm stickstofffreie Substanz, also um etwas mehr als in den 100 Samen, woraus die Pflanzen erwuchsen, enthalten war.

Während die stickstoffhaltigen Pflanzenbestandtheile in der ganzen Wachsthumszeit sich fortwährend erzeugen und in einer bestimmten Beziehung zur Phosphorsäure stehen, wird das Kali nur bis zu Ende der zweiten Periode aufgenommen und in diese Periode fällt dann auch vorzugsweise die Bildung der stickstofffreien Pflanzenbestandtheile. Auch hier wird man ein Gesetz formuliren können: Die Bildung der stickstofffreien Pflanzenbestandtheile ist von der Anwesenheit der Alkalien im Pflanzenorganismus abhängig.

Sind die Blätter als die Bildungsstätten „der organischen Stoffe aus anorganischen Boden- und Luftbestandtheilen" anzusehen?

Zur Lösung dieser Frage untersuchte man kräftig vegetirende Blätter in ihren verschiedenen Wachsthumsperioden. Hierbei zeigten die Blätter nur kurze Zeit eine Gewichtszunahme, dann blieb ihr Gewicht bis tief in die dritte Periode ziemlich constant und erst nachher nahmen sie noch einmal bedeutend an Gewicht ab. — Die chemische Zusammensetzung der Blätter, in den verschiedenen Wachsthumsperioden verglichen, ergiebt, daß die jungen Blätter ausnehmend reich an Phosphorsäure und Kali sind, daß ihnen ferner von diesen Stoffen täglich neue Mengen aus dem Boden zugeführt werden, sie aber trotzdem und obgleich ihr Gesammtgewicht kaum abnimmt, am Ende der einzelnen Perioden immer weniger und zuletzt nur mehr geringe Mengen von den genannten Aschenbestandtheilen enthalten. Dieses erklärt sich einfach. Das Kali und die Phosphorsäure gehen mit den unter ihrem Einfluß gebildeten organischen Stoffenreihen aus dem Blatte in die anderen Organe der Pflanze, theils zur Ablagerung und Vergrößerung dieser Organe, theils zur weiteren Metamorphose (siehe später). 100 Bohnenpflanzen nahmen während der zweiten Periode um das neunfache Gewicht der Pflanzen der ersten Periode zu, sie wogen neunmal mehr, als die vollendeten Keimpflanzen; das Gewicht ihrer Blätter war jedoch am Ende der zweiten Periode nur $1^1/_2$mal größer, als das Gewicht der Blätter der ersten Periode. Am Ende der Vegetation war das Blättergewicht der hundert Pflanzen dagegen nicht viel größer, als das Gewicht der Blätter am Ende der ersten Periode, obgleich zuletzt die Blätterzahl zehnmal mehr betrug.

Eine Reihe von Rübenabblattungsversuchen bewies gleichfalls, daß die Blätter wirklich die Bildungsstätten der organischen Stoffe sind. Dieselbe Zahl anfänglich gleich entwickelter und auf gleicher Bodenfläche wachsenden Pflanzen ergaben nach zweimaligem Abblatten, am 28. Juli und 1. August, bei der Ernte am 15. October:

	Ganz-		Halb-		Nichtabgeblattet	
Wurzeln	5 Pfd.	28 Lth.	9 Pfd.	12 Lth.	21 Pfd.	28 Lth.
Blätter	1 „	11 „	3 „	29 „	9 „	1 „

40. Bei den einjährigen Gewächsen erzeugt die Pflanze, während der eigentlichen Wachsthumszeit, nicht allein das zur Vergrößerung der Pflanze dienende Zellbildungsmaterial, sondern sie speichert auch in Wurzeln, Stengel und Blätter, vorzugsweise aber in Wurzeln und Stengel, solches auf, um es in der Periode der Samenbildung zu verwenden. Wurzel,

Stengel und Blätter werden dann zu Gunsten der Samen erschöpft; das Leben der einjährigen Pflanze ist aber mit der Bildung der Anlage zur künftigen Pflanze erschöpft.

In ganz gleicher Weise verläuft der Vegetationsproceß der zweijährigen Gewächse, nur dauert hier die eigentliche Wachsthumszeit, also die zweite Periode, und ebenso die Zeit der Samenbildung ein volles Vegetationsjahr. Die während des ersten Jahres gebildeten und in den überdauernden Organen abgelagerten Zellbildungsstoffe werden erst im zweiten Jahre zur Samenerzeugung verwendet.

Liebig hat, unter Benützung des Anderson'schen Vegetationsversuches mit der Turnipsrübe, den Wachsthumsproceß der zweijährigen Gewächse mit aller Sicherheit festgestellt (Naturgesetze des Feldbaues S. 20, 8te Auflage).

In den ersten 32 Tagen nach dem Einlegen des Rübensamens entfalteten sich die jungen Rübenpflänzchen zu vollendeten Keimpflanzen; ihr Gewicht am Ende dieser Zeit betrug, für den Acre berechnet, 226 Pfunde, oder 219 Pfunde Blätter und 17 Pfunde Wurzeln. Dann erst begann die eigentliche Wachsthumszeit, welche bis zur Ernte der Wurzeln 90 Tage betrug. Diese Wachsthumszeit läßt sich in drei Zeitabschnitte theilen. In dem ersten war die organische Arbeit vorzugsweise auf die Entwicklung der Blätter gerichtet. In 35 Tagen erzeugten sich auf einem Acre 12574 Pfd. Blätter, aber nur 2755 Pfd. Wurzeln, oder täglich: 319 Pfd. Blätter und 78 Pfd. Wurzeln. — In dem zweiten Zeitabschnitte der Wachsthumsperiode hatten die Blätter ihre völlige Ausbildung erreicht; die Hauptarbeit der Pflanze richtete sich auf die Erzeugung und Ablagerung der Reservenahrung für die nächstjährige Entwicklung der Rübe. Die Ablagerung geschah vorzugsweise in der Wurzel. Innerhalb 20 Tagen vermehrte sich das Wurzelgewicht um 11638 Pfd., oder täglich um 582 Pfd.;

das Gewicht der Blätter nahm nur mehr um 6507 Pfd. oder täglich um 325 Pfd. zu. — Im letzten Zeitabschnitte, in den letzten 35 Tagen, dauerte die Bildung der Reservenahrung fort; allein sämmtlich gebildetes Zellbildungsmaterial wurde in den Wurzeln abgelagert. Die Blätter erfuhren nicht allein keine Gewichtsvermehrung mehr, sondern die in dem zweiten Zeitabschnitte der Wachsthumsperiode abgelagerte Reservenahrung wanderte gleichfalls in die Wurzeln. Diese nahmen um 22392 Pfunde, d. i. täglich um 640 Pfd. zu, während die Blätter 19200 Pfd., oder täglich 238 Pfd. organische Masse verloren.

Die Menge der Phosphorsäure und des Kali's, welche in den verschiedenen Zeitabschnitten der Wachsthumsperiode die Rübenpflanzen zur Bildung der organischen Stoffe täglich nöthig hatten, betrugen für den Acre im ersten Zeitabschnitte: 0,9 Pfund Phosphorsäure und 1,5 Pfd. Kali, im zweiten: 1,1 Pfd. Phosphorsäure und 4 Pfd. Kali, im letzten Zeitabschnitte: 1,3 Pfd. Phosphorsäure und 3,5 Pfd. Kali.

Der Phosphorsäurebedarf der Rübenpflanzen bleibt sich also von Anfang bis zu Ende des Wachsthumes ziemlich gleich; der Kalibedarf dagegen nimmt nach dem ersten Zeitabschnitte außerordentlich zu. Es ist nicht zu bezweifeln, die Phosphorsäure muß im Rübenboden, so weit die Rübenwurzeln reichen, sehr gleichförmig vertheilt sein; nur die oberen Schichten des Bodens sollen, wegen der anfänglich geringen Wurzeloberfläche, mehr Phosphorsäure enthalten. Mit dem Kali verhält es sich anders. Die Rübenpflanze muß bei weitem mehr Kali in den tieferen Schichten vorfinden, als in den oberen, soll sie gut gedeihen.

41. Die perennirenden (ausdauernden) Gewächse verwenden immer nur einen Theil der Zellbildungsstoffe, welche sie jährlich erzeugen, zu ihrer Vergrößerung und zur Samenbil-

dung; ein anderer Theil bleibt unverändert; er lagert sich in die dauernden Organe der Pflanze: Wurzelstock, oder Wurzel und Stamm ab und dient im nächsten Jahre zur ersten Entfaltung der Blätter, der neuen Zweige (Stengel) und Wurzeln.

Untersucht man die oberirdischen Theile einer Spargel-Pflanze zur Zeit der Blüthe und zu der der Reife, so findet man in den blühenden Theilen eine erheblich größere Menge von Phosphorsäure und Kali und den unter ihrer Mitwirkung erzeugten Zellbildungsstoffen, als in den völlig ausgereiften, samentragenden Stengeln. — Es ist sicher, eine große Parthie der während des Wachsthumsprocesses der Spargelpflanze gebildeten Stoffe ging in die unterirdischen Theile der Pflanze zurück. Dieses Bildungsmaterial dient aber zur Entfaltung der kräftigeren Pflanze des nächsten Jahres, welche wiederum eine größere Menge Zellbildungsstoffe erzeugt. Nach einigen Jahren ist deren producirte Menge so stark, daß nun ein Theil in Form von jungen Sprossen, ohne erhebliche Schwächung der Spargelpflanze, entfernt werden kann. Jedoch dürfen nicht alle Sprossen entfernt werden, die Pflanze würde hiedurch zu rasch erschöpft sein. Einzelne Sprossen müssen zur Entfaltung kommen, um während des Sommers das Bildungsmaterial für die Sprossen des nächsten Frühjahres zu erzeugen.

Ganz in gleicher Weise verläuft der Wachsthumsproceß der Holzpflanzen; ein Theil des während einer Vegetations-Periode gebildeten Zellbildungsmaterials wird zur Vergrößerung des Baumes, oder zu dieser und der Fruchtbildung verwendet, während der andere Theil, wie angeführt, für das nächste Frühjahr aufbewahrt wird, um dann bei Bildung der jungen Triebe zur Verwendung zu kommen. Aber noch mehr. Die Aschenbestandtheile, welche zur Erzeugung der Zellbildungsstoffe dienten, und in Holz, Rinde u. s. w. übergingen, bleiben im Baume zurück und wirken im nächsten Jahre wieder. Nur diejenigen Aschenbestandtheile, welche die Frucht bilden halfen, und die geringe Menge im Holz- und Laubabfalle, verliert der Baum.

Die Untersuchung der Buchenblätter in den verschiedenen Wachsthumszeiten (Naturgesetze des Feldbauers, 8. Auflage S. 366 und Landw. Versuchsstat. Bd. 6. S. 231) bestätigen das Obige vollkommen.

Verfolgt man das Wachsthum der Blätter einer Buche von der Zeit an, wo die jungen Blätter die Knospenlage verließen, so vermehren dieselben schon nach verhältnißmäßig kurzer Zeit ihre Trockensubstanz nicht mehr; ja am Ende des Monates October verlieren sie noch bedeutend an Gewicht. 1000 Stück gleich großer Blätter wogen im getrockneten Zustande am 16. Mai (I. Periode), vier Tage, nachdem sie die Knospenlage verließen 60 Gramm, am 18. Juli (II. Periode) 116 Gramm, am 15. October (III. Periode) 117 Gramm, am 19. November (IV. Periode) 91 Gramm. Innerhalb der letzten 35 Tage der Vegetationsperiode verloren also die 1000 Stück Blätter noch 21 Proc. ihres Trockengewichtes. — Der Aschengehalt der Blätter nimmt hingegen mit dem fortschreitenden Wachsthume immer mehr zu, allein die Zunahme betrifft blos den Kalk und die Kieselsäure. Die Phosphorsäure und die Alkalien, welche in den jungen Blättern enthalten sind, vermindern sich immer mehr und die am Baum abgestorbenen Blätter enthalten in ihrer Asche nur mehr geringe Mengen davon. 100 Gewichtstheile trockene Blätter gaben Asche: in der ersten Periode 5,76 Proc., in der zweiten 7,57 Proc., in der dritten 10,15 Proc. In 100 Theilen Asche der ersten Periode waren enthalten 30 Proc. Kali und 24 Proc. Phosphorsäure, in derselben Menge Blätterasche der zweiten Periode 11 Proc. Kali und 5 Proc. Phosphorsäure, in der der dritten Periode 5 Proc. Kali und $3^1/_2$ Proc. Phosphorsäure *)

Es ist nicht zu bezweifeln, die Phosphorsäure und die Alkalien gehen mit den Eiweißkörpern und den löslichen Kohlenhydraten, deren Bildung und Umbildung von ihrer Anwesenheit abhängig war und ist, in die überdauernden Theile ꝛc. des Baumes zurück. Die Eiweißkörper und Kohlenhydrate, welche nicht in Frucht und Holz übergegangen, werden offenbar im folgenden Frühjahre zu Neubildungen verwendet, und ebenso dienen die Alkalien und sonstigen Aschenbestandtheile, nach vollendeter Holzbildung, wieder auf's Neue zur Bildung löslicher Kohlenhydrate u. s. w.

Hiernach arbeiten also die Bäume, überhaupt die Holzgewächse, fortwährend mit dem Kapital an Bodenbestandtheilen, welches sie innerhalb der ganzen Dauer ihres Wachsthums in sich ansammelten; nur die Menge, welche in die etwa gebildeten Früchte überging und in den Baumabfällen enthalten ist, muß hievon abgezogen werden.

*) 1000 Pfund, also 10 Centner, am Baume abgestorbene, aber völlig lufttrockene Buchenblätter enthalten im günstigsten Falle bis zu 3 Pfd. Kali und etwa 2 Pfd Phosphorsäure. Diese Blätter sind selbstverständlich ein schlechtes Ersatzmittel für die im Feldbaue entzogenen Boden-Bestandtheile und der Forstwirth kann aus diesem Grunde jede Streunützung, ohne Schaden für die Landwirthschaft verweigern — Aber der Forstwirth hat überhaupt die Erhaltung der Laubabfälle für den Wald möglichst anzustreben. Die abgefallenen Blätter enthalten, wenn auch wenig, immer noch Pflanzennahrung: wirksame Kali- und Phosphorsäure-Verbindungen. Dieser Gehalt befähigt sie, allmählig einen Boden zu bilden, der, nach erfolgtem Umlaufe, den jungen Waldbäumen nicht allein zur Genüge ihre Nahrungsstoffe liefert, sondern auch eine vorzügliche Wurzelentwicklung derselben gestattet. Ferner wirkt das Laub sehr günstig auf die physicalische Beschaffenheit der Waldböden ein, und endlich sind dessen Verwesungsproducte ein kräftiges Aufschließungsmittel, welches nicht wenig das Wirksamwerden der chemisch gebundenen pflanzlichen Nährstoffe des Waldbodens unterstützt. (Zöller.)

Dieses ist in der That eine wichtige Beobachtung. Einmal erklärt sie die Bedeutung des Hochwaldbetriebes, d. i. die möglichst lange Benützung des im Baume angesammelten Bodenkapitals. Anderseits ergiebt sie aber noch: werden junge Blätter dem Baume entzogen, so vermindert sich die in ihm angesammelte Menge der bei Erzeugung der Zellbildungsstoffe so sehr betheiligten Kali- und Phosphorsäure-Verbindungen, und entspricht die Zufuhr aus dem Boden nicht dem durch die Abnahme der Blätter bewirkten Entzuge, so ist der Baum sehr bald erschöpft.

Bei Abnahme junger Blätter, besonders wo dieselbe stetig eine Reihe von Jahren hindurch geschehen soll, sorgt man dafür, ähnlich wie bei der Spargelpflanze, daß im Strauche oder Baume ein gewisses Kapital von Kali und Phosphorsäure, von Bodenstoffen überhaupt, sich aus dem Boden anhäuft.

Der Theestaude z. B. nimmt man erst nach dem vierten Jahre Blätter ab; man läßt im Strauche eine bedeutende Menge Bodenbestandtheile sich ansammeln und entzieht dann erst — entsprechend dem jährlichen Zufluß an wirksamer Pflanzennahrung aus dem Boden und dem bereits angesammelten Capital derselben im Innern der Pflanze, sowie der Zeitdauer, welche der Strauch haben soll — diese Bodenbestandtheile und die durch sie gebildeten organischen Stoffe in Form von Blättern. Sobald die Pflanze an Phosphorsäure und Kali erschöpft ist, reicht die Menge, welche der nur beim Beginne der Cultur gedüngte Boden den Pflanzen bieten kann, nicht mehr aus die gehörige Quantität der Blätter zu erzeugen. Aber auch die Qualität der Blätter verschlechtert sich sehr; denn da das Verhältniß der Nährstoffe nicht mehr das frühere ist, da die Phosphorsäure und das Kali den anderen Nährstoffen gegenüber vermindert sind, so wird die Richtung der organischen Arbeit in der Pflanze eine andere, die Cellulosenbildung ist vorherrschend und die Blätter werden hart und schlecht. Nach wenigen Jahren der Blattabnahme nimmt man deshalb die erschöpften alten Theestauden aus dem Boden, bereitet den letzteren wieder zu, versieht ihn mit Nährstoffen und pflanzt auf's Neue junge Theepflanzen ein. (Handwörterbuch der Chemie von Liebig Wöhler rc. Bd. VIII. S. 632).

Die Bäume, wie die Maulbeerbäume, welche lange Jahre hindurch junge Blätter, und in diesen als Nahrung für die Seidenraupen die gehörige Menge Zellbildungsstoffe, d. i. thierische Nahrung, enthalten sollen, müssen nothwendig gedüngt werden. Geschieht dieses nicht, so sind in längerer oder kürzerer Zeit, je nach der Bodenbeschaffenheit, Bäume und Boden an Phosphorsäure und Kali erschöpft, die gehörige Menge der Zellbildungsstoffe erzeugt sich in den Blättern nicht mehr, und als Futter für die Seidenraupen sind sie dann nicht allein ziemlich werthlos, sondern geradezu schädlich. Die Thiere erhalten die gehörige Menge wirklicher Nahrung nicht, sie werden ungesund und von der bekannten Krankheit befallen (Liebig). — Nach im Münchener pflanzenphysiologischen Institute angestellten Analysen zweier aus Italien eingesandten Sorten von Maulbeerblättern, enthielten die als gute Sorte bezeichneten Maulbeerblätter 22,3 Proc. Eiweißstoffe (im getrockneten Zustande), während die Sorte der schlechten Blätter nur 17,7 Proc. Eiweißstoffe zeigten. Die Raupen mußten also in derselben Zeit: statt 4 Pfund gute Blätter 5 Pfund schlechte verzehren, um in ihren Körper eine gleiche Menge Eiweißsubstanz zu bringen. Das Product der Raupe, die Seide, wird aber aus Eiweißsubstanz gebildet. (Zöller).

42. Die verschiedenen Pflanzen entnehmen einem und demselben Boden sehr verschiedene Quantitäten der Pflanzennahrungsstoffe; die Erbsen bedürfen ein anderes quantitatives

Verhältniß der Nahrungsstoffe, als der Weizen, und doch gedeihen diese Pflanzen in vielen Fällen auf dem gleichen Boden recht gut. Man hat dieser Thatsache, daß verschiedene Pflanzen auf dem gleichen Boden das ihnen zusagende Mengenverhältniß der Nahrungsstoffe aufnehmen können, einen Namen gegeben, nämlich quantitatives Wahlvermögen der Pflanzen (Arendt). Es ist klar, daß das Bedürfniß der Pflanzen ein Hauptmoment der Nahrungsaufnahme ist, und daher Nahrungsbedürfniß und quantitatives Wahlvermögen der Pflanzen vielleicht gleichbedeutend sein dürften.—Im Uebrigen werden auf die Stoffaufnahme der Pflanzen noch verschiedene weitere, freilich bis jetzt bezüglich der Art ihrer Wirkung noch völlig unaufgeklärte Ursachen von wesentlichem Einflusse sein. Solche Ursachen sind z. B. die physicalische und chemische Beschaffenheit der Membranen der die pflanzlichen Aufnahmsorgane bildenden Zellen. Besonders läßt sich ein verschiedenes Aneignungsvermögen der Wurzeln auf die Bodennahrung, bedingt durch die erwähnte verschiedene Beschaffenheit ihrer Membranen, nicht läugnen und Liebig spricht sich in seinen Naturgesetzen des Feldbaues Seite 63 in folgender Weise darüber aus:

„Was die Wurzeln betrifft, so scheinen die gewöhnlichsten Beobachtungen zu beweisen, daß sie ein verschiedenes Aneignungsvermögen für mineralische Nahrung besitzen, was sich in einer ungleichen Anziehung äußert; nicht alle, wenn auch viele, gedeihen gleich gut in jedem Boden, die eine Pflanze in weichem, die andere in hartem oder kalkreichem Wasser, andere nur in Sümpfen, manche auf kohlenstoff- und säurereichen Feldern, wie die Torfpflanzen, andere wieder nur auf solchen, welche reichliche Mengen von alkalischen Erden enthalten. Viele Moose und Flechten wachsen nur auf Steinen, deren Oberfläche sie merklich verändern, andere, wie die Köleria, vermögen dem Kieselsande die spärlich beigemengte Phosphorsäure und das Kali zu entziehen; die Graswurzeln greifen die feldspathartigen Gesteine an, deren Verwitterung dadurch beschleunigt wird. Die Rüben, Esparsette und Luzerne, sowie Eiche und Buche empfangen die Hauptmasse ihrer Nahrung aus dem an Humus armen Untergrunde, während die Halm- und Knollengewächse vorzugsweise in der Ackerkrume und im humusreichen Boden gedeihen; die Wurzeln vieler Schmarotzerpflanzen sind vollkommen unfähig der Erde die ihnen nöthige Nahrung zu entziehen, und es sind die Wurzeln anderer Pflanzen, die dieses thun; wieder andere, wie die Pilze, entwickeln sich nur auf Pflanzen und Thierüberresten, deren stickstoffhaltigen und stickstofffreien Bestandtheile sie zu ihrem Aufbaue verwenden.

Diese Thatsachen in ihrer richtigen Bedeutung erkannt, scheinen jeden Zweifel über die ungleiche Wirkung der Wurzeln der Pflanzen auf den Boden zu beseitigen, sowie wir denn wissen, daß das gemeine Lycopodium und Farnkraut Thonerde aufnehmen, die wir aber in der Form, in welcher sie in jeder fruchtbaren Erde vorkömmt, nicht als löslich in reinem und kohlensaurem Wasser kennen, und welche in keiner andern Pflanze nachgewiesen werden kann, die neben dem Lycopodium auf dem nemlichen Boden wächst."

Nachstehend ist noch in Kürze der Schulz-Fleeth'schen Hypothese: über den Vorgang der Nahrungsaufnahme durch die Pflanzen gedacht.

Gestützt auf die bekannten Diffusionsversuche, welche beweisen, daß verschieden concentrirte Salzlösungen, welche durch eine permeable Membran (für Lösungen durchgangsfähige Haut) getrennt sind, ihre Concentration ausgleichen, ferner, daß im Falle ein gelöster Stoff in der von der Membran umschlossenen Flüssigkeit unlöslich wird, also gewissermassen aus der

Lösung verschwindet, und die die Membran umgebende äußere Flüssigkeit enthält diesen Stoff, er dann so lange durch die Membran eintritt, bis innere und äußere Flüssigkeit wieder gleichviel von dem Stoffe enthalten, oder daß, wird der Stoff fortwährend unlöslich, auch immer wieder neue Mengen desselben von Außen eintreten und sich stets innerhalb und außerhalb das Gleichgewicht herzustellen strebt, — auf diese Versuche gestützt, stellte Schulz-Fleeth seine Hypothese auf und dachte sich dem besprochenen Diffusionsvorgange ähnlich, auch die Stoffaufnahme durch die Pflanzen. Indem die wachsende Pflanze die Nährstoffe aufnehmen muß, welche ihr Wachsthum bedingen, geschieht das fortwährende Eindringen derselben dadurch, daß sie gleichsam im pflanzlichen Lebensprocesse verschwinden, — durch denselben unlöslich werden, oder in unlösliche Verbindungen übergehen u. s. f. —; die die pflanzlichen Aufnahmsorgane umgebenden Medien enthalten ja die verschwundenen Nährstoffe und ihr Gehalt sucht sich daher mit dem der Zellflüssigkeit auszugleichen, es erfolgt ihr Eintreten in die Pflanze.

Man sieht, Schulz-Fleeth schloß nur nach Analogie; allein er brachte keinen Beweis bei, daß der Vorgang der Stoffaufnahme durch die Pflanzen entsprechend geschehe. Vor Allem nahm Schulz-Fleeth nicht die mindeste Rücksicht auf die chemische und physikalische Beschaffenheit der Zellmembranen, einer Beschaffenheit, die im höchsten Grade die Stoff-Aufnahme und Abgabe beherrscht und die es erklärt, warum manche Stoffe der umgebenden Medien überhaupt nicht in die Pflanzen eindringen, oder warum bestimmte Körper sich nur in gewissen Zellen oder Zellparthien finden und daselbst ansammeln. Um nur ein Beispiel anzuführen, wie ungleich schon allein sich die beiden Zellmembranen bezüglich des Durchtritts verschiedener Stoffe verhalten, sei auf die Diffusionsversuche

Nägeli's mit der lebendigen Pflanzenzelle hingedeutet, welche beweisen, daß gewisse Farbstoffe, Salze u. s. w. wohl durch die Cellulosenmembran hindurchtreten können, nicht aber durch die Eiweißmembran (den Primordialschlauch) der lebendigen Zelle. — Ferner hat Schulz-Fleeth so gut wie keine Rücksicht auf die Beantwortung der Frage genommen, in welcher Weise denn das Verschwinden der von Außen in den Pflanzenorganismus aufgenommenen Nährstoffe vor sich gehe, beziehungsweise: in welche unlösliche und schwerlösliche Verbindungen ꝛc. dieselben umgewandelt werden. — Zuletzt kommt noch die, freilich erst in die neuere Zeit fallende Erkenntniß, daß das Absorptionsvermögen der Ackererde für die Pflanzennahrungsstoffe eine allgemeine Eigenschaft des Bodens überhaupt sei und jedem Acker zukomme. Dem Absorptionsvermögen gegenüber, erscheint aber die Schulz-Fleeth'sche Hypothese, wenigstens in der Form wie sie ausgesprochen wurde, als völlig unzulässig, denn nur in den seltensten Fällen wird z. B. eine Lösung der absorptionsfähigen Nährstoffe im Boden vorhanden sein.

So unvollkommen, und gegenwärtig geradezu verwerflich, die Schulz-Fleeth'sche Hypothese auch ist, wurde sie doch von Dr. Schuhmacher auf's Neue erfunden und durch einen Zusatz (s. dessen Buch über Diffusion) erweitert, der sie, wo möglich, noch viel unanwendbarer zur Erklärung des Vorganges der Nahrungsaufnahme durch die Pflanzenwurzel gemacht haben würde.

Es ist selbstverständlich und ergibt sich aus den mitgetheilten Diffusionsversuchen, daß wenn in der von der Membran umschlossenen Flüssigkeit irgend ein diffusionsfähiger Körper gelöst ist und die die Haut umgebende äußere Flüssigkeit enthält denselben nicht, er so lange austritt, bis die innere und äußere Flüßigkeit gleichviel davon enthalten. Gleichwie nun Schulz-Fleeth die aus den Diffusionsversuchen fließende Thatsache des Eintrittes in der obenangegebenen Weise für die Pflanzen verwerthete, so in ähnlicher Weise Schuhmacher die Thatsache des Austrittes. Er folgert: findet sich in der die Pflanzenwurzeln umgebenden Bodenfeuchtigkeit, dem Fluß- oder Meereswasser irgend ein Stoff nicht vor, welcher diffusionsfähig in der Land- oder Wasserpflanze enthalten ist, so muß dieser so lange austreten, bis die äußere, die Pflanze umgebende Flüßigkeit, gerade soviel enthält, als die Zellflüssigkeit. Zum Glück ist alles dieses nur Schuhmacher'sche Phantasie und stimmt nicht mit den Thatsachen; wäre es Wirklichkeit: keine Pflanze würde mehr gedeihen.

Man denke sich nur das Wachsthum einer Meerespflanze, überhaupt einer Pflanze, die ihre diffusionsfähigen organischen Zellbildungsstoffe fortwährend mit dem keine Zellbildungsstoffe enthaltenden Meereswasser oder der Bodenfeuchtigkeit ausgleichen müsse! — In Wahrheit äußerte auch Schuhmacher seine Ansicht nur, um die Liebig'sche Lehre „der unmittelbaren Aufnahme der absorbirten Pflanzennahrungsstoffe von den feuchten Bodenpartikelchen durch die Wurzel" anzugreifen, was er denn auch, freilich in der unglücklichsten Weise, that.

Während Liebig die Bedeutung des Absorptionsvermögens der Ackererde nachwies (vgl. S. 26 u. ff.), während er zahlreiche Beweise für die Richtigkeit seiner Lehre beibrachte (S. 29) und zum Schlusse kam: „die Pflanzen nehmen aus den ihre Nahrungsstoffe enthaltenden Lösungen Nahrung auf, wenn die Lösungen mit den Wurzeln in Berührung sind; die Wurzeln der Landpflanzen sind aber nur in sehr seltenen Fällen mit Nährstofflösungen in Berührung, denn diese können wegen der Absorptionsfähigkeit des Bodens nicht bestehen, es sei denn, daß der Boden mit Nährstoffen gesättigt wäre; die Wurzeln der Landpflanzen werden also ihre Nahrung unmittelbar den Bodenpartikelchen entziehen, aber nicht etwa, weil die Landpflanzen aus Lösungen keine Nahrung aufnehmen könnten, sondern weil die Bodenfeuchtigkeit überhaupt die absorptionsfähigen Pflanznahrungsstoffe nicht enthält.“ Während also Liebig seine Lehre auf das Beste stützte, kommt Schuhmacher und sagt: „die Landpflanzen können überhaupt nichts aufnehmen, wenn nicht eine die sämmtlichen Nährstoffe enthaltende Lösung im Boden sich befindet.“ Denn angenommen in der Bodenfeuchtigkeit findet sich keiner der absorptionsfähigen Pflanzennahrungsstoffe, so müßten ja, nach Schuhmacher, die durch die Pflanzenwurzel unmittelbar von den Bodentheilchen löslich gemachten und aufgenommenen Nährstoffe sofort zur Ausgleichung des Gehaltes zwischen Zellflüssigkeit und Bodenfeuchtigkeit theilweise wiederaustreten; der ausgetretene Theil würde aber sogleich absorbirt werden, es müßten neue Mengen austreten, und sich auf diese Weise das Spiel wiederholen, bis keiner der aufgenommenen Stoffe mehr in der Wurzel enthalten wäre. — Alle bekannten Thatsachen: die Aufnahme, Ansammlung und Vertheilung der Nährstoffe in den Pflanzen, die Vertheilung und Wanderung der gebildeten organischen Stoffe, die Löslichkeitsverhältnisse der Bestandtheile des Pflanzenkörpers u. s. w., stehen nicht mit dieser Ansicht im Einklange, ja selbst die Versuche in wässerigen Lösungen widersprechen ihr geradezu. Es ist klar, daß nach dieser Ansicht nie eine Lösung an Pflanzennahrungsstoffen durch die Wurzeln erschöpft werden könnte, und dieses um so weniger, wenn die Nährstoffe lösliche Verbindungen im Pflanzenorganismus bildeten; es müßte immer eine verdünnte Lösung außerhalb der Wurzeln übrig bleiben. Nun haben aber die Knop'schen Versuche ergeben, daß eine Maispflanze während vier Perioden — so oft sie Phosphorsäure erhielt — jedesmal einer sehr verdünnten wässerigen Lösung alle Phosphorsäure entzog und keine Spur zurückließ; dieselben Resultate erhielten Birner u. A. — Die Maispflanze enthält aber in ihren Säften eine erhebliche Quantität löslicher Phosphate!*)

Es ist zweifellos, die bekannte durch die Diffusionsversuche gefundene Thatsache: der Concentrations- und Stoffausgleichung von durch eine permeable Membran getrennten Lösungen, kann vorerst nicht in der Weise verwerthet werden, wie es durch Schulz-Fleeth und Schuhmacher geschah. Der Vorgang der Nahrungsaufnahme der Pflanzen ist eine sehr zusammengesetzte Erscheinung, die nicht durch bedeutungslose Vermuthungen oder einen Analogieschluß, wohl aber durch Versuche aufgeklärt werden kann.**)

*) Dr. Schuhmacher hat auch die bekannte Mulder'sche Ansicht über den Vorgang der Absorption der Pflanzennahrungsstoffe durch die Ackererde — wie man weiß liegt ihr die Way'sche Ansicht zu Grunde — adoptirt. Zur Würdigung dieser Ansicht verweisen wir auf S. 21 u. ff., besonders aber auch auf die neuen Versuche Liebigs über diesen Gegenstand, 8. Aufl. der Naturgesetze des Feldbaues S. 415.

**) Vgl. auch Zöller, Landw. Versuchsstationen Bd. V S. 40 und Bd. VI S. 45.

II. Abschnitt.

Düngerlehre.

1. Der Dünger ist ein Pflanzennahrungsmittel. Diese zutreffende Liebig'sche Definition stützt sich einerseits auf die Zusammensetzung des Düngers: er enthält die Pflanzennahrungsstoffe; anderseits auf seine Verwendung im Feldbaubetrieb: er dient als Ersatzmittel der durch die Ernte dem Boden entzogenen Bestandtheile.

Neben dieser Hauptwirkung können manche Düngerarten noch Nebenwirkungen äußern. So verstärken einzelne Düngemittel, ganz abgesehen von ihrem Gehalte an Pflanzennahrungsstoffen, die Wirkung des Pfluges und der Egge, sie sind gleichsam Bodenbearbeitungsmittel, andere liefern durch ihren Gehalt an sich zersetzenden organischen Substanzen „Wärme", wieder andere wirken auf die physicalischen Eigenschaften des Bodens.

Alle diese Nebenwirkungen stehen aber mit dem Ertrags-Vermögen der Felder in inniger Beziehung, und da die Düngung eine Ertragssteigerung bewirken, oder die frühere Ertrags-Fähigkeit der Felder wiederherstellen soll, da ferner eine Anzahl von Stoffen, die keine pflanzlichen Nährstoffe enthalten, dem Boden gegeben, gleichfalls genannte Nebenwirkungen hervorzurufen im Stande sind, so faßte man den Begriff des Düngers weiter und nannte alle Stoffe Dünger, welche dem Felde zugeführt, dessen Ertrag vermehren.

Nach dieser Erweiterung des Düngerbegriffes, wäre also das Zuführen z. B. von reinem Quarzsande zu einem an Nahrungsstoffen reichen, schweren Thonboden eine Düngung, der Quarzsand selbst ein Dünger. Der Thonboden wird ja durch Zuführung des Sandes gelockert, die auf ihm wachsenden Pflanzen können in Folge des verbesserten physicalischen Bodenzustandes mehr Wurzeln bilden und deßhalb in derselben Zeit auch mehr Nahrung aus dem Boden aufnehmen. Der Erfolg wird eine Ertragssteigerung sein, und die Zuzählung des Sandes zu den Düngemitteln erscheine nach dem so eben Erwähnten gerechtfertigt.

In der That ist es daher dringend geboten, um jeder Begriffsverwirrung vorzubeugen, zwischen bloßen Bodenverbesserungsmitteln, zu welchen auch die Bodenbearbeitung und die Drainirung gerechnet werden müssen, und Düngemitteln zu unterscheiden.

Den wesentlichen Zweck, welchen ein Düngemittel zu erfüllen hat, ist die Erhaltung oder die Erhöhung der Feldfruchtbarkeit; ein Bodenverbesserungsmittel steht dagegen nur mit dem Ertrag in einer gewissen Beziehung. Die Begriffe Fruchtbarkeit und Ertrag, müssen daher gesondert werden, wenn die Unterscheidung zwischen Bodenverbesserungsmittel und Düngemittel gelingen soll.

2. Die **Fruchtbarkeit**, d. i. die Ernährungsfähigkeit eines Feldes, ist bedingt durch den Gehalt seines Bodens an allen Pflanzennahrungsstoffen. — Die chemische Bodenanalyse ist das Mittel, um Aufschluß über die Feldfruchtbarkeit zu geben. Je mehr es gelingt von einem Acker eine gute Durchschnittsprobe zu erhalten, desto bestimmter kann sich die chemische Analyse über die Fruchtbarkeit des Ackers aussprechen. Allein

es wird nicht gelingen, durch die chemische Bodenanalyse allein die Frage über die Ertragsfähigkeit der Felder zu lösen.

Der Ertrag eines Feldes ist bedingt durch die Menge der Pflanzennahrungsstoffe, welche während der Vegetationszeit in den auf einer bestimmten Fläche wachsenden Pflanzen zur Wirkung kommen. Das Wirksamwerden der Nährstoffe im Pflanzenorganismus, demzufolge auch der Ertrag hängt aber ab:

1) von der Menge und dem richtigen Verhältnisse der aufnahmsfähigen Pflanzennahrungsstoffe, welche jedes kleinste Theilchen der Ackererde enthält, mit welchem die Wurzeln in Berührung kommen;
2) von der Anzahl der Wurzeln und der Größe ihrer aufsaugenden Oberfläche;
3) von den klimatischen Verhältnissen;
4) von den physicalischen Bodeneigenschaften.

Mit dem Namen physicalische Bodeneigenschaften bezeichnet man einen Zustand des Bodens, welcher abhängig ist von dessen Mischung (mechanischer und chemischer) und der im Zusammenhange steht mit dem Gedeihen der Pflanzen. Mechanische Bearbeitung des Bodens, Zuführung gewisser organischer (z. B. Humus) und unorganischer Stoffe (z. B. Mergel) und Entwässerung dienen hauptsächlich zur Hervorrufung des geeigneten Bodenzustandes.*)

*) Liebig illustrirt auf eine vortreffliche Weise (Grundsätze der Agricultur-Chemie S. 16) die Ansicht, nach welcher die Wirksamkeit des Düngers vorzugsweise oder allein darin bestehen soll: die physikalischen Kräfte des Bodens zu steigern. Der Ausdruck „physikalische Kräfte", bemerkt Liebig, macht eine Antwort auf die erwähnte Ansicht schwierig, weil man nicht weiß, was sich verschiedene Personen unter physikalischen Kräften des Bodens vorstellen, oder was sie damit meinen. Die Theile, woraus die Ackerkrume besteht, besitzen eine Menge Eigenschaften und darunter auch physikalische, womit man diejenigen bezeichnet, die wir

Der Zustand des Bodens ist aber kein Pflanzennahrungsmittel, der Boden erzeugt durch denselben keine Pflanzenmasse; seine Wirkung erstreckt sich hauptsächlich nach folgenden Richtungen:

a) ein passender Bodenzustand vermindert die Widerstände

---

mit unseren Sinnen wahrnehmen, wie Farbe, Dichtigkeit, Porosität, festen oder lockeren Zusammenhang rc. rc. Zu den anderen Eigenschaften der Ackerkrume, welche man mit den Sinnen nicht wahrnimmt, gehören die chemischen Eigenschaften, worunter man die Eigenschaften versteht, welche die chemische Verbindung oder Zersetzung begleiten. Der Mangel oder das Vorhandensein der physikalischen Eigenschaften hindert oder befördert die Aeußerung der chemischen Eigenschaften, oder die Vorgänge der chemischen Verbindung und Zersetzung; aber an und für sich bringen sie keine Wirkungen hervor. Unter Ernährung einer Pflanze versteht man die Massenzunahme in allen ihren Theilen. Zunahme an Masse ist Gewichtsvermehrung, welche nur durch Aufnahme von wägbaren Theilen statthaben kann. Ein Körper trägt zur Ernährnng einer Pflanze bei, heißt, er trägt, indem er zu einem Bestandtheil eines Organs oder der Organe wird, durch seine Masse dazu bei, daß das Gewicht der Pflanze zunimmt. Man sieht leicht, daß die physikalischen Eigenschaften der Materie an sich an der Ernährung keinen directen Antheil haben: ein Boden kann von der besten physikalischen Beschaffenheit und dennoch ganz unfruchtbar sein; um ernährungsfähig zu sein, muß er Materien von gewissen chemischen Eigenschaften enthalten und seine physikalischen Eigenschaften müssen gestatten, daß die chemischen sich äußern können. Wenn der Boden durch seinen Zusammenhang den Wurzeln eine Verbreitung nicht gestattet, so kann die Wurzel nicht zu der Materie gelangen, die sie zur Ernährung braucht; wenn er dem Wasser keinen Zutritt gestattet, so können die ernährenden Materien nicht von der Wurzel aufgenommen werden. Ein Stück Fleisch besitzt, wie Jedermann weiß, ernährende Eigenschaften, aber es ernährt nicht durch seine physikalischen Eigenschaften, Farbe, Härte der Faser, Zusammenhang, sondern weil seine eigenen Theile fähig sind, zu Theilen des lebendigen Körpers zu werden. Wenn man ein Stück Fleisch auf den Leib legt, so bringt es keine Wirkungen hervor, es muß durchaus in dem Magen flüssig werden und in den Kreislauf übergehen.

welche sich der Wurzel beim Aufsuchen ihrer Nahrung entgegenstellen;

b) die Vertheilung der Nährstoffe, sowie die Absorptions-Fähigkeit für dieselben, stehen damit in Beziehung;

c) der gehörige Bodenzustand unterstützt die allgemeinen Existenzbedingungen der Pflanzen; er ist ein Correctiv des Klimas.

Das ganze Streben der praktischen Landwirthschaft bezieht sich auf die Erhaltung und Erhöhung der Ernährungsfähigkeit (Fruchtbarkeit) und auf die Verbesserung des Zustandes ihres Bodens. Die Erhaltung und Erhöhung der Fruchtbarkeit des Bodens geschieht durch gehörige Zufuhr der Pflanzennahrungs-Stoffe, diese sind aber in den Düngemitteln enthalten; die Verbesserung des Bodenzustandes erfolgt durch die Bodenverbesserungsmittel.

Es ist einzusehen, ein Düngemittel kann gleichzeitig ein sehr zweckmäßiges Bodenverbesserungsmittel sein, z. B. der Mist, und ein Bodenverbesserungsmittel enthält oft wichtige Pflanzennahrungsstoffe, z. B. der Mergel. Aber trotzdem müssen im Interesse der gehörigen Ersatzleistung die beiden Begriffe: Dünger und Bodenverbesserungsmittel strenge gesondert werden.

3. Man unterscheidet zwischen vollkommenen und einseitigen Düngemitteln. Ein vollkommenes Düngemittel, wie z. B. der Stallmist, enthält sämmtliche Pflanzennahrungsstoffe, die einseitigen Düngemittel hingegen, wie Knochenmehl, Guano, Ammoniaksalze, Chilisalpeter u. s. f., bestehen nur aus einzelnen Pflanzennahrungsstoffen.

Es geschah früher, daß man die einseitigen Düngemittel unter sich sowohl, als auch mit den vollkommenen Düngemitteln verglich. Einen solchen Vergleich betrachtet man jetzt als überwundenen Standpunct. In der That, fällt es eben keinem

Landwirthe ein, dem der Aequivalentbegriff nur einigermassen klar ist, zu sagen: 100 Pfund schwefelsaures Ammoniak sind 90 Centnern Stallmist äquivalent, oder 100 Pfund Chilisalpeter haben den ökonomischen Werth von 8000 Pfund Stallmist oder von 130 Pfund Guano.

Durch die Zuführung der gehörigen Menge eines vollkommenen Düngemittels und bei einer der Zusammensetzung des Düngemittels entsprechenden Wechselwirthschaft, tritt keine Bodenerschöpfung ein, während, auch bei noch so reichlicher Gabe des einseitigen Düngemittels und beim besten Culturystem, das Feld schließlich erschöpft wird (vgl. übrigens den III. Abschnitt: Erschöpfung und Ersatz).

4. **Der Zweck des Düngens ist also strenge genommen die Erhaltung der Fruchtbarkeit der Felder durch einen Ersatz der Bodenbestandtheile, der im Verhältniß zum Entzuge steht.** Dieser Ersatz geschieht vor Allem in den Excrementen der Thiere und Menschen.

Um eine richtige Vorstellung über die Wirkungsweise und Zusammensetzung der Excremente zu gewinnen, ist es nöthig, einen Blick auf den Haushalt des thierischen Lebens zu werfen.

Thier- und Pflanzenkörper sind qualitativ aus denselben Bestandtheilen zusammengesetzt. Alle Bestandtheile des Thierkörpers stammen aber, unmitttelbar oder mittelbar, aus dem Pflanzenreiche. Die Pflanzenfresser verzehren die organischen Bestandtheile, welche in den Futtermitteln ihnen dargeboten werden; die Fleischfresser nähren sich von dem aus Pflanzenstoffen entstandenen Fleische der Pflanzenfresser.

Die Nahrungsaufnahme der Thiere bedingt die Fortdauer ihres Lebens. Die Nahrung wird im Thierorganismus verwendet zur Vergrößerung und Ausbildung der Organe des Thieres (Wachsthum, Mästung), sowie zur Unterhaltung der Functionen der Organe; letztere, die Functionen nemlich, sind in der Hauptsache Bewegungserscheinungen, welche sich in Leistung innerer und äußerer Arbeit und in Erzeugung von Wärme kund thun.

Ein Thier, welches nicht mehr wächst (dessen Organe also völlig ausgebildet sind), oder nicht gemästet wird (das seine Masse nicht vermehrt), bedarf die Nahrung einzig und allein zur Unterhaltung der Functionen seines Körpers und wird daher, entsprechend der zu leistenden inneren und äußeren Arbeit, sowie nach Maaß der dem lebendigen Organismus eigenthümlichen und nöthigen Wärme, Nahrung zu sich nehmen. Indem die Nahrungsmittel — es ist für unsere Darstellung gleichgültig, ob die Nahrungsmittel vor ihrer Umsetzung zuvor geformte Bestandtheile des Thierkörpers waren oder nicht — sich im thierischen Organismus umsetzen und durch den Einfluß des eingeathmeten Sauerstoffes verändert werden, geschieht das Freiwerden derjenigen Kraft, durch welche die näheren Bestandtheile der Nahrungsmittel zusammengehalten waren. Diese Kraft dient aber den Bewegungserscheinungen, sie tritt auf als Wärme.

Sobald die Nahrungsmittel der Kraft nnd Wärmeerzeugung im Körper gedient haben, d. h. so bald sie unter dem Einflusse des Sauerstoffes zersetzt sind, verlassen ihre Zersetzungsproducte durch Haut und Lunge, durch Nieren und Darmkanal wieder den Organismus. — Der Kohlenstoff der umgesetzten Nahrungsmittel tritt als Kohlensäure, der Wasserstoff als Wasser, der Stickstoff in der Hauptsache als Harnstoff aus.

Aller Stickstoff der Nahrungsmittel wird durch Harn und Fäces entleert, ebenso die unorganischen Bestandtheile (die Aschenbestandtheile) der Nahrung. Die löslichen Aschenbestandtheile enthält hiebei der Harn, die unlöslichen sind Bestandtheile der festen Excremente, der Fäces. Bei den Fleischfressern bestehen die Excremente fast nur aus den anorganischen Bestandtheilen der genossenen Nahrung; so hinterlassen die getrockneten Excremente des Hundes, der Hundekoth, beim Verbrennen zwischen 85—90 Procent Asche. Die Excremente der Grasfresser hingegen, enthalten neben den Mineralbestandtheilen auch noch die unverdaulichen Reste der genossenen Nahrung: Holzfaser, Chlorophyll, Wachs, Pectinstoffe u. s. f.

5. Die festen und flüssigen Excremente (Fäces und Harn) der Thiere enthalten also nicht allein den gesammten Stickstoffgehalt der Speisen, sondern auch deren Asche. Die Fäces enthalten die im Wasser unlöslichen Aschenbestandtheile, der Harn die löslichen. Kennt man daher den Aschengehalt der Speisen des Thieres, sowie die Art und Menge der die Futterasche bildenden Bestandtheile, so läßt sich mit Leichtigkeit zum Voraus bestimmen, welche Aschenbestandtheile und in welcher Menge sie entweder der Harn oder die Fäces enthalten.

Die unverbrennlichen Bestandtheile, das sind aber die Aschenbestandtheile, des Brodes, Fleisches, der Samen, Wurzeln, Knollen, Kräuter und Früchte sind in allen diesen Nahrungsmitteln, wie schon erwähnt, von einerlei Natur und Beschaffenheit, aber in sehr ungleichen Verhältnissen vorhanden; sie lassen sich leicht an ihren Eigenschaften unterscheiden.

Die Alkalien (Kali und Natron) sind für sich und in Verbindung mit Phosphorsäure, Schwefelsäure und Kohlensäure leicht im Wasser löslich.

Die alkalischen Erden (Kalk und Magnesia) sind in ihren neutralen Verbindungen mit Phosphorsäure und Kohlensäure im Wasser nicht löslich.

Die kohlensauren alkalischen Erden lösen sich hingegen in Wasser, welches freie Kohlensäure, die phosphorsauren Erden in Wasser, welches freie Phosphorsäure, überhaupt eine freie Säure enthält.

Die eben genannten Stoffe sind die nie fehlenden Bestandtheile der Asche der Speisen des Menschen oder des Futters der Thiere. *Phosphorsäure*, die *Alkalien* und die *alkalischen Erden* (nebst *Eisenoxyd* und *Kieselsäure*) sind als solche vor der Verbrennung vorhanden. *Schwefelsäure* und *Kohlensäure* sind Producte der Verbrennung des Schwefels und Kohlenstoffes. Wenn wir uns diese Asche mit Wasser in Berührung gebracht denken, so findet eine Theilung der Aschenbestandtheile statt, die löslichen werden vom Wasser aufgenommen, die darin nicht löslichen bleiben im Rückstande.

Enthält die Asche Phosphorsäure und Schwefelsäure (und Kieselsäure) in einem solchen Verhältnisse, daß sie zusammen ausreichen, um die vorhandenen Alkalien und alkalischen Erden zu neutralisiren, so erhalten wir:

in Lösung		*im Rückstande* (ungelöst):	
Phosphorsäure	Kali	Phosphorsäure	Kalk
(Schwefelsäure)	Natron	(Kieselsäure)	Bitterde
			Eisenoxyd.

Reichen die vorhandenen alkalischen Erden allein hin, um alle Phosphorsäure in der Asche zu binden, fehlt es also an Phosphorsäure, um mit den Alkalien eine Verbindung einzugehen, so bleibt alle Phosphorsäure im Rückstande und man erhält alsdann:

in dem Wasser gelöst:		*im Rückstande:*	
Kohlensäure	Kali	Phosphorsäure	Kalk
(Schwefelsäure)	Natron,	(Kohlensäure)	Bittererde
		(Kieselsäure)	Eisenoxyd.

Im lebendigen Körper geschieht nun beim Umsatze der Nahrung ganz die soeben geschilderte Theilung der unverbrennlichen Bestandtheile in einen löslichen und unlöslichen Theil. Der Harn des Fleisch, Brod u. s. w. verzehrenden Menschen enthält Phosphorsäure und schwefelsaure Alkalien, der Harn der Pflanzenfresser hingegen keine Spur von Phosphorsäure; diese Säure findet sich vollständig in den Excrementen.*)

6. Die auf Seite 167 stehenden Analysen geben näheren Aufschluß über die Natur der Mineralbestandtheile der Excremente der Menschen und verschiedener Thiere. Es ist nach dem Vorhergehenden einzusehen, daß das Mengenverhältniß der einzelnen Aschenbestandtheile in den Excrementen je nach der Art und Menge der genossenen Nahrung wechseln muß, und daß deshalb die angeführten Analysen nur die Zusammensetzung der Excremente bei der erwähnten Nahrungsdarreichung ausdrücken.

I und VII Analysen der Asche menschlicher Excremente nach Porter**); I Analyse der Fäces, VII Analyse des Harns. Die genossene Nahrung bestand aus Brod, Fleisch und Kartoffeln, das Getränk war hartes (kalkhaltiges) Wasser.

II, III, IV, V, VIII, IX, X, XI, XII, Analysen der Excremente von Pflanzenfressern. Die Analysen II bis V sind von Porter***), VIII bis XI von Bibra†) ausgeführt; erstere beziehen sich auf die Fäces von Thieren, welche das gewöhnliche Winterfutter erhielten: II Aschenanalyse der Fäces von Schweinen, III von Kühen, IV von Schafen, V von Pferden. VIII bis XII sind Aschenanalysen des Harns. VII Aschenanalyse des Harns von Schweinen, ihre Kost war die gewöhnliche, IX von Ochsen (mit Klee und wenig Heu ernährte Arbeitsochsen), X von mit schlechtem Heu gefütterten Ziegen und XI von Arbeitspferden, welche trockenes Futter, Heu und Hafer erhielten. VI Analyse des Hundekoth nach Bohl.

*) Vergl. Liebig, chemische Briefe, Bd. II S. 103.

**) Annalen der Chemie und Pharmacie Bd. LXXI S. 169.

***) Ebendaselbst Bd. LXV S. 85.

†) Ebendaselbst Bd. LIII S. 98.

In 100 Theilen der Excremente sind enthalten:

	Fäces						Harn				
	I Mensch	II Schwein	III Kuh	IV Schaf	V Pferd	VI Hund	VII Mensch*)	VIII Schwein	IX Ochs	X Ziege	XI Pferd
Wasser	—	77,13	82,45	56,47	77,25	—	96,0	98,19	91,70	98,2	89,9
Feste Theile	—	22,87	17,55	43,55	22,75	—	4,0	1,81	8,30	1,8	10,1
Asche in 100 festen Theilen	6,7	37,17	15,23	13,36	13,36	85,85	17,5	53,43	33,26	51,11	41,1
100 Theile Asche enthalten:											
Kali	6,10	3,60	2,91	8,32	10,30	0,35	13,64	7,74	59,90	Spur	34,91
Natron	5,07	3,44	0,98	3,28	1,98	0,48	1,33	13,48	—	41,92	6,03
Chlornatrium	4,33	0,89	0,23	0,14	0,03	0,09	67,26	53,10	0,30	14,70	6,27
Magnesia	10,54	2,24	11,47	5,45	3,84	0,11	1,34	4,75	3,30	3,32	5,40
Kalk	26,46	2,03	5,70	18,15	4,63	50,14	1,15		0,60	Spur	12,20
Eisenoxyd	2,50	5,46	4,73	2,01	1,45	0,01	Spur	Spur	Spur	—	Spur
Phosphorsäure	36,03	5,20	8,93	9,49	9,51	40,14	11,21	12,57	—	—	—
Schwefelsäure	3,13	0,90	1,77	2,69	1,83	—	4,06	4,00	6,74	14,08	5,60
Kieselsäure	—	13,19	62,54	50,11	62,40	Spur	—	Spur	0,35	—	0,55
Kohlensäure	5,07	0,60	—	Spur	—	8,68	—	4,36	28,85	25,98	0,55
Sand	—	61,37	—	—	—	—	—	—	—	—	—

*) Nur die Aschenzusammensetzung nach Porter; die oberen drei Zahlen sind Mittelwerthe aus einer großen Anzahl Harn-Analysen berechnet.

7. Wird der Seite 164 aufgestellte Grundsatz festgehalten, daß die anorganischen Bestandtheile der Thierexcremente nichts anderes als Pflanzenaschen sind, so bedarf es eigentlich keiner Analyse mehr. Diese Analysen werden jedesmal zu anderen Resultaten führen, wenn andere Nahrung genossen wurde. In jedem einzelnen Falle können wir aus dem Gewichte dieser Nahrung und der bekannten Zusammensetzung ihrer Asche mit der größten Schärfe auf die Menge und Zusammensetzung des anorganischen Theiles der Excremente schließen.

Aus der mitgetheilten Definition der Thierexcremente fließt aber eine wichtige Folgerung. Führen wir in den Thierexcrementen den kommenden Pflanzengenerationen die Asche der vorhergegangenen zu, so müssen die Excremente eines Thieres derjenigen Pflanze die naturgemäßeste Nahrung gewähren, welche dem Thiere zur Speise gedient hat. (Liebig Agriculturchemie, 8 Aufl. Bd. I. S. 239.)

Im Kothe der Schweine, welche mit Erbsen und Kartoffeln gefüttert wurden, haben wir das geeignetste Mittel, einer neuen Erbsen- und Kartoffelernte die nöthigen Bestandtheile zu liefern. Ebenso werden die Mineralbestandtheile der Excremente des Rindviehes, des Kaninchens, der Taube, die von dem Heu und den Rüben, von der Gemüsepflanze, von den Körnerfrüchten stammen, welche die Thiere gefressen haben, den Boden am besten zu einem Anbaue von Rüben, Gemüsepflanzen und Körnerfrüchte vorbereiten. Der Menschenkoth wird das geeignetste Düngemittel für alle Samenfrüchte abgeben.

Von größter Wichtigkeit ist es daher, die Auswurfstoffe der Menschen und Thiere zu sammeln und nichts verloren gehen zu lassen; sie enthalten ja, wie dargethan, die Bedingungen der Feldfruchtbarkeit.

8. Unsere Felder erhalten die thierischen Excremente fast immer in theilweise zersetztem Zustande und nicht in reiner Form.

Vor ihrer Verwendung beim landwirthschaftlichen Betriebe erleiden sie in den meisten Fällen einen Gährungsprozeß, durch welchen die leicht zersetzbaren stickstoffhaltigen Bestandtheile in Ammoniak verwandelt werden, ein Theil des Kohlenstoffs als Kohlensäure weggeht, und aus diesem Grunde die Mineralbestandtheile nun concentrirter und in löslicheren Verbindungen darin enthalten sind.

Die Excremente werden ferner nicht in reinem Zustande auf die Felder gebracht, sie sind, wie z. B. der Abtrittdünger, vermischt mit den Abfallstoffen der Haushaltungen, oder bei dem Stallmiste mit den verwendeten Streumaterialien, beim flüssigen Dünger und der Mistjauche mit Wasser, beim Composte mit Erde. Den menschlichen Excrementen setzt man absichtlich Torfklein, Kalk u. s. w. zu, um sie in eine leicht transportable Form, in die feste nemlich, überzuführen und bezeichnet sie dann mit dem Namen „Poudrette".

9. Unter Stallmist, auch schlechtweg „Mist" oder „Hofdünger" genannt, verstehen wir also die festen und flüssigen Ausleerungen unserer Hausthiere, vermischt mit den Streumaterialien und in einem mehr (verrotteter Mist) oder minder (frischer und halbverrotteter Mist) zersetzten Zustande.

Ueber die Zusammensetzung des Mistes besitzen wir zahlreiche Analysen; besonders aber sind die von Völker umfassend und genau. Völker untersuchte nicht allein frischen Mist, sondern auch Hofdünger in seinen verschiedenen Zersetzungsstadien, wobei die Zersetzung unter günstigen und ungünstigen Umständen stattgefunden hatte. Die S. 170 stehenden Analysen geben ein Bild der Zusammensetzung von frischem und gutverrottetem Stalldünger. Der Stalldünger selbst war ein Gemisch von Kuh-, Pferde- und Schweinedünger.

Tabelle I.

Stallmist-Analysen von Völker.

(Journ. Agrc. Soc. Engl. T. XVII p. 191. u. T XVIII p. 111.)

	Frisch		Verrottet	
	Im natürlichen Zustand	Getrocknet	Im natürlichen Zustande	Getrocknet
Wasser	66,17	—	75,42	
Lösliche organische Substanz*)	2,48	7,33	3,71	15,09
Lösliche Mineralbestandtheile:				
Lösliche Kieselsäure	0,237	0,703	0,254	1,035
Phosphorsaurer Kalk	0,299	0,884	0,382	1,554
Kalk	0,006	0,185	0,117	0,476
Magnesia	0,011	0,033	0,047	0,193
Kali	0,573	1,695	0,446	1,816
Natron	0,051	0,153	0,023	0,140
Chlornatrium	0,030	0,089	0,037	0,151
Schwefelsäure	0,055	0,035	0,058	0,235
Kohlensäure u. Verlust	0,218	0,773	0,106	0,380
	—— 1,54	—— 4,55	—— 0,47	—— 5,98
Unlösliche organische Substanz**)	25,76	76,15	12,82	52,15
Unlösliche Mineral-Bestandtheile:				
Lösliche Kieselsäure	0,964	2,865	1,424	0,457
Unlösliche Kieselsäure	0,561	1,659	1,010	4,11
Eisenoxyd und Thonerde***)	0,596	0,404	0,947	3,85
Kalk	1,120	3,335	1,667	6,78
Magnesia	0,143	0,424	0,091	0,37
Kali	0,099	0,294	0,045	0,18
Natron	0,019	0,677	0,038	0,15
Schwefelsäure	0,061	0,210	0,063	0,29
Kohlensäure u. Verlust	0,484	0,722	1,295	5,26
	—— 4,05	—— 11,97	—— 6,58	—— 26,78
	100,00	100,00	100,00	100,00
*) Enthält Stickstoff	0,149	0,44	0,290	1,21
**) " "	0,494	1,46	0,309	1,26
***) Enthält Phosphorsäure	0,178	0,528	0,274	1,11
Freies Ammoniak	0,348	0,10	0,046	0,189
Ammoniaksalze	0,880	0,26	0,057	0,052

Die auf den folgenden Seiten tabellarisch zusammengestellten Bestimmungen drücken die Veränderungen aus, welche der Stalldünger beim Liegen unter verschiedenen Umständen erfährt.

Beim Studium dieser Veränderungen wurde frischer Stalldünger in drei Portionen getheilt und jede genau gewogen. Die eine Portion des frischen Stalldüngers (I) breitete Völker an einer Mauer aus und ließ Wind und Wetter darauf einwirken, eine andere Portion (II) wurde ebenfalls ausgebreitet, aber durch Ueberdachung geschützt; die Ausbreitung der dritten Portion (III) geschah wie solches in den englischen Viehhöfen üblich ist. Zu diesen drei Portionen frischen Düngers kam noch eine vierte Portion von verrottetem Dünger (IV). Sie war gleichfalls ausgebreitet, aber gegen Wetter geschützt.

Die einzelnen Düngerportionen blieben unter den angeführten Umständen über ein Jahr liegen. Während dieser Zeit wurden die einzelnen Portionen mehrere Male gewogen und gleichzeitig Proben zur Untersuchung genommen. Die Tabellen geben die Zeit an, wann dieses jedesmal geschah, und ebenso die Resultate der vorgenommenen Wägung und Untersuchung. Zur umfassenden chemischen Analyse — die Resultate derselben enthält die Tabelle III auf Seite 174 — nahm Völker von I, II und IV am 14. Februar Proben; der Dünger I und II hatte zu dieser Zeit 3 Monate und 11 Tage, der Dünger IV 2 Monate und 9 Tage gelegen. Der Dünger III war dazumal so mit Schnee bedeckt, daß keine Durchschnittsprobe genommen werden konnte, seine Analyse geschah erst nach sechsmonatlichem Liegen.

Veränderungen des Stallmistes beim Liegen desselben.

Tabelle II. a.

	I				II			
	Nov 3 1854 Pfd.	Apr. 30 1855 Pfd.	Apr. 23 1855 Pfd.	Nov. 15 1855 Pfd.	Nov. 3 1854 Pfd.	Apr. 30 1855 Pfd.	Apr. 23 1855 Pfd.	Nv. 15 1855 Pfd.
Gesammtgewicht des Düngers	2838	2026	1994	1974	3258	1613	1297	1235
Wassergehalt	1877,9	1336,1	1505,5	1446,5	2156	917,6	563,2	514,5
Trockensubstanz	960,1	689,9	488,7	507,5	1102	695,4	733,8	720,5
Lösliche organische Substanz	70,38	86,51	58,83	54,04	80,77	74,68	53,56	66,28
Lösliche Mineralstoffe	43,71	57,87	39,16	36,87	50,14	54,51	39,55	54,68
Unlösliche organische Substanz **)	731,07	389,74	243,22	214,91	839,17	410,24	337,32	341,97
Unlösliche Mineralstoffe	114,94	155,77	147,49	201,65	131,92	155,97	303,37	257,57
*) Enthielt Stickstoff	4,22	6,07	3,76	3,65	4,38	4,38	3,46	5,26
**) Enthielt Stickstoff	14,01	12,07	9,38	9,38	16,08	14,85	13,08	13,54
Freies Ammoniak	0,96	0,15	0,20	0,20	1,10	0,88	0,19	0,23
Ammoniaksalze	2,49	1,71	0,75	0,75	2,86	1,62	1,33	1,80
Gesammtmenge der organischen Substanz	801,45	376,24	302,05	268,76	919,94	484,92	390,88	408,25
Gesammtmenge der Mineralstoffe	158,15	213,65	186,65	238,54	182,06	210,48	342,92	312,35

Veränderungen des Stallmistes beim Liegen desselben.

Tabelle II. b.

	III				IV			
	Nov. 3 1854 Pfd.	Apr. 30 1855 Pfd.	Apr. 23 1855 Pfd.	Nov. 15 1855 Pfd.	Dez. 5 1854 Pfd.	Apr. 30 1855 Pfd.	Apr. 23 1855 Pfd.	Nov. 15 1855 Pfd.
Gesammtgewicht des Düngers	1652	1429	1012	950	1613	1186	1023	1003
Wassergehalt	1093	1143	709,3	622,8	1216,5	818	739,1	737,7
Trockensubstanz	559	285,5	302,7	327,2	396,5	368	283,9	285,3
Lösliche organische Substanz *)	40,97	16,55	4,96	3,95	59,83	26,16	15,35	11,38
Lösliche Mineralstoffe	25,43	14,41	6,47	5,52	23,71	19,90	11,24	10,47
Unlösliche organische Substanz **)	425,67	163,79	106,81	94,45	206,77	187,97	127,47	123,79
Unlösliche Mineralstoffe	66,93	90,75	184,46	223,28	106,19	133,97	129,84	139,66
*) Enthielt Stickstoff	3,28	1,19	0,60	0,32	4,79	1,73	0,90	0,92
**) Enthielt Stickstoff	6,21	6,51	3,54	3,56	4,99	8,99	4,99	5,65
Freies Ammoniak	0,55	0,14	0,13	0,05	0,74	0,06	0,13	0,03
Ammoniaksalze	1,45	0,62	0,55	0,28	0,92	0,50	0,40	0,29
Gesammtmenge der organischen Substanz	466,64	180,34	111,77	98,40	266,60	214,13	142,82	135,17
Gesammtmenge der Mineralstoffe	92,36	105,16	190,93	228,80	129,90	153,87	141,08	150,13

Tabelle III **Veränderungen des Stallmistes beim Liegen desselben.**

100 Theile des bei 100° C. getrockneten Düngers enthielten:	I[1])		II[1])		III[1])		IV[1])	
Lösliche organische Substanz *)		1279		8,04		5,80		10,34
Lösliche Mineralstoffe:								
Lösliche Kieselsäure	0,924		0,733		1,05		0,564	
Phosphorsaurer Kalk	0,985		1,013		1,07		0,493	
Kalk	0,160		0,171		0,02		0,067	
Magnesia	0,065		0,013		0,04		0,068	
Kali	3,632		2,068		1,82		3,680	
Natron	0,621		0,578		0,18		0,321	
Chlornatrium	0,351		0,179		0,02		0,194	
Schwefelsäure	0,532		0,366		0,20		0,278	
Kohlensäure und Verlust	2,570		1,353		0,65		2,225	
	——	9,84	——	6,48	——	5,05	——	7,89
Unlösliche organische Substanz **)		61,12		62,60		57,37		55,13
Unlösliche Mineralstoffe:								
Lösliche Kieselsäure	2,364		3,294		4,78		4,24	
Unlösliche Kieselsäure	2,844		5,800		5,51		5,91	
Eisenoxyd und Thonerde ***)	2,689		3,477		3,11		1,41	
Kalk	4,281		5,722		9,83		7,65	
Magnesia	0,037		0,240		0,41		0,08	
Kali	0,422		0,613		0,27		0,45	
Natron	0,166		0,116		0,06		0,06	
Schwefelsäure	0,329		0,302		0,33		0,38	
Kohlensäure und Verlust	3,066		2,316		7,48		6,46	
		16,25		22,28		31,78		26,64
		100,00		100,00		100,00		100,00
*) Enthielt Stickstoff	0,31		0,53		0,42		0,57	
**) „ „	1,55		1,77		2,28		2,35	
***) „ Phosphorsäure	0,53		0,91		0,89		0,24	
Freies Ammoniak	0,62		0,67		0,05		0,57	
Ammoniaksalze	0,21		1,65		0,22		0,18	

[1]) I enthielt = 69,83 Procent, II = 67,32 Proc., III = 80,02 Proc. und IV = 73,9 Proc. Wasser.

Nach den Analysen (Tabelle I) enthält der frische Stalldünger in 100 Pfunden: 66 Pfd. Wasser, 0,315 Pfd. (= 10 Loth) Phosphorsäure, 0,672 Pfd. (= 22 Loth) Kali und 0,343 Pfund (= 11 Loth) Stickstoff. Der vollkommen verrottete Stalldünger enthält in derselben Gewichtsmenge: 75 Pfd. Wasser, 0,449 Pfd. (= 14 Loth) Phosphorsäure, 0,491 Pfd. (= 16 Loth) Kali und 0,606 Pfd. (= 19½ Loth) Stickstoff. Die gleichen Gewichte von frischem und verrottetem Stalldünger unterscheiden sich also, bezüglich ihres Gehaltes an wirksamen Pflanzennahrungsstoffen, wesentlich von einander. Obgleich der verrottete Stalldünger einen höheren Wassergehalt zeigt, als der frische, so enthält er doch, diesem gegenüber fast die doppelte Menge Stickstoff und um ⅓ mehr Phosphorsäure. Nur im Kaligehalte übertrifft der frische Stalldünger den verrotteten.

Aber es kommt bei einem Dünger nicht allein auf seinen Gesammtgehalt an Pflanzennahrungsstoffen, sondern auch auf den Grad der Löslichkeit der letzteren an.*) Je leichter die

*) Bei Werthschätzung der käuflichen Düngemittel ist folgendes zu bemerken. Von dem in kleinster Menge im Boden enthaltenen pflanzlichen Nahrungsstoff ist der Ertrag abhängig (vgl. Seite 41). Die Phosphorsäure ist aber, wenigstens in den weitaus meisten Fällen, der in geringster Menge im Felde vorkommende Nahrungsstoff der Pflanzen, und der Landwirth hat daher für ihren Ersatz vorzugsweise zu sorgen. Der Phosphorsäure folgt bezüglich der Menge des Vorkommens das Kali; jedoch bleibt dieses zum größten Theile bei dem Stallmiste des Gutes; nur bei intensivem Rüben-, Kartoffel-, Hopfen-, Wein- und Tabakbau verliert der Boden eine so große Menge davon, daß, werden die Ernten vom Gute entfernt, der Kali-Zukauf von derselben Wichtigkeit ist, wie der der Phosphorsäure. Die übrigen Pflanzennahrungsstoffe haben zwar für den Landwirth immer einen Werth und er muß beim Feldbaubetriebe für deren Ersatz auf natürlichem oder künstlichem Wege ebenfalls stets Sorge tragen, allein ihr Werth in den käuflichen Düngemitteln ist, gegenüber der Häufigkeit und Mächtigkeit ihres natür-

Pflanzennahrungsstoffe im Wasser löslich sind, desto schneller werden sie in den Pflanzen wirksam, und in dem Maaße rascher setzt der Landwirth sein Düngerkapital um. — Nun

lichen Vorkommens, überhaupt nur ein sehr geringer. — Bezüglich des assimilirbaren Stickstoffes, den man früher als Werthmesser der käuflichen Düngemittel benützte, ist zu bemerken: obgleich die Luft und die Ackererde den assimilirbaren Stickstoff in ausreichender Menge für alle Zwecke der Kultur enthalten, und daher strenge genommen eine künstliche Zufuhr von Seiten des Landwirthes nicht geboten erscheint (s. sp.), so eignen sich die verschiedenen Pflanzen, wegen der geringen Oberfläche ihrer aufsaugenden Organe und daher besonders in ihrer Jugend, den assimilirbaren Stickstoff nicht mit gleicher Leichtigkeit aus den Medien an, die ihn nur sehr verdünnt enthalten; da es ferner erwiesen ist, Salpetersäure- und Ammoniakverbindungen, das sind die assimilirbaren Stickstoffverbindungen, wirken noch besonders auf die Entfaltung der pflanzlichen Aufnahmsorgane, so ist aus diesen Gründen eine Zufuhr von assimilirbaren Stickstoffen für manche Pflanzen, wie Zuckerrüben, Taback, Getreide u. s. f., in der ersten Periode ihrer Entwicklung — also bis ihre Aufnahmsorgane die gehörige Größe erlangt haben, um, entsprechend ihrem Wachsthume, ausreichende Mengen des natürlich vorkommenden assimilirbaren Stickstoffes verdichten und aufnehmen zu könneu — äußerst nützlich. Hiezu ist aber eine Menge ausreichend — nach den vorhandenen praktischen Erfahrungen —, welche $^1/_6$ bis höchstens $^1/_3$ der in den Düngemitteln enthaltenen löslichen Phosphorsäure ausmacht; ja selbst diese Menge Stickstoff in den käuflichen Düngemitteln ist für alle jene Landwirthe unnöthig, welche Stallmistwirthschaft treiben; durch den Stallmist, der auf ihrem Gute abfällt, können sie in genügender Menge ihren Feldern den assimilirbaren Stickstoff zuführen; für sie ist nur Zukauf von löslicher Phosphorsäure und Kali geboten. — Die käuflichen Düngemittel müssen also Phosphorsäure und Stickstoff in einem richtigen Verhältnisse zeigen; sie müssen ferner diese Stoffe, sowie das Kali in leicht löslichen Verbindungen enthalten, denn hievon hängt die Raschheit ihrer Wirkung ab. Durch die Menge, das Verhältniß und die Löslichkeit der in einem käuflichen Düngemittel enthaltenen Phosphorsäure, des Kali's und Stickstoffes ist also der Werth des Düngemittels bestimmt. — Man hat in neuerer Zeit zur Berechnung des Geldwerthes der käuflichen Düngemittel, gestützt auf die Preise der Rohprodukte und der Her-

enthalten 100 Pfd. frischer Stallmist 0,137 Pfd. (= 4½ Loth) lösliche Phosphorsäure, 100 Pfd. verotteter Stalldünger aber 0,176 Pfd., also beinahe 6 Loth; ebenso enthalten 100 Pfd. frischer Mist nur 0,149 Pfd. (beinahe 5 Loth) löslichen Stickstoff, während dieselbe Menge verrotteter Mist einen Gehalt von 0,297 Pfd. oder 9½ Loth löslichen Stickstoff zeigt. Mit dem Kali verhält es sich anders. Der verrottete Stallmist enthält in 100 Pfund nur 14 Loth lösliches Kali, während beim frischen Mist auf 100 Pfd. = 18 Loth lösliches Kali treffen.

Aus diesen Ergebnissen könnte man, falls sich frischer und verrotteter Stallmist immer in gleicher Weise verhielten, eine praktische Folgerung ziehen, nämlich: für Knollengewächse nur frischen Stallmist, für die Getreidepflanzen vorzugsweise verrotteten Stallmist zur Düngung zu verwenden.

Die Tabelle II, a und b, sowie die Tabelle III geben die Veränderungen an, welche der frische Mist beim Verrotten unter verschiedenen Umständen erleidet. Im Allgemeinen ergiebt sich aus den Tabellen, daß der frische Stallmist beim Liegen fortwährend an organischer Substanz, und damit an

---

stellungs- und Aufschließungs (Löslichmachungs)-Kosten, den Preis von 1 Pfund löslicher Phosphorsäure im Superphosphat zu 16 Kreuzer von 1 Pfd. Phosphorsäure im gedämpften und feinstem Knochenmehl zu 9 kr., von 1 Pfund Kali zu 6 kr. und von 1 Pfund Stickstoff, wenn er im richtigen (angegebenen) Verhältnisse zur Phosphorsäure steht zu 22 kr. festgesetzt. Jeder Landwirth kann sich nach diesen Angaben den Handelswerth der käuflichen Düngemittel leicht berechnen, indem der Kalk, die Magnesia 2c. in unreiner Form, wie sie in den Düngemitteln vorkommen, nur einen geringen Handelswerth besitzen, und die Schwefelsäure im Superphosphat schon bei der Preisbestimmung der löslichen Phosphorsäure in Ansatz kam.

Stickstoff und Ammoniak verliert, daß er aber relativ stets reicher an den Aschenbestandtheilen wird. Im Ganzen genommen ist jedoch das Verhältniß zwischen löslichen und unlöslichen Aschenbestandtheilen in frischem Stalldünger günstiger als in verrottetem; nur einzelne Aschenbestandtheile, wie Phosphorsäure und Kieselsäure, sind beim Verrotten in erhöhtem Maaße löslich geworden.

Werden z. B. die Veränderungen verfolgt, welche der Mist beim Verrotten unter gewöhnlichen Umständen erleidet (Tabelle II, Nr. 3), so enthielten

100 Pfund Stallmist am

	3. Nov. 54.	30. April 55.	23. Aug. 55.	15. Nov. 55.
Lösl. organ. Substanz	2,48	1,16	0,49	0,42
Unlösl. „ „	25,77	11,46	10,55	9,94
Freies Ammoniak	0,033	0,01	0,013	0,005
Ammoniaksalze	0,088	0,043	0,054	0,030
Lösl. Mineralbestandth.	1,54	1,01	0,64	0,58
Unlösl. „	4,05	6,35	18,23	23,50

Der Verlust des frischen Stallmistes betrug aber beim Liegen vom 3. Nov. 1864 bis zum 30. April 1865 = 14 Procent, bis zum 23. Aug. = 39 Procent, bis zum 15. Nov. = 42½ Proc.; oder um 100 Pfund Mist vom 30. April, oder 100 Pfund vom 23. August, oder endlich 100 Pfund vom 15. Nov. zu bilden, dazu mußten 115 Pfund, oder 163 Pfd. oder endlich 174 Pfd. frischer Mist verrotten.

6. Bei dem landwirthschaftlichen Betriebe geschieht es sehr häufig, daß die als Dünger abfallenden thierischen Excremente — in den nicht bedeckten Miststätten und unter Mitwirkung des Regenwassers -- sich in einen festen Theil, den Hofdünger, und in einen flüssigen Theil, die Mistjauche, scheiden. Die Mistjauche enthält demnach vorzugsweise die löslichen Bestandtheile des Stallmistes.

Die nachstehenden Analysen geben ein Bild der Zusammensetzung der Mistjauche*).

I. Analyse der Asche von Mistjauche nach Eggar (Jahresbericht von Liebig und Kopp 1849 Seite 659). 1 Litre der verwendeten Mistjauche hinterließ beim Trocknen bei 100° C. = 17,23 Grm. feste Bestandtheile. Diese bestanden aus 11,56 Grm. Asche und 5,69 Grm. flüchtigen Bestandtheilen. Außerdem enthielt 1 Liter Jauche 5,08 Grm. Ammoniak. — In die Jauchenbehälter mündeten die Ausflüsse der Ställe.

II. Analyse der Mistjauche nach Zöller. Der Jauchenbehälter stand mit dem Stalle und der Miststätte in Verbindung. In 1 Liter Jauche waren 3,825 Gramm Ammoniak enthalten.

	I. 100 Thl. Asche der Mistjauche enthielten	II. 1 Liter Mistjauche enthielt
Kali	43,47	2,421
Kalk	2,61	0,121
Magnesia	1,17	0,408
Eisenoxyd	1,73	0,022
Schwefelsäure	12,97	0,353
Kieselsäure	1,01	0,126
Kohlensäure	12,32	—
Phosphorsäure	1,10	0,102
Chlorkalium	4,28	0,616
Chlornatrium	18,75	1,751
Sand	0,44	—

Eine rationelle Behandlung des Stalldüngers fordert jedoch, daß seiner Scheidung in einen festen und flüssigen Theil vorgebeugt wird. Man erreicht dieses, daß die festen Theile des

*) Liebig's Agriculturchemie, Aufl. 8, Band I S. 430.

Düngers stets mit Jauche feucht erhalten werden; hiedurch tritt aber der doppelte Vortheil ein, einmal den Zersetzungsprozeß des Düngers gleichsam leiten zu können, und für's zweite die Vorbeugung der erwähnten Scheidung, indem das überschüssige Wasser fortwährend verdampft; durch Zusatz von Gyps*) kann außerdem einer Verflüchtigung des Ammoniak vorgebeugt werden. — Oder auch, man benutzt als Boden der Miststätte eine gehörig dicke Lage von Substanzen (Erde, Torfklein ꝛc.), welche für die Pflanzennahrungsstoffe starke Absorptionskraft haben, und mischt dann den Dünger und die mit Pflanzennahrung gesättigte Unterlage, oder bringt doch beide zusammen auf die Felder**).

*) Der Gyps ist schwefelsaurer Kalk; er verwandelt das flüchtige kohlensaure Ammoniak in schwefelsaures Ammoniak, welches unter gewöhnlichen Umständen fix, d. i. nicht flüchtig ist.

**) Liebig sagt über die Anwendbarkeit des Torfes zu angeführtem Zwecke in seinen Naturgesetzen des Feldbaues S. 152 Folgendes: „wenn der Boden einer Miststätte aus einer 1 Meter hohen Schicht lockeren Torfes besteht, so hat man bei einer Grundfläche von je 10 Metern Länge und Breite 100 Kubikmeter Torf, durch welche man alle Jauche versickern lassen kann, ohne daß man in Sorge zu sein braucht, auch nur den kleinsten Theil der wirksamern Bestandtheile der Jauche zu verlieren. Der Torf kann gleich dem Miste gebraucht und muß, wie sich von selbst versteht, jährlich erneuert werden. Auf Felder, die nicht beackert werden, wie Wiesen, wirkt Jauche natürlich rascher." Der in der Umgebung Münchens vorkommende Torf absorbirt in Pulvergestalt, und zwar lufttrocken pro Kilogramm (= 2 Zollpfunde): 4 Gramm Phosphorsäure, 13 Gramm Ammoniak und 24 Gramm Kali. — Nach den Seite 170 mitgetheilten Analysen enthalten 100 Kilogr. gut verrotteter Stalldünger 449 Gramm Phosphorsäure, 491 Gramm Kali und 606 Gramm Stickstoff, oder diese ganze Menge Stickstoff im Stallmiste schon als Ammoniak angenommen, was thatsächlich nicht der Fall ist, 736 Gramm Ammoniak; 100 Kilogr. Torf absorbiren aber 400 Gramm Phosphorsäure, 1300 Gramm Ammoniak und 2400 Gramm Kali. Demnach enthält dasselbe Gewicht mit Pflanzennahrungsstoffen gesättigten Torfkleins die gleiche Menge Phosphorsäure wie verrotteter Stallmist, aber die doppelte Menge Ammoniak und die 4fache Menge Kali.

7. Wir haben bemerkt, daß die Excremente der nicht mehr wachsenden oder an Gewicht zunehmenden Thiere den ganzen Stickstoffgehalt der genossenen Speisen, sowie sämmtliche Aschen-

---

Jedoch nicht allein zur Unterlage in den Miststätten kann das Torfklein verwendet werden, sondern bei der Düngerbereitung und Aufsammlung der wichtigsten Düngerbestandtheile überhaupt. Die Wichtigkeit des pulverförmigen Torfes zur Compostbereitung, zur Einstreu in den Ställen — das Torfklein saugt mit Leichtigkeit sein gleiches Gewicht Flüssigkeit auf —, ja selbst bei Nutzbarmachung der Städteexcremente ist, seinen beschriebenen Eigenschaften zufolge, leicht einzusehen. Besonders in letzterer Beziehung, bei Aufsammlung der Kloakenstoffe, dürfte das Torfklein eine wesentliche Hülfe abgeben. Die Nährstoffe, welche in den flüssigen Ausleerungen enthalten sind, würden von ihm absorbirt werden; die riechenden Stoffe ebenfalls.

Wir berühren hier mit einigen Worten die Kloakenfrage; denn die Entfernung der in den Städten sich ergebenden Excremente und ihre Nutzbarmachung sind in sanitätlicher und landwirthschaftlicher Beziehung hochwichtige, und deßhalb vielfach besprochene Fragen. Leider harren sie noch immer der praktischen Lösung und in Wahrheit sucht man auch letztere erst in allerneuester Zeit anzustreben.

Vor allem scheint es, daß die Hausbesitzer — sei es nun durch Bezahlung der Excremente oder durch gehörige polizeiliche Vorschriften — dahin gebracht werden müssen, den Abtritten eine Einrichtung zu geben, welche es ermöglicht, die Auswurfsstoffe ohne Verlust zu sammeln und bequem auszuführen, und sie ferner dafür sorgen, daß das so übliche Hineinschütten von Küchenwasser, Kehrigt u. s. w. in die Abtritte unterbleibt. Die Methoden selbst, welche zur Entfernung der Kloakenstoffe angewendet werden, müssen nicht allein eine vollkommene Gewinnung der Excremente und leichte Transportfähigkeit ermöglichen, sondern auch den sanitätlichen Anforderungen entsprechen. — Wir erwähnen hier drei von verschiedener Seite empfohlene Methoden.

Die eine Methode der Grubenreinigung ist die vielfach in Frankreich und Belgien, auch in Leipzig angewandte Le Sage'sche; sie ermöglicht durch Anwendung eines Systems von Saug- und Druckpumpen und luftdicht verschlossenen Fässern eine geruchlose Räumung der Aborte, läßt aber im Uebrigen die das ganze Jahr hindurch wirkenden schädlichen Grubeneinflüsse unverändert fortbestehen.

bestandtheile derselben enthalten. Es ist deßhalb leicht begreiflich, daß ein Landwirth, die Menge der wirksamen Düngerbestandtheile viel leichter angeben kann, wenn er von der Menge

---

Prof. Ranke von München, sagt in einem vortrefflichen Artikel (Agronomische Zeitung 1865), daß die Le Sage'sche Methode immerhin höchst beachtenswerth sei, denn wenn sie auch die schädlichen Grubeneinflüsse vor und nach der Räumung nicht beseitige, so verhüte sie doch wenigstens die ein- oder zweimal jedes Jahr wiederkehrende widerliche Steigerung des Gestankes, wie sie die Grubenräumung nach der früheren Weise unfehlbar mit sich führe.

In Turin ist man gegenwärtig damit beschäftigt, das Prinzip, welches der Methode Le Sage zu Grunde liegt, in viel großartigerer Weise anzuwenden. Es wird nämlich dort in einiger Entfernung vor der Stadt ein großes Bassin gebaut. Von diesem Bassin aus führen starke Rohre nach den Hauptstrassen, mit Verzweigungen in die Nebenstraßen, so daß dadurch ein von der Luft vollständig abgeschlossenes Kanal-System entsteht, welches durch bewegliche, luftdicht schließende Röhren mit den Senkgruben jedes Hauses in Verbindung gesetzt werden kann. Binnen wenigen Minuten kann man dann mittelst des luftleeren Raumes, der in den Saugröhren des Bassins erzeugt wird, allen Unrath aus mehreren Häusern ohne Geruch und ohne Anwendung von Wägen, folglich auch ohne ein anderes Geräusch, als dasjenige, welche das Oeffnen und Schließen der Hähne mit sich bringt, herausziehen und bis zu einer hinreichenden Entfernung von der Stadt fortschaffen. Hier können dann die Stoffe im Interesse der Landwirthschaft nach Belieben verwendet werden. — Diese Einrichtung bietet ohne Zweifel wesentliche Vortheile, aber auch sie hilft nicht radikal, wenn dabei, was freilich nicht nöthig erscheint, die Gruben in der alten Weise fortbestehen. (Vgl. Ranke a. O.)

Die zweite Verfahrungsart rührt von Mosselmann in Paris her. Sie will nicht allein Desinfections-Methode sein, sondern auch die Excremente in einen wirksamen, leicht transportablen Dünger verwandeln. Die erste Aufgabe, die der Desinfection, erfüllt sie auch vollkommen, denn das Product, welches durch sie erhalten wird, ist fast geruchlos; in sanitätlicher Beziehung ist daher die Methode vortrefflich. Für landwirthschaftliche Zwecke scheint sie jedoch weniger geeignet. Das Verfahren Mosselmanns, durch welches ein festes, fast geruchloses Produkt erzielt wird, besteht nemlich darin, daß dem Abtrittdünger ungefähr das gleiche Volumen gebrannter

und Zusammensetzung der von den Thieren genossenen Futterstoffe und von der Quantität und Qualität der Einstreu ausgeht, als wenn er eine kleine Probe des Düngers der chemischen

Kalk zugesetzt wird, durch dessen Ablöschen und Uebergehen in Kalkhydrat (d. i. eine feste Verbindung zwischen Wasser und Kalk) ein großer Theil des Wassers theils in chemische Bindung tritt, theils verdunstet. — Die solid gewordene Mischung stellt bohnenförmige Körner und größere Knollen dar, die aus lose zusammenhängenden Partikelchen bestehen. Dem Producte gab man den Namen „chaux animalisée." Eine Probe dieses Düngerkalkes, von Mosselmann selbst eingesandt, wurde im Laboratium des Münchener pflanzenphysiologischen Instituts von M. v. Neumayer untersucht. Nach seiner Analyse enthalten 100 Pfd. Düngerkalk (Zollpfunde) 1 Pfd. 13 Loth Kali und 7 Pfd. 26 Loth Kochsalz, ferner 22½ Loth Phosphorsäure, 31 Loth Stickstoff und 29½ Pfd. Kalk. Vergleicht man die durch die Analyse im chaux animalisée gefundenen Mengen von Kali, Phosphorsäure und Stickstoff mit der Menge dieser Bestandtheile, welche im mittlern Stallmiste enthalten ist, so entspricht ein Zentner Mosselmann'scher Düngerkalk etwa zwei Zentnern Stallmist. — Zu diesem verhältnißmäßig geringen Gehalte an wichtigen Pflanzennahrungsstoffen kommt aber noch das Folgende.

Im Vorhergehenden wurde erwähnt, daß ein Düngemittel ein Ersatzmittel für die dem Boden in den Ernten entzogenen Bodenbestandtheilen ist; daß es aber auch noch nebenbei — als Bodenverbesserungsmittel — den Ertrag steigernde Wirkungen hervorzubringen im Stande sei. Solche Wirkungen übt nun auch der Düngerkalk durch seinen hohen Gehalt an Kalk. Er schließt die chemisch gebundenen, also zur Zeit noch unwirksamen Bodenbestandtheile auf und macht, daß sie löslich und in kürzerer Zeit wirksam werden. Der Erfolg sind aber höhere Ernten. Wenn nun der Landwirth diese höheren Ernten auf Rechnung seines durch den Kalkgehalt des verwendeten Düngers wirksam gewordenen Bodenkapitals setzt, so weiß er auch, daß er entsprechend Ersatz leisten muß, um die erzielten Ernten dauernd zu erhalten. Wenn aber der Landwirth, wie es unzweifelhaft in der Mehrzahl der Fälle geschehen wird, die bei Anwendung des Düngerkalkes erzielten Ernten seinem Gehalt an Pflanzennahrungsstoffen allein zuschreibt, so wird nach längerer oder kürzerer Zeit, je nach dem Reichthum des Bodens, Erschöpfung eintreten. In diesem Falle ist die Anwendung des Düngerkalkes von bedeutendstem Nachtheil. Ueberhaupt kann

Analyse unterwirft. Die chemische Untersuchung gibt ihm ja doch nur die Menge der Bestandtheile der Probe an; diese kann aber, der Natur des Stallmistes nach, keine Durchschnittsprobe

der Landwirth bei Anwendung von Substanzen, welche zum Theil Bodenverbesserungsmittel sind und nur geringe Mengen Pflanzennahrungsstoffe enthalten, oder von solchen Stoffen, welche dem Acker nur den einen oder andern Pflanzennahrungsstoff zuführen, und besonders bei hiedurch bewirkten Ertragssteigerungen, nie vorsichtig genug seien. Er muß sich bei einer solchen Anwendung immer fragen: in welchem Zustande bleibt mein Acker nach der Wirkung des gegebenen Stoffes zurück? Findet er, daß der gegebene Nahrungsstoff oder das Bodenverbesserungsmittel, den Ertrag steigerte nur auf Kosten der im Boden bereits vorhandenen Nahrungsstoffe, etwa durch Löslichmachung der chemisch gebundenen Nahrung oder dadurch, daß er nur einen einzigen Bodenbestandtheil vermehrte, alle übrigen aber durch die erzielten Ernten verminderte, so führt er den Zustand der Erschöpfung seiner Felder herbei; er beugt demselben natürlich vor, durch Ersatz aller in den Ernten entzogenen Bestandtheile. — Alles dieses festgehalten, ist der landwirthschaftliche Werth der Mosselmann'schen Methode leicht zu bemessen; sie wird kaum — bedenkt man die Herstellungskosten, den Gehalt des Productes und die Nachtheile, welche ein unvorsichtiger Gebrauch desselben hervorbringen könnte, — zur größeren Anwendung kommen.

Die dritte Methode hat größere Aussicht auf allgemeinere Einführung, besonders auch in kleineren Städten. Diese Methode kam in Deutschland so viel bekannt, zuerst in den Kasernen Rastatts zur Ausführung, später im Münchener botanischen Museum und eben sucht man sie in Berlin allgemein einzuführen. Die Methode bezweckt nichts Geringeres: als Aufgeben der eigentlichen Abtrittgruben. Zur Aufnahme der menschlichen Ausleerungen dienen gut verschließbare Fässer, und bei Einrichtung der Abtritte hat man daher nur dafür zu sorgen, daß die Fässer bequem herausgenommen und ebenso wieder eingesetzt werden können. Die Fässer haben keine großen Dimensionen, sind deßhalb leicht zu behandeln und nehmen nur eine verhältnißmäßig geringe Menge der Ausleerungen in sich auf. Hieraus erwächst der große Vortheil, daß die Fässer schon gewechselt werden müßen, ehe die faulige Zersetzung der darin befindlichen Fäces begonnen hat. Durch die Schiffahrt, Schienenwege u. s. w. gelangen nun die Excremente dahin, wo sie auf's Neue der Pflanzenproduktion dienen.

des vorhandenen Düngers sein, die Analyse demnach auch nicht die durchschnittliche Zusammensetzung desselben ausdrücken. Freilich wird der Landwirth nur mit Genauigkeit die Aschenbestandtheile berechnen können, denn je nach der Behandlung des Düngers, nach seinem kürzern oder längeren Liegen u. s. f. wird sich mehr oder weniger stickstoffhaltige Substanz zersetzt und theilweise als Ammoniak verflüchtigt haben. Allein die genaue Kenntniß der Bodenbestandtheile wünscht auch der Landwirth vorzugsweise, denn sie sind die nicht flüchtigen Nahrungsstoffe; sie fließen nicht wie die flüchtigen Nahrungsstoffe: Kohlensäure, Wasser und Ammoniak dem Acker von selbst wieder zu, sondern dieselben entzogen, müssen, soll der Acker seine Fruchtbarkeit behalten, wieder zugeführt werden, und dieses thut der Landwirth eben durch den Dünger.

Nach praktischen Erfahrungen kann der Landwirth die Menge des Stallmistes erfahren, wenn er die Trockensubstanz der verwendeten Futtermittel und der Einstreu mit 2,5 multiplicirt. Die Menge der einzelnen Aschenbestandtheile in seinem Dünger, selbstverständlich Jauche und Hofdünger sich vereinigt gedacht, wird er aber ziemlich genau, und die des Stickstoffes annähernd genau berechnen können, wenn er von der Menge der Futtermittel — nach Abzug eines Drittheils des Futterquantums, welches die Zugthiere verzehrten — ausgeht und nach der in der dritten Abtheilung gegebenen Tabelle über die Zusammensetzung der Feldproducte ꝛc. berechnet; hiervon muß er jedoch die im Fleische und in der Milch ausgeführten Pflanzennahrungsstoffe: Phosphorsäure, Kali u. s. w. abziehen.

Angenommen es habe der Landwirth, nach Abzug des Drittheils der Nahrung der Zugthiere, verfüttert: 1000 Zentner grünen Klee, 500 Zentner Wiesenheu, 200 Zentner Rapskuchen, und außerdem noch 150 Zentner Roggenstroh eingestreut, so würde er, den Trockensubstanzgehalt der Futtermittel und der

Einstreu der Berechnung wie angeführt zu Grunde gelegt, erzeugt haben circa 2200 Zentner Dünger, und darin 10 Ztr. Phosphorsäure, 15 Zentner Kali und 18 Zentner Stickstoff. Schon Seite 185 wurde erwähnt, daß hievon in Abzug gebracht werden müssen die Mengen Phosphorsäure, Kali und Stickstoff, welche während dieser Zeit in der Milch hinweggenommen und als Fleisch angesetzt worden sind.

8. Die Wirkung des Stallmistes, der thierischen Excremente überhaupt, als Düngemittel beruht in der Hauptsache wie in den vorhergehenden Paragraphen häufig genug angeführt wurde, auf seinem Gehalte an den wirksamen, fixen Bodenbestandtheilen. Früher hatte man jedoch andere Ansichten über die Stoffe, welche seine Wirksamkeit bedingen sollten; man nahm an, die seine Wirkung beim Feldbau bedingende Stoffe seien seine organischen Bestandtheile, vorzugsweise seine stickstoffhaltigen Aber selbst bis in die neueste Zeit hat man dem Stickstoffgehalte des thierischen Düngers die höchste, wenn nicht ausschließliche Wirksamkeit beigemessen. Es war nicht auffallend, daß man früher in einer Zeit, in welcher das Vorhandensein von Ammoniak in der Atmosphäre noch nicht nachgewiesen war, dem Stickstoffgehalte der Düngerarten den wesentlichsten Antheil an der Förderung des Pflanzenwuchses zuschrieb, aber selbst bis vor wenigen Jahren die Düngemittel noch nach ihrem Stickstoffgehalte classificirt und ihre Wirksamkeit demselben proportional gesetzt wurden, daß es auf ihren Gehalt an Aschenbestandtheilen, bei dem Reichthum der Bodenarten an diesen, nur wenig ankomme, war wirklich merkwürdig. Liebig trat dieser einseitigen Richtung entgegen und bewies: die Felder bedürften unter allen Umständen eines vollkommenen Ersatzes der in den Ernten entzogenen fixen (nicht flüchtigen) Bodenbestandtheile; nur an ihnen verarmten die Felder, denn sie kehrten nicht wie die atmosphärischen Nahrungsstoffe, zu welchen ja auch die

assimilirbaren Stickstoffverbindungen gehörten, von selbst wieder auf die Aecker zurück; zudem sei für alle Zwecke der Kultur der Gehalt der Luft an den stickstoffhaltigen Nahrungsmitteln der Pflanzen ausreichend, und von dem Landwirthe nur die richtige Benützung ins Auge zu fassen. — In der That widerstand denn auch der Liebig'schen Beweisführung die s. g. Stickstofftheorie nicht; sie existirt jetzt nicht mehr und hat gewißermaßen nur mehr historisches Interesse *)

Wir geben im Nachstehenden die Hauptbeweise, welche Liebig gegen die erwähnte einseitige Ansicht: „der vorwiegenden landwirthschaftlichen Bedeutung des Stickstoffes und der Abhängigkeit der Wirksamkeit der Düngemittel von ihrem Gehalte daran", beibrachte.

a. Der assimilirbare Stickstoff, die Ammoniak- und Salpetersäure-Verbindungen*) sind allgemein verbreitet. Das Ammoniak ist ein constanter Bestandtheil der Atmosphäre, es ist darin theils an Kohlensäure, theils an Salpetersäure (salpetrige Säure) gebunden (S. 17); es erzeugt sich bei allen Fäulniß- und Oxydationsproceßen (S. 14); in jedem Regenwasser, überhaupt in jedem wässerigen Niederschlage finden sich Ammoniak und Salpetersäure (salpetrige Säure) in wägbaren Mengen (S. 101); alle Bodenarten enthalten die erheblichsten Mengen assimilirbaren Stickstoffes; nach Krocker enthält der unfruchtbarste Sand auf 10 Zoll Tiefe über hundertmal, andere Ackererden auf dieselbe Tiefe fünfhundert bis tausendmal mehr Stickstoff, als eine volle Ernte nöthig hat; das in die Tiefe fließende Regenwasser entführt einem mageren

---

*) Vgl. Liebig: Theorie und Praxis, Braunschweig 1856. Naturgesetze des Feldbaues 8. Auflage S. 310 bis 365 — Ebenso das vortreffliche Werkchen von Reuning: Justus von Liebig und die Erfahrung, Dresden bei Schönfeld 1861.

Kalkboden, welcher mit Gras bepflanzt, aber nicht gedüngt war, in dem Sommerhalbjahre 264 Pfund Salpetersäure pro Hectare (Zöller). Diese Salpetersäure erzeugt sich zum größten Theile durch Oxydation des im Boden enthaltenen Ammoniaks — etwas davon vielleicht auch durch Zusammentreten des von der Ackererde absorbirten Sauerstoffes mit dem freien atmosphärischen Stickstoffe —, nur der geringere Salpetersäure-Antheil ist in dem auf den Boden fallenden Regenwasser fertig gebildet enthalten.

b. Der Gehalt der natürlichen Quellen an assimilirbaren Stickstoffverbindungen ist für alle Zwecke der Pflanzencultur ausreichend; es kommt nur auf deren richtige Benützung an. — Dieselbe Fläche eines Feldes mit verschiedenen Kulturpflanzen bestellt, liefert in den Ernten verschiedene Mengen Stickstoff*). Nimmt man an, daß die Stickstoffmenge, welche auf einem Felde in der Form von Korn und Stroh im Roggen geerntet wird, 100 Gewichtstheile betrage, so erntet man auf derselben Fläche:

Stickstoff

in der ganzen Pflanze.

im Hafer	114	Stickstoff
in Gerste	116	"
in Weizen	118	"
im Wiesenheu	121	"
in Raps	212	"
in Erbsen	243	"
in Bohnen	270	"
in Klee	390	"
in Turnips	470	"

In der Praxis werden gewöhnlich die Getreidefelder mit

*) Liebig Theorie und Praxis S. 2.

stickstoffhaltigen Düngemitteln versehen, dagegen den Wiesen, dem Klee, den Erbsen- und Turnipsfeldern Düngemittel ohne Stickstoff zugeführt und trotzdem erzeugen sie, wie die obige Tabelle ergiebt, eine größere Menge Eiweißkörper, als die Getreidefelder. Durch Düngung mit Asche, Gyps und aufgeschlossenem Phosphorit (löslicher Phosphorsäure) erntet man auf derselben Bodenfläche im Klee, in den Hülsefrüchten oder Turnipsrüben 2 bis 3mal so viel Stickstoff, als im Getreide, und es unterliegt daher keinem Zweifel: die natürlichen Quellen, aus welchen die Pflanzen ihren Stickstoff schöpfen, genügen dem Pflanzenbaue vollkommen, denn selbst angenommen, es erscheine wirklich für manche Kulturpflanzen und gewisse Kulturzwecke geboten den Feldern stickstoffhaltigen Dünger zuzuführen, so hat der Landwirth in den Futterpflanzen das Mittel: den assimilirbaren Stickstoff der Atmosphäre, beziehungsweise den dem Boden von ihr geliehenen Antheil in einer Weise zu benützen, welche dem intensivsten Betriebe entspricht.

c. Der Boden wird durch die Pflanzencultur an assimilirbarem Stickstoff nicht erschöpft. Vermindert sich der Gehalt eines Ackertheilchens an Stickstoff durch eine Pflanzenwurzel, so wird diese Verminderung durch den Gehalt der Luft wieder ausgeglichen; das Ackertheilchen absorbirt das atmosphärische Ammoniak, Regen und Thau führen ihm wirksame Stickstoffnahrung zu.

Die Versuche des pflanzenphysiologischen Institutes in München beweisen schlagend die Unerschöpflichkeit des Bodens an Stickstoff. „Zu den Versuchen wurde gepulverter Torf als Boden gewählt; die Versuchspflanzen waren Zuckerrüben; dieselben wurden ohne künstliche Zufuhr von Ammoniak- oder Salpetersäureverbindungen gezogen; von 9 Quadratfuß Fläche erhielt man eine Ernte von nahezu 16 Pfund Rüben und Kraut. Der getrocknete Torf, welcher als Boden diente, enthielt vor dem Versuche 3,01 Proc. Stickstoff, nach dem Versuche 2,99 Proc. (Ullmann). Der Gehalt an Stickstoff im Versuchsboden hatte also, trotz der hohen Rübenernte nicht im mindesten abgenommen, er war sich vollkommen gleich geblieben; dagegen hatte sich, wie die Analyse gleichfalls ergab, durch die Ernte der Gehalt des Bodens an Phosphorsäure, Kali u. s. w. bedeutend vermindert (Mittheilung von Prof. Zöller)." Der Schluß aber ist naheliegend: Der Boden wird durch die Rübencultur nicht an Stickstoff, wohl aber an den Aschenbestandtheilen der Rübe erschöpft. Wie sich aber der Boden beim Anbaue von Zuckerrüben verhält, dürfte er sich auch bei dem der übrigen Kulturpflanzen verhalten.

Es kann der Fall eintreten, daß ein Feld nicht allein durch die Kultur an Stickstoff nicht verarmt, sondern sogar daran reicher wird. Indem durch die mechanische Bearbeitung u. s. w. sich die physikalischen Eigenschaften eines Bodens verbessern, wird auch dessen Absorptionsfähigkeit für Pflanzennahrung vermehrt; er entzieht der Atmosphäre eine größere Menge ihrer Nahrungsstoffe und in Folge dessen vermehrt sich sein Stickstoffgehalt *).

So zeigte, wie Liebig nach den Untersuchungen Pierre's berechnete, ein Boden in der Nähe von Caen 19614 Kilogramm Stickstoff in einer Hectare, und zwar in folgender Weise auf 1 Meter tief vertheilt:

---

*) Es erscheint überhaupt, nach Liebig, der Stickstoffgehalt der Ackererden von oben nach unten abzunehmen; so berechnete sich aus den Versuchen Schmid's über russische, noch nie cultuvirte Schwarzerde, daß 1 Hectare derselben enthielt:

in der ersten Schicht von 1 Decimeter Tiefe .	10890	Kilo. Stickstoff
" " zweiten Schicht, 1 Decimeter tiefer . .	4950	" "
" " dritten Schicht, wieder 1 Decimeter tiefer	3630	" "

In d. ersten Schicht von	25 C. M. Tiefe enth. d. Bod.	8360	K. St.
" " zweiten "	" 25— 50 " " " " "	4959	" "
" " dritten "	" 50— 75 " " " " "	3479	" "
" " vierten "	" 75—100 " " " " "	2816	" "
		19614	" "

d. Der Dünger wirkt nicht im Verhältniß seines Stickstoffgehaltes; die gleichen Mengen von Stickstoff in den verschiedenen Düngemitteln bringen, unter sonst gleichen Umständen und auf demselben Felde, je nach den Aschenbestandtheilen, welche den Stickstoff begleiten, verschiedene Erfolge hervor. — Bei Versuchen in Bogenhausen*) wurden demselben Boden gleiche Stickstoffmengen in Form von verschiedenen Ammoniaksalzen und von Guano gegeben; die Erträge waren äußerst verschieden, 1914 Quadratfuß Lehmboden lieferten

gedüngt mit:	Ertrag 1857 Gerste Korn	Stroh	1858 Weizen Korn	Stroh	
kohlensaurem Ammoniak	6335	16205	25040	57860	Gr.
salpetersaurem "	8470	16730	27090	65100	"
phosphorsaurem "	7280	17920	21520	38940	"
schwefelsaurem "	6912	18287	19600	41440	"
Guano	17200	33320	32986	79160	"
Ungedüngt	6825	18375	18100	32986	"

Gleiche Resultate erhielt man bei Versuchen in Weihenstephan mit salpetersauren Salzen. 1 Hectare Lehmboden ertrug, bei gleicher Stickstoffgabe in den verschiedenen salpetersauren Salzen: **)

*) Liebig, Naturgesetze des Feldbaues S. 313.

**) Liebig, ebendas. S. 350.

gedüngt mit	Ertrag 1857 Gerste Korn Stroh	Ertrag 1858 Weizen Korn Stroh	
Chilisalpeter	2576—4378	1804—3954	Kilogr.
„ und Kochsalz	2366—4352	2211—4151	„
Kalisalpeter	2064—4219	2248—4404	„
„ und Kochsalz	2313—4766	2323—4454	„

Die Versuche Kuhlmann's,*) Düngung von Wiesen mit verschiedenen stickstoffhaltigen Düngemitteln, lieferten nachstehende Ergebnisse. Wenn man den Mehrertrag an Heu in diesen Versuchen, welche von 100 Theilen im schwefelsauren Ammoniak zugeführten Stickstoffe gewonnen wurden, zu 100 setzt, so ergaben die Mehrerträge durch die anderen stickstoffreichen Düngemittel folgende Verhältnisse.

	Es lieferten Mehrertrag
Stickstoff im schwefelsauren Ammoniak	100
„ „ salpetersauren Kalk	71
„ „ salpetersauren Natron	155
„ „ Salmiak, begleitet von phosphors. Kalk	136
„ „ schwefels. Ammoniak, begl. v. Kochsalz	121
„ „ Guano, begl. von phosphorsaurem Kalk, Bittererde, Kali, Kochsalz	500

Man sieht, die Wirkung der Düngemittel auf dem gleichen Felde steht nicht in Beziehung zu ihrem Stickstoffgehalte; dieselbe Menge Stickstoff bringt verschiedene Erfolge hervor; 100 Theile Stickstoff im Guano hatten eine fünffach stärkere Wirkung ausgeübt, als 100 Theile Stickstoff im schwefelsauren Ammoniak.

*) Liebig, Theorie und Praxis S. 29.

Aber gleichwie die Wirksamkeit der Düngemittel nicht von ihrem Stickstoffgehalte abgeleitet werden kann, gleich unmöglich ist es: Beziehungen zwischen dem Ertragsvermögen des Bodens und seinem Gehalte an assimilirbaren Stickstoffverbindungen aufzufinden.

Bei den Bogenhauser, Weyhenstephaner und Schleißheimer Versuchen (s. S. 32, und Naturgesetze des Feldbaues S. 316) enthielten die Felder

pro Hectare und auf 10 Zoll Tiefe:

	Bogenhausen	Weyhenstephan	Schleißheim	
	5145	5801	2787	Kilo. Stickstoff

Die Ernte betrug für die Hectare:*)

Korn	413	1604	115	Kilogramm
Stroh	1115	2580	283	„

Der Bogenhauser und Weyhenstephaner Boden enthielten nahezu gleiche Mengen Stickstoff, der letztere Boden ertrug jedoch viermal mehr Korn und die doppelte Menge Stroh; in dem Schleißheimer Felde war um die Hälfte Stickstoff weniger, als in dem Weyenstephaner, allein der Ertrag des ersteren zeigte sich nicht um die Hälfte, sondern vierzehnmal geringer, als der des letzteren.

Wird der Stickstoffgehalt der Felder vermehrt bei gleichbleibendem Aschengehalt, so steht die Ertragssteigerung in keinem Verhältnisse zur Stickstoffzufuhr. — Seilern**) düngte ein Rübenfeld, welches sehr gleichmäßig zubereitet war, mit den gleichen Mengen von Aschenbestandtheilen, aber verschiedenen Stickstoffmengen. Je 533 österr. Quadratklafter erhielten assimilirbaren Stickstoff:

*) In Bogenhausen und Weyhenstephan war Gerste, in Schleißheim Roggen angebaut.

**) Die ausführliche Darlegung der Versuche erfolgt in dem in Kürze erscheinenden Komers'schen Jahrbuche für österreichische Landwirthschaft.

	I	II	III	IV	
Stickstoff	2,8	4,24	7,12	10,72	Pfunde
		und lieferten Ernte:			
Rüben	120	129	129	132	Centner
Blätter	26	25	27	25	"

Bei den Vegetationsversuchen des Münchener pflanzenphysiologischen Institutes (Naturgesetze des Feldbaues 8. Auflage S. 477) erntete man durch Düngung eines Torfbodens mit kohlensaurem, phosphorsaurem und schwefelsaurem Ammoniak — zu je 1000 Kilo Torfpulver setzte man die erhebliche Menge von fast 2 Kilo Ammoniak — nur ein Mehr an Kartoffeln über Ungedüngt von 3011 Kilogr.; Ungedüngt ertrug für sich allein 14000 Kilo, mit Ammoniak gedüngt 17011 Kilo Knollen pro Hectare.

Werden die Aschenbestandtheile der Felder vermehrt bei gleichbleibendem Stickstoffgehalte, so tritt die bedeutendste Ertragssteigerung ein. — Das oben angeführte Schleißheimer Feld mit aufgeschlossenem Phosphorit gedüngt — also mit löslicher Phosphorsäure, Kalk, Magnesia und Schwefelsäure — lieferte eine Roggenernte von 654 Kilo Korn und 1341 Kilo Stroh pro Hectare. Ohne Zufuhr von Stickstoff, nur durch eine Düngung mit Aschenbestandtheilen, erhielt man einen sechsmal höheren Ertrag, als ihn der ungedüngte Boden lieferte. — Bei dem citirten Kartoffelversuche erhielt eine dritte Parzelle Torfboden eine Düngung mit den Aschenbestandtheilen der Kartoffelpflanze, — auf 1000 Kilo Torf: 0,9 Kilo Phosphorsäure, 2,8 Kilo Kali, 0,4 Kilo Natron, 0,7 Kilo Kalk, 1 Kilo Schwefelsäure; der Ertrag betrug pro Hectare 40006 Kilo Knollen, demnach eine $2^1/_2$ mal größere Ernte, als die Ammoniakdüngung bewirkte, und einen fast 3mal höheren Ertrag, als ihn Ungedüngt hervorbrachte.

Diese Thatsachen mögen genügen; es ergiebt sich aus ihnen

immer derselbe Schluß: Die Wirksamkeit der Düngemittel und die Fruchtbarkeit der Felder stehen in keiner Proportionalität zu ihrem Gehalte an assimilirbarem Stickstoff; die **landwirthschaftliche** Bedeutung der stickstoffhaltigen Pflanzen-Nahrungsstoffe ist weit geringer, als die der Aschenbestandtheile — physiologisch sind alle Nahrungsstoffe der Pflanzen von gleicher Bedeutung (S. 64) —; erstere sind immer präsent und ihr Gehalt im Boden vermindert sich durch die Cultur nicht; letztere (die Aschenbestandtheile) einmal dem Acker entzogen, fließen ihm von selbst nicht wieder zu; durch den Pflanzenbau aber werden den Feldern die Aschenbestandtheile entzogen und sie daran erschöpft.*)

*) Dr. Grouven hat in einem Vortrage, welchen er in einer Versammlung von Landwirthen hielt, sich zum Vertheidiger der Stickstoffhypothese aufgeworfen. Sein einziges Argument gegen Liebig waren die bekannten Boussingault'schen Versuche: über die Assimilation des Stickstoffes durch die Pflanzen. — Dieser Gegenbeweis ist sehr merkwürdig und Grouven hat hiedurch gezeigt, daß er die Boussingault'schen Versuche nicht zu interpretiren verstand. Wenn diese Versuche irgend etwas mit Sicherheit aussagen, so ist es gerade das, daß die Pflanzen ihre stickstoffhaltigen Nahrungsstoffe nicht durch die Blätter, sondern durch die Wurzeln beziehen, und es gehört in der That eine eigenthümliche Combinationsgabe dazu, genannte Versuche mit der Frage in Beziehung zu bringen: „ob die Stickstoffverbindungen der Luft ausreichend für die Zwecke der Pflanzenkultur seien oder nicht." -- Es ist selbst für einen gewöhnlichen Verstand nicht schwer einzusehen, daß wenn eine Pflanze ihre Nahrung durch die Wurzeln aufnimmt, und die Nahrung nur den Blättern dargeboten ist, sie der Pflanze nicht das Mindeste nützt. Solches war aber bei Boussingault's Versuchen der Fall. Hätte man die Pflanzen in ein die luftförmige Stickstoffnahrnng in gleicher Weise absorbirendes Medium, wie es die Ackererde ist, gesetzt und dann die gehörige Menge der Aschenbestandtheile in wirksamer Form

12. Die Aufgabe der Pflanzencultur ist, auf einer gegebenen Bodenfläche dauernd das Maximum an Nahrungsmitteln, oder deren Surrogate zu erzeugen. — Es ist einzusehen, daß ein Boden, welcher sehr reich an Aschenbestandtheilen ist, durch Zufuhr von assimilirbarem Stickstoff, von Ammoniak- und Salpetersäure-Verbindungen, einen höheren Ertrag liefern wird, als wenn die auf ihm wachsenden Pflanzen bloß auf die Aufnahme aus den natürlichen Quellen angewiesen sind; die Bedingungen der Mehraufnahme, beziehungsweise der Stickstoffassimilation, sind ja vorhanden; es fehlt nicht an Aschenbestandtheilen. Von diesem Gesichtspunkte ist die Bedeutung der Eröffnung einer künstlichen Stickstoffquelle im Boden aufzufassen. In der That führt denn auch der Landwirth für gewisse Kulturzwecke dem Felde Stickstoff zu, theils in dem Stalldünger, aus dessen stickstoffhaltigen Bestandtheilen sich erst die assimilirbaren Stickstoffverbindungen, Salpetersäure und Ammoniak, erzeugen, theils gibt er diese Verbindungen fertig gebildet.

Die günstigen Wirkungen, welche der Landwirth durch die künstliche Zufuhr von Stickstoff hervorbringt, stehen in keiner Beziehung zur s. g. Stickstoffhypothese; sie sind immer bedingt durch das Vorhandensein und Wirksamwerden der Aschenbestandtheile im Boden. Ebensowenig können solche vortheilhaften Wirkungen des zugeführten Stickstoffes gegen die Ansicht sprechen, als sei die stickstoffhaltige Pflanzennahrung der Luft und die im Boden befindliche, aber gleichfalls aus der Luft stammende Ammoniak (Salpetersäure) nicht ausreichend für alle Zwecke der Kultur. Die Ansicht: die natürliche Stickstoffnahrung sei für die Pflanzenkultur ausreichend, ist im Großen

---

gegeben, so unterliegt es keinem Zweifel, und alle Versuche sprechen dafür: die Pflanzen würden in erheblicher Quantität, auf Kosten des Ammoniak (Salpetersäure)-Gehaltes der Luft, ihre Eiweißsubstanz vermehrt haben.

und Ganzen ausgesprochen und vollkommen richtig, denn wie in §. 7 der Düngerlehre dargethan ist, kann der Landwirth durch Anbau von Futtergewächsen in dem Stallmiste so viel Stickstoff produciren, daß seine Menge für die speziellen Fälle der Pflanzenkultur, in welchen man glaubt, Stickstoff zuführen zu müssen, mehr als genügend erscheint.

Es ist oben gesagt worden, die künstliche Stickstoffzufuhr bedingt ein rascheres und vermehrtes Wirksamwerden der Aschenbestandtheile des Bodens und, in Folge dessen, einen höheren Ertrag. Die Wirkung gegebener Stickstoffverbindungen äußert sich jedoch nach verschiedenen Richtungen; sie ist keine einseitige, sondern eine zusammengesetzte Wirkung, welche je nach der Verbindungsform des Stickstoffes verschieden ist.

Wir fassen hier die Hauptwirkungsweisen der stickstoffhaltigen Pflanzennahrungsmittel zusammen:

a. Der Stickstoff ist ein Nahrungsmittel für die Pflanzen, und wird als solches wirksam werden im Verhältnisse zu den übrigen vorhandenen Nahrungsstoffen und den äußeren Wachsthumsbedingungen.

b. Der Stickstoff äußert auf verschiedene Pflanzen eine specifische Wirkung, welche darin besteht, daß er die Entwicklung der pflanzlichen Aufnahmsorgane befördert, demnach eine vermehrte Blatt- und Wurzel-Bildung veranlaßt. Die Folge hievon ist, die Möglichkeit einer vermehrten Nahrungsaufnahme durch die Pflanzen.

c. Gewisse Ammoniak- und salpetersaure Salze, wie schwefelsaures Ammoniak, Salmiak, Salpeter, Chilisalpeter u. s. w., üben noch besondere, übrigens auch manchen stickstofffreien Salzen, wie z. B. dem Kochsalze, zukommende Wirkungen; sie verbreiten pflanzliche Nährstoffe im Boden und führen sie in die wirksame Form über, üben also gleichsam die Wirkungen des Pfluges und Verwitterungsprocesses; ihre Wirkungsweise in dieser Richtung ist folgende:

1) „Die Ammoniak- und salpetersauren Salze machen in ihren verdünntesten Lösungen phosphorsaure Erden löslich.“

100 Kilogramm:	Schwefelsaures Ammoniak	Kochsalz	Salpetetersaurs Natron	
gelöst in Wasser . . .	45000	50000	334000	Liter
lösen neutralen phosphorsauren Kalk . . .	3600	3300	2630	Gramm
lösen basisch-phosphorsauren Kalk	3400	1500	1200	„
gelöst in Wasser . . .	33300	50000	333000	Liter
lösen phosphorsaure Magnesia	—	3790	2160	Gramm
lösen phosphorsaure Ammoniak-Magnesia . .	4113	6170	4655	„

Wird der Salzgehalt der Lösungen vermehrt, so steigt nicht proportional damit das Lösungsvermögen für die phosphorsauren Erden; es scheint vielmehr, daß concentrirtere Lösungen verhältnißmäßig weniger auflösen, als verdünntere. Flüßigkeiten, welche 2, 3 und 10 Proc. schwefelsaures Ammoniak enthielten, lösten bei 14° C. von phosphorsaurer Amoniak-Magnesia den 0,76, 1,3 und 1,5 Theil des aufgelösten schwefelsauren Ammoniak.

Es ergiebt sich aus diesen von Liebig angestellten Versuchen, daß Wasser, welches eine geringe Menge der genannten Salze enthält, eine ähnlich lösende Wirkung auf die Erdphosphate übt, wie kohlensaures Wasser. Vergleicht man die Wirkung beider miteinander, so lösen 100 Kilo schwefelsaures Ammoniak so viel phosphorsauren Kalk auf, wie 4700 Liter in Wasser gelöster Kohlensäure, und 100 Kilo Kochsalz soviel phosphorsaure Ammoniak-Magnesia, als die wässerige Lösung von 3456 Liter Kohlensäure. — An allen Stellen des Bodens, an welchen sich also überschüssige und unverbundene Phosphate in Form von Körnern, grobem Pulver u. s. f. finden, werden die Lösungen der genannten Salze ihre verbreitende Wirkung in einer Weise äußern, die natürlich abhängig sein muß von der Qualität, der Quantität und der Raschheit der Salz-Umsetzung in dem Boden — Kochsalz und Chilisalpeter verhalten sich in dieser Beziehung anders als schwefelsaures und salpetersaures Ammoniak — und von der Menge der im Boden enthaltenen, auf obige Weise verbreitbaren Pflanzennahrung.

2) „Die genannten Salze verbreiten Pflanzennahrungsstoffe im Boden durch die Umsetzung, welche sie durch die Ackererde erleiden."

Durch das Absorptionsvermögen des Bodens erleiden die erwähnten Verbindungen eine Trennung (S. 25), die Säure der Salze wird abgeschieden und diese verbindet sich mit einem (basischen) Stoffe der Ackererde: Kalk, Magnesia, Alkalien, der sich in nächster Berührung damit befindet und die Fähigkeit hat, eine solche Verbindung einzugehen. Die mit der Säure in Verbindung tretenden Alkalien und alkalischen Erden erhalten aber dadurch einen höheren Grad von Löslichkeit und Verbreitbarkeit im Boden.

3) „Die genannten Salze oder auch deren Umsetzungsproducte erhöhen, in der Bodenfeuchtigkeit gelöst, die anziehende Kraft derselben auf die absorbirten Nährstoffe des Feldes, veranlassen daher die theilweise Auflösung des Nahrungsüberschusses und damit seine Verbreitung nach weniger mit Nährstoffen gesättigten Bodenstellen."

Aus einem mit kieselsaurem Kali gesättigten Boden, aus

dem Wasser für sich nichts mehr auflöst, entnimmt eine verdünnte Lösung von schwefelsaurem Ammoniak wieder eine gewisse Menge des absorbirten Kalis. Ebenso verhält sich eine Kochsalzlösung, eine solche von salpetersaurem Natron (Chilisalpeter) 2c. gegen absorbirte Phosphorsäure (vgl. Liebig: Ann. der Chemie Bd. 106, S. 185; Handwörterbuch der Chemie von Liebig 2c. S. 520 im 2. Bande, III. Abth.).

4) „Erwähnte Verbindungen scheiden chemisch gebundene Pflanzennahrungsstoffe (S. 50) aus den Mineralien ab, machen sie löslich und verbreitbar im Boden, und ermöglichen so ihren Uebergang in die wirksame (absorbirte) Form."

Auf diese Art zersetzen Lösungen der Ammoniaksalze u. s. w. die feldspathartigen Gesteine, und Kali, Kieselsäure, Kalk, Magnesia, Natron gehen in Lösung über (Feichtinger).

In ähnlicher Weise wie die Zuführung der assimilirbaren Stickstoffverbindungen, würde auch die Vermehrung des Kohlensäure-Gehaltes des Bodens unter bestimmten Umständen wirken. Allein dem Landwirthe liegt die Vermehrung der Kohlensäure im Acker nur dann am Herzen, wenn er dieselbe als Bodenbearbeitungs- und Aufschließungsmittel der chemisch gebundenen Nährstoffe benützen will (s. S. 107, c); als Pflanzennahrungsmittel ist für alle allgemeinen und speziellen Zwecke der Pflanzencultur der Kohlensäuregehalt der natürlichen Quellen völlig ausreichend und ihre Vermehrung im Felde daher völlig überflüssig, wie die nachstehenden Thatsachen beweisen.

a) Der Gehalt der Atmosphäre und des Bodens an Kohlensäure ist sehr erheblich; 10000 Theile atmosphärische Luft enthalten stets zwischen 4 bis 5 Theile Kohlensäure; 10000 Theile Luft der Ackererde zwischen 66 bis 974 Theile Kohlensäure (S. 17).

b. In den Ernterückständen verbleibt den Feldern, und zwar ohne unser Zuthun, eine bedeutende Quantität kohlenstoffhaltiger Materie und damit eine ergiebige Kohlensäurequelle.

c. Die Kohlensäure wird von den Pflanzen nicht wie der Stickstoff nur durch die Wurzel, sondern auch durch die Blätter aufgenommen; ja die Zufuhr in den Pflanzenorganismus kann durch die Blätter einzig und allein in ausreichender Menge geschehen. So haben die Knop'schen Versuche der Vegetation in wässerigen Lösungen bewiesen, daß eine Maispflanze auf das kräftigste vegetirt, selbst wenn ihren Wurzeln keine Kohlensäure dargeboten wird; sie entnahm durch ihre Blätter der umgebenden Luft nicht nur die Kohlensäure zu einer hohen Kohlenstoffproduction, sondern auch zur Ausscheidung durch die Wurzeln. — Die Wurzeln der in wässerigen Lösungen vegetirenden Pflanzen schieden nemlich Kohlensäure aus.

d. Die Kohlensäure ist im Verhältniß zum assimilirbaren Stickstoffe stets in bedeutendem Ueberschusse vorhanden. Die Nahrungsstoffe wirken aber nur in dem den Pflanzen zusagenden Verhältnisse, es wird immer auf eine gewisse Menge Stickstoff nur eine bestimmte Menge Kohlenstoff assimilirt. Die einseitige Vermehrung der Kohlensäure würde daher nichts nützen, wenn nicht gleichzeitig eine solche der Stickstoff- (und Aschen-) Nahrung stattfinde; dieses ist aber in praxi geradezu unausführbar; die Kohlensäure würde immer dem Stickstoffe und den übrigen Nahrungsstoffen gegenüber in bedeutendem Ueberschusse vorhanden sein.

Es ist erwähnt worden (S. 184), daß bei jeder Art der Düngung und Bodenverbesserung die Hauptfrage ist: in welchem Zustande bleibt das Feld nach dem hiedurch bewirkten Erfolge, der Ernte nemlich, zurück? Die

Antwort war einfach. Wenn durch ein Mittel, sei es durch mechanische oder chemische Bodenbearbeitung, oder durch Anwendung eines einzelnen pflanzlichen Nahrungsstoffes, die Aschenbestandtheile des Ackers wirksam gemacht und dann in der Ernte hinweggenommen worden sind, so verbleibt das Feld, je nach seiner Beschaffenheit, in einem größeren oder geringeren Zustand der Erschöpfung zurück. — Eine vermehrte Zuführung von assimilirbarem Stickstoffe, oder von Kohlensäure zu einem dem Pflanzenwuchse dienenden Boden würde aber diesen Zustand gleichfalls hervorrufen. Der Boden verarmt an wirksamen Aschenbestandtheilen, und die durch Eröffnung einer Quelle von atmosphärischen Nahrungsstoffen bewirkten höheren Erträge könnten nur dann dauernd erhalten werden, wenn, entsprechend dem Entzuge durch die Ernten, man die Aschenbestandtheile dem Boden wieder zurückersetze.

13. Der Stallmist enthält alle Pflanzennahrungsstoffe, wenn auch die einzelnen in sehr verschiedener Menge; seine Wirkung als Düngemittel beruht auf diesem Gehalte und ist in allen Fällen sicher; er vermehrt, indem er gegeben wird, den in minimo in dem Acker enthaltenen nothwendigen pflanzlichen Nahrungsstoff; von dieser Mehrung hängt aber, wie erwiesen, der Ertrag des Feldes unter sonst gleichen Umständen ab (S. 40).

Durch seine Bestandtheile wirkt übrigens auch der Stalldünger als Bodenverbesserungsmittel; er vertheilt und schließt die Nährstoffe des Bodens auf und verbessert den Bodenzustand (vgl. auch S. 11).

Es wurde schon darauf hingedeutet, daß der Bodenzustand mit der Aufnahme der Nahrung durch die Pflanzenwurzel und deßhalb mit dem Ertrage im Zusammenhange stehe. Je lockerer z. B. ein Boden ist, desto leichter werden ihn die Wurzeln nach allen Richtungen durchziehen können und desto geringer werden die Widerstände sein, welche sich denselben bei dem Aufsuchen ihrer Nahrung entgegenstellen. Die organischen Bestandtheile des Düngers verbessern aber alle physikalischen Bodeneigenschaften, jedes verwesende organische Theilchen im Boden öffnet der Wurzel eine neue Thüre zum Aufsuchen ihrer Nahrung. Bei Versuchen des Münchener pflanzenphysiologischen Institutes bildeten Bohnen in gedüngtem Torfpulver eine viel größere Wurzeloberfläche, als in gewöhnlicher fruchtbarer Gartenerde, oder in derselben Gartenerde, aber noch mit Pflanzennahrungsstoffen versehen. Der Torfboden war nach allen Seiten hin von feinen Wurzelfibrillen, gleich einem Filze durchzogen; die Wurzeln in der ungedüngten und gedüngten Gartenerde dagegen waren viel derber, ihre Oberfläche im Boden war eine geringere. Damit stand natürlich auch der Ertrag im Einklange. In gleich großen Töpfen, bei gleicher Anzahl (5) normal entwickelter Bohnenpflanzen, brachte der gedüngte Torf einen höheren Ertrag hervor, als die gewöhnliche und gedüngte Gartenerde. Und doch enthielt der Gartenboden von vornherein schon eine große Menge Nährstoffe, er lieferte bei 4 Gramm Aussaat eine Ernte von 59 Gramm, während der ungedüngte Torf, bei derselben Aussaat, nur 8 Gramm Samen erzeugte. Ferner übertraf die Düngung des Gartenbodens die des Torfes, und trotzdem erhielt man bei 4 Gramm Aussaat im gedüngten Gartenboden als Ernte nur 90 Gramm, im gedüngten Torfe dagegen 105 Gramm Samen, also in letzterem über ein Zehntel mehr (Zöller).

Die Pflanzenwurzel nimmt ihre Nahrung in unmittelbarer Berührung mit den Bodentheilchen auf (S. 28), und so verhältnißmäßig gering auch das Nahrungsbedürfniß der einzelnen Pflanze ist, die kleinsten Ackertheilchen, mit welchen die Wurzeln in Berührung sich befinden, müssen dieses Wenige in der Aufnahmsform enthalten. Ein Bodentheilchen, welches noch so reich an absorbirten Nährstoffen ist, aber von der Wurzel auf ihrem Wege nicht berührt wird, nützt der Pflanze nichts. Die Sorgfalt des Pflanzenproducenten kann daher, wie schon früher Seite 45 erörtert, nicht groß genug sein die Vertheilung der Pflanzennahrungsstoffe im Boden auf jede Weise zu bewirken und die Felder überhaupt in einer Weise zu düngen, daß alle Theilchen des Bodens, so weit die Wurzel reicht, möglichst gleichförmig mit Pflanzennahrungsstoffen versehen sind. Der gehörigen Vertheilung der Nährstoffe steht aber das Absorptionsvermögen entgegen; eine kleine Fläche Boden ist durch dasselbe befähigt eine große Menge von Pflanzennahrung festzuhalten, und der Landwirth muß dagegen wirken. Er thut dieses durch mechanische und chemische Bodenbearbeitung (S. 198); er bewirkt außerdem schon von vornherein eine sehr gute Vertheilung der Nährstoffe, wenn er dieselben dem Felde mit möglichst großer Oberfläche und gleichzeitig in Verbindungen darbietet, welche es ermöglichen, daß sich die Nährstoffe bis zu einer gewissen Tiefe verbreiten können. In den organischen Bestandtheilen des Düngers besitzt aber der Landwirth ein solches Mittel; die mit ihnen verbundenen Aschenbestandtheile befinden sich hier in großer Vertheilung. Ein verwesender Strohhalm z. B. wird auf seiner ganzen Länge die ihn berührenden Theilchen des Bodens mit den Stoffen versehen, welche der Halm enthält. Die in organischer Verbindung enthaltenen pflanzlichen Nährstoffe werden ferner erst recht absorbirt, wenn die Verbindung aufgehoben ist, und eine größere Verbreitung und Vertheilung der Nährstoffe des Mistes im Boden wird hiedurch gleichfalls ermöglicht.

Sind aber alle Elemente des Stalldüngers, direkt oder indirekt, beim Pflanzenwuchse betheiligt, so ist es die Aufgabe des Landwirthes: jedem Verluste desselben an irgend einem Bestandtheile vorzubeugen. Dieses geschieht durch die Anlage guter, wo möglich bedeckter Miststätten, durch umsichtige Leitung des Fäulniß- und Verwesungsprocesses beim Liegen des Düngers, seine Bestreuung mit Gyps oder Besprengung mit einer billigen Säure (um Ammoniakverluste zu verhüten), sowie durch Ausfahren des Düngers zur rechten Zeit und schnelles Unterbringen desselben auf den Aeckern.

14. Der Guano, wie er im Handel erscheint, besteht aus durch Fäulnißprocesse und atmosphärische Einflüsse mehr oder weniger veränderten Seevögel-Excrementen. Seine Bestandtheile sind organische stickstofffreie und stickstoffhaltige, noch nicht näher bestimmte Stoffe, welche in landwirthschaftlicher Beziehung, aller Wahrscheinlichkeit nach, von geringer Bedeutung sind;*) ferner Harnsäure, Oxalsäure, Phosphorsäure, Schwefelsäure, Chlor, Ammoniak, Kali, Natron, Kalk, Magnesia und Eisen. Von diesen Körpern sind Harnsäure und Oxalsäure keine unmittelbaren Nahrungsstoffe der Pflanzen; allein die Harnsäure geht im Boden in wirksame Stickstoffnahrung, in Ammoniak und Salpetersäure über, und die Oxalsäure verrichtet, wie unten nachgewiesen werden soll, eine Function, die sie zu einem sehr werthvollen Bestandtheil des Guano macht.

Die auf Seite 207 angeführten Analysen geben ein Bild der Zusammensetzung verschiedener Guanosorten. Die vier er-

*) Gewöhnlich wird der Gesammt-Stickstoff des Guano durch die Analyse festgestellt und hiebei angenommen, er sei entweder schon als fertig gebildetes Ammoniak darin vorhanden, oder gehe mit Leichtigkeit in Ammoniak über. Diese Annahme scheint nicht vollkommen berechtigt, denn ein Theil der organischen Verbindungen des Guano enthält den Stickstoff in Verbindungen, in welchen er sich äußerst langsam und schwierig in Ammoniak verwandelt. Der Guano wird aber von dem Landwirthe als ein Düngemittel verwendet, dessen Bestandtheile sogleich wirken sollen. Es wäre daher von Seiten der Agriculturchemiker sehr zweckmäßig, wenn im Guano nicht allein die Menge des Stickstoffes überhaupt, sondern die des fertig gebildeten Ammoniak's angegeben würde. Der Landwirth erfahre hiedurch vorzugsweise die Menge des geradezu wirksamen Stickstoffes und bezahle dann auch selbstverständlich nur diesen Stickstoff.

sten Analysen führen auch die wohlcharacterisirten organischen Verbindungen des Guano auf; die andern geben nur die Menge der Aschenbestandtheile und den gesammten Stickstoffgehalt an, sowie die für die Wirksamkeit des Guano zwar unwesentlichen Bestandtheile: Wasser, Sand 2c., welche aber von Bedeutung für den Handelswerth dieses Düngers sind. — Man sieht aus den Analysen, daß die Zusammensetzung des Guano's eine sehr verschiedene ist, ja daß einzelne Sorten, z. B. Baker- und Jarvis-Guano, so tiefe Veränderungen durch die Anfangs genannten Einflüsse erlitten, daß sie kaum mehr den Namen Guano verdienen, indem ihnen die wesentlichen Bestandtheile desselben: Harnsäure, Oxalsäure und Ammoniakverbindungen fehlen; sie müssen eigentlich zu den Phosphorsäure-Düngemittel gerechnet werden.

Der Guano ist ein einseitiges Düngemittel; die geringe Menge Kali, welche er enthält, ist kaum zu veranschlagen. Seine Hauptbestandtheile sind Stickstoff und Phosphorsäure, und von ihnen hängt wesentlich seine Wirksamkeit ab. Auf allen Feldern, welche reich an Kali sind und denen die andern Aschenbestandtheile gleichfalls nicht fehlen, werden durch seine Anwendung vortreffliche Erfolge erzielt; aber die Erfolge sind bei alleiniger Düngung mit Guano nicht dauernd; sie hören außerdem und unter sonst gleichen Umständen früher auf bei dem Rübenbau, als bei dem Getreidebau, indem die Rübe zu ihrer Ausbildung weit mehr Kali bedarf, als das Getreidekorn. — Die beiden Hauptbestandtheile des Guano, Phosphorsäure und Stickstoff, sind ferner in einem ungünstigen Verhältniß darin vorhanden; es treffen auf die Menge der Phosphorsäure zu viele Stickstoffverbindungen, und solches Verhältniß wirkt nach zweierlei Richtung hin schädlich. Die Vermehrung der Stickstoffnahrung im Boden veranlaßt, wie §. 7 erörtert, ein rascheres Wirksamwerden der Aschenbestandtheile, und ein Feld,

Zusammensetzung des Guano in 100 Theilen:

	Guano von			Braungelber Guano (Oellacher)
	Liverpool (Bertels)	Lima (Völkel)	Peru (Winkler)	
Chlorammonium	6,5	4,2	7,0	2,2
Oxalsaures Ammoniak	13,3	10,6	20,7	17,7
Harnsaures Ammoniak	3,2	9,0	6,4	12,2
Phosphorsaures Ammoniak	6,4	6,0	6,5	6,9
Schwefelsaures Kali	4,2	5,5	4,9	4,0
Schwefelsaures Natron	1,1	3,8	—	4,9
Phosphorsaures Natron	5,3	—	—	—
Phosphorsaure Ammoniak-Magnesia	4,2	2,6	—	14,6
Phosphorsaurer Kalk	9,9	14,3	9,4	20,2
Oxalsaurer Kalk	16,3	7,0	9,0	1,3

	Peruguano (Mayer)	Peruguano (Zöller)	Baker-Guano (Liebig)	Jarvis-Guano (Liebig)
Phosphorsäure	13,68	13,77	40,27	17,6
Magnesia	0,86	0,72	2,20	0,57
Eisenoxyd	0,23	0,25	0,12	0,16
Kalk	11,15	12,72	43,38	34,8
Schwefelsäure	0,62	0,77	0,94	27,0
Chlor	—	1,03	0,13	0,2
Kali	0,52	0,70	0,17	0,4
Natron	3,67	3,24	0,67	0,3
Ammoniak	—	—	0,07	0,04
Salpetersäure	—	—	0,45	0,3
Stickstoff	15,38	14,18	0,86	0,5
Wasser rc. rc.	36,72	39,00	6,89	5,4

Durchschnittszahlen aus den Way'schen Analysen von 78 verschiedenen Sorten Peruguano:

	Niedrigster Gehalt	Mittlerer Gehalt	Höchster Gehalt
Wasser	6,60	13,67	21,42
Phosphorsaurer Kalk und phosphorsaure Magnesia	11,07	22,78	28,65
Alcalische Salze	3,40	9,67	16,84
Phosphorsäure in den alcal. Salzen	1,04	3,34	6,21
Stickstoff	11,17	13,61	17,08
Sand	0,53	1,83	9,78

welches fortwährend Guanodüngungen erhält, verarmt nicht allein an seinem Kali, sondern auch an allen übrigen Nährstoffen; ja selbst die Phosphorsäuremenge wird geringer, weil neben der im Guano zugeführten Menge stets ein Theil der Phosphorsäure des Ackers in der Ernte hinweggenommen wird. Für's andere, wirken überschüssige Stickstoffverbindungen nachtheilig auf gewisse Kulturpflanzen ein, wie z. B. auf die Zuckerrüben. — Nach Versuchen des Münchener pflanzenphysiologischen Institutes veranlaßte die Düngung eines an Aschenbestandtheilen reichen Bodens mit reinen Ammoniakverbindungen zwar eine Ertragssteigerung an Rüben, allein diese enthielten nur 9 % Zucker, während derselbe Boden, ohne Stickstoffgabe, Rüben von 11 % Zuckergehalt lieferte (Zöller). Dieselben Resultate erhielt Seilern bei Guanodüngung. Gab er die einfache (a), doppelte (b) nnd dreifache (c) Menge Stickstoff, so erhielt er Rüben — der Zuckergehalt durch den Polarisationsapparat bestimmt —, deren Saft 15,62 (a), 14,2 (b) und 13,98 (c) Procente Zucker zeigte.

Es ist zweifellos, denn zahlreiche landwirthschaftliche Erfahrungen bestätigen es, der Guano ist durch seinen Gehalt an Phosphorsäure und Stickstoff ein vortreffliches Düngemittel; er bewirkt bei Anwendung die höchsten Ernten, wenn die übrigen Nährstoffe des Bodens zu seinem Stickstoff- und Phosphorsäure-Gehalt in einem richtigen Verhältnisse stehen und dieses Verhältniß, bei fortgesetzter Guanoverwendung, der Landwirth durch die gehörige Ersatzleistung zu erhalten bestrebt ist; bei alleiniger Anwendung dagegen, erschöpft der Guano die Felder und verschlechtert gleichzeitig (s. ob.) — in Folge des unrichtigen Verhältnisses zwischen Stickstoff und den übrigen Pflanzennahrungsstoffen im Boden — die Qualität mancher Feldfrüchte.

Der Guano übertrifft in der Raschheit seiner Wirkung

die übrigen an phosphorsaurem Kalk und Stickstoff gleichfalls reichen Düngemittel; die Ursache hievon liegt, wie Liebig gezeigt hat, in dem Gehalte des Guano an oxalsaurem und schwefelsaurem Ammoniak.

Kommt Guano mit Wasser in Berührung, so gehen schwefelsaures und oxalsaures Ammoniak in dasselbe über; ersteres Salz löst nun, wenn auch wenig, phosphorsauren Kalk auf; dieser giebt aber mit oxalsaurem Ammoniak phosphorsaures Ammoniak und oxalsauren Kalk; das schwefelsaure Ammoniak übt seine lösende Wirkung auf neue Mengen phosphorsauren Kalk u. s. w. — Man sieht, der ursprünglich unlöslich im Guano enthaltene phosphorsaure Kalk geht auf diese Weise in ein lösliches, leicht im Boden verbreitbares phosphorsaures Salz über, welches, bei genügender Anwesenheit der übrigen Nährstoffe im Boden, von höchster Bedeutung für ein rasches Pflanzenwachsthum ist.

In dem mit Wasser befeuchteten Guano geschieht Anfangs die Umsetzung des oxalsauren Ammoniak's in phosphorsaures bis zu einer gewissen Grenze rasch, dann aber sehr langsam. Ertheilt man jedoch durch etwas Schwefelsäure dem Wasser, womit man den Guano befeuchtet, eine saure Reaction, so geht die Umwandlung mit der ursprünglichen Intensität fort, bis alle Oxalsäure aus der Lösung verschwunden ist; an die Stelle derselben ist Phosphorsäure getreten. Essigsäure und Kohlensäure haltiges Wasser, also auch die Bodenfeuchtigkeit, wirken ebenso wie die Schwefelsäure.

Aus diesen Versuchen erklärt sich die Wirkungslosigkeit des Guano in trockenen Jahren — seine Phosphorsäure geht nicht in leicht verbreitbares phosphorsaures Ammoniak über —, sowie in sehr nassen Jahrgängen; in letzterem Falle wird das oxalsaure und das schwefelsaure Ammoniak aufgelöst und fortgeführt, noch ehe sie ihre Wirkungen auf den unlöslichen phosphorsauren Kalk geübt haben.

15. Das **Rapskuchenmehl** besteht aus dem durch Auspressen vom Oele soviel als möglich befreiten zerkleinerten Rapssamen. — Nach den zahlreichen Analysen enthalten 100 Theile Rapskuchenmehl durchschnittlich zwischen 4 bis 4½ Thl. Stickstoff (= 25 bis 30 Th. Eiweißstoffe), 8 bis 10 Th. fettes Oel, 20 bis 25 Th. Kohlenhydrate, 11 bis 13 Th. Wasser, und 6 bis 7 Th. Asche, worin neben den übrigen Aschenbestandtheilen etwa 1,5 Theile Kali und 2,3 Th. Phosphorsäure sind.

Das Rapskuchenmehl enthält die, wenn man sie so nennen will, samenbildenden Aschenbestandtheile, und zwar in einer Menge, daß in 100 Pfunden sich deren soviel befinden, als in 250 bis 300 Pfd. Roggensammen (Liebig). Außerdem enthält das Rapskuchenmehl, wie die angeführte Analyse zeigt, sehr viel Stickstoff; allein er ist nicht als Ammoniak (Salpetersäure) darin enthalten, sondern dieser Nährstoff bildet sich erst im Boden durch Fäulniß (Verwesung). Bevor jedoch die organischen stickstoffhaltigen Bestandtheile, die Eiweißkörper, des Rapskuchenmehls in Ammoniak sich verwandelt haben, werden sie löslich und leicht verbreitbar im Boden. Das Löslichwerden erstreckt sich aber auch gleichzeitig auf die mit den Eiweißkörpern verbundenen Phosphate, und da diese von der Ackererde erst absorbirt werden, wenn die organische Verbindung, in welcher sie sich befinden, zerstört ist, so bleiben sie längere Zeit beweglich, und verbreiten sich im Boden hiedurch weiter und tiefer, als wenn sie in reinem Zustande gegeben worden wären.

Aus der oben mitgetheilten Zusammensetzung des Rapskuchenmehls erkennt man leicht, daß es ein vortreffliches, an Fleisch-(Kraft-)Bildungsstoffen und Fett reiches Futtermittel ist. Die landwirthschaftliche Praxis hat dieses auch längst gewußt, und außerdem erfahren, daß das Verhältniß zwischen Stickstoff und Aschenbestandtheilen noch ein viel ungünstigeres im Rapskuchenmehl ist, als selbst im Guano; daß sie ferner in den organischen Bestandtheilen des Knochenmehls ein ebenso vortreffliches Verbreitungsmittel der Phosphate hat (s. später); und endlich, daß sie bei Verfütterung des Rapskuchenmehls einen unter Umständen noch wirksameren Dünger in den Excrementen der damit gefütterten Thiere erhält, als es selbst darstellt.

Seitdem hat die Verwendung des Rapskuchenmehls als Düngemittel bedeutend abgenommen; man läßt seine werthvollen organischen Stoffe zuerst im Thierorganismus zur Wirkung kommen und verwendet die abfallenden Excremente. Will man aber Phosphate in tiefere Bodenschichten verbreiten, so verwendet man hiezu das in 100 Theilen 25 Theile Phosphorsäure enthaltende Knochenmehl.

16. Die Phosphorsäure-Dünger. Die wichtigsten sind Knochenmehl, verschiedene unter den Namen Guano in den Handel gebrachte, an Phosphorsäure reiche Dünger, wie Backer-Jarvis- und Sombrero-Guano, sowie die phosphorsäurehaltigen Fossilien und Mineralien, von denen wir Phosphorit (Apatit) und Koprolithen nennen.

Die Knochen enthalten zwischen 26—30 Theile organische stickstoffhaltige Substanz (Leimsubstanz und etwas Fett), sowie 70—74 Theile phosphorsauren Kalk (mit etwas phosphorsaurer Magnesia und Fluorcalcium) und kohlensauren Kalk. Die Menge der Phosphorsäure beträgt in den wohlgereinigten Knochen 27 bis 28 Proc., in der Knochenasche zwischen 39 und 40 Proc. — Die Knochen werden vor ihrer landwirthschaftlichen Verwendung gewöhnlich entfettet, einige Zeit heißen Wasserdämpfen ausgesetzt (gedämpft) und dann auf das Feinste gepulvert = Knochenmehl.*) Diese vorbereitenden Operationen ermöglichen die gehörige Vertheilung des Knochendüngers auf dem Felde und die raschere Wirksamkeit desselben. Je feiner gepulvert und besser gedämpft die Knochen sind, desto rascher wird die stickstoffhaltige Leimsubstanz löslich, desto schneller verbreitet sie sich sowohl, als auch die damit verbundenen Phosphate und in desto kürzerer Zeit ist die Ammoniak-(Salpetersäure-)Bildung vollendet. — Ueber die Löslichkeit der Knochenbestandtheile, also der Leimsubstanz und durch sie der Phosphate, hat Wöhler Versuche angestellt. Bleibt Knochenmehl einige Zeit mit Wasser in Berührung, so geht eine nachweisbare Menge von Phosphaten in Lösung über. Diese Löslichkeit ist jedoch nicht etwa von einem Kohlensäuregehalt des Wassers abhängig, denn auch das durch längeres Kochen von aller Kohlensäure befreite Wasser löst phosphorsauren Kalk auf. Ließ man durch dieselbe Menge Knochenmehl Monate lang Wasser durchfließen, so nahm die Löslichkeit nicht ab, sondern sogar in dem Maaße zu, als die organische Substanz in Fäulniß überging.

Der Jarvis-, Baker- und Sombrero-Guano, letzterer wahrscheinlich nicht einmal aus Guano entstanden, sondern eine Art Phosphorit, sind reich an Phosphorsäure und gleichen in ihrer Zusammensetzung nicht entfernt dem Peru-Guano, wohl aber den phosphorsäurehaltigen Fossilien und Mineralien. Der Jarvis-Guano enthält lösliche Phosphorsäure und vielen Gyps; er kommt nur in geringer Menge im Handel vor; in desto größeren Mengen aber der Baker-, und in letzter Zeit auch der Sombrero-Guano; sie stammen von verschiedenen kleinen Inselgruppen des stillen Oceans und enthalten zwischen 35—40 Proc. Phosphorsäure, also fast

*) Reines käufliches Knochenmehl (gedämpftes) enthält zwischen 24—25 Proc. Phosphorsäure, 30 bis 32 Proc. Kalk und 4—4 1/2 Proc. Stickstoff.

die Menge der Knochenasche. Eine gleiche Menge Phosphorsäure enthalten die verschiedenen Phosphorite, während die Analyse in den Koprolithen zwischen 15 bis 30 Phosphorsäure-Procente erweiset.

Alle diese Dünger enthalten die Phosphorsäure in Verbindung mit Kalk, als sog. dreibasisch phosphorsauren Kalk. Dieses Phosphat ist auch in dem Knochenmehl enthalten. Während aber in dem Maaße, als sich die Leimsubstanz des Knochenmehles löset, auch die Lösung des Kalksalzes vor sich geht, geschieht die Lösung der Phosphate des Bakerguano, des Phosphorits 2c. nur durch den Kohlensäuregehalt der Bodenfeuchtigkeit; sie geht, selbst wenn diese Dünger feingepulvert angewendet werden, nur äußerst langsam vor sich, und das für solche Dünger aufgewendete Kapital würde der Landwirth erst nach Jahren wieder vom Boden erhalten. Diesem langsamen Kapitalumsatze beugt der Landwirth vor und erhält sein aufgewendetes Geld in kurzer Zeit wieder, wenn er die Phosphorsäure der genannten Düngemittel leichtlöslich für Wasser macht. Solches geschieht, indem mit einer Mineralsäure, gewöhnlich Schwefelsäure, der Phosphorsäure ein Theil des Kalkes entzogen wird, wodurch sie in eine in Wasser lösliche Verbindung übergeht. Man nennt das Löslichmachen der unlöslichen Phosphorsäure „Aufschließen" und das erhaltene Präparat: Superphosphat. — Die guten Superphosphate enthalten zwischen 18 bis 20 Proc. in Wasser löslicher Phosphorsäure.

Die landwirthschaftliche Bedeutung der Phosphorsäure — ihre physiologische s. S. 76 — ist nicht zu verkennen, wenn man bedenkt, daß in den weitaus meisten Fällen die Phosphorsäure der in geringster Menge im Boden vorhandene Nährstoff ist, und die Feldgüter, durch die Ausfuhr von Getreide und Vieh, stets daran erschöpft werden. Der Landwirth hat daher für die Erhöhung und Ersatzleistung der Phosphorsäure des Bodens auf das Eifrigste zu sorgen. Aber es wäre sehr verkehrt und würde ein schlechtes Verständniß der Lehre vom Ersatze verrathen, wenn der Landwirth seinen Feldern nur Phosphorsäure und nicht neben ihr auch die anderen, dem Boden entzogenen Aschenbestandtheile geben würde. Die Phosphorsäure ist ja ein einseitiges Düngemittel und bringt, wie alle diese, nur Erfolge hervor, wenn die andern Pflanzen-Nahrungsstoffe gleichfalls im Boden in dem gehörigen Verhältniß vorhanden sind; ist dieses nicht der Fall, so bleibt eine Phosphorsäure-Düngung wirkungslos. — Durch fortwährende alleinige Gabe von Phosphorsäure wird also das Feld an den anderen Nährstoffen erschöpft, ein unrichtiges Nährstoffverhältniß im Boden hervorgerufen und die anfängliche gute Wirkung der Phosphorsäure-Düngung bleibt aus.

Die Frage, ob der Landwirth Knochenmehl oder Superphosphat verwenden soll, ist nicht schwer zu lösen. In allen Fällen, wo die Phosphorsäurewirkung eine langsamere sein darf, wo sich die Säure in die Tiefe verbreiten soll und wo man Werth auf die Leimsubstanz, als Ammoniakquelle, zu legen hat, ist die Verwendung des Knochenmehls angezeigt. Ueberall jedoch, wo der Landwirth eine schnelle Wirkung durch die Phosphorsäure erzielen und die Wurzel ihre Nahrung vorzugsweise der Ackerkrume entnimmt, wird das Superphosphat bei weitem vorzuziehen sein.

17. Die Asche verwendet man zur Düngung schon seit den ältesten Zeiten und zwar mit dem größten Erfolge; sie enthält alle fixen (nicht flüchtigen) Pflanzennahrungsstoffe und gehört demnach zu den vollkommenen Düngemitteln.

Die Wirkung der Asche ist eine sehr verschiedene, denn die Asche der verschiedenen Pflanzen enthält die einzelnen Bestandtheile in sehr ungleicher Menge und in einem verschiedenen Grade der Löslichkeit. Das kohlensaure Kali der Buchenholzasche löst sich zur Hälfte im Wasser auf, die andere

Hälfte ist mit kohlensaurem Kalk verbunden und wird erst sehr allmählig durch längere Einwirkung der Bodenfeuchtigkeit in den löslichen Zustand übergeführt; die Asche der Nadelhölzer giebt anfänglich gar kein Kali an kaltes Wasser ab, alles Kali bildet hier mit dem Kalk die erwähnte Verbindung. Außerdem enthält die Buchholzasche 12 Proc. Kali, die Föhrenholzasche 9 Proc.; erstere enthält ferner 7 Proc. Phosphorsäure, letztere 3 bis 4 Proc. — Die Steinkohlenasche enthält nur Spuren von Phosphorsäure und sehr geringe Menge von Kali, die Torfasche enthält $^1/_2$ bis $1^1/_2$ Proc. Kali und $^2/_{10}$ bis 2 Proc. Phosphorsäure.

Die landwirthschaftliche Verwendung der Asche, besonders der an kohlensaurem Kali reichen, wie z. B. der Holzasche, muß vorsichtig geschehen. Das kohlensaure Kali löst sich nemlich in der Bodenfeuchtigkeit, und wenn es auch nicht lange Zeit in derselben bleibt, sondern rasch von der Ackererde absorbirt wird, so reicht die kurze Zeit der alkalischen Beschaffenheit der Bodenfeuchtigkeit schon hin, einen schädlichen Einfluß auf die Pflanzenwurzeln, und damit auf die Pflanzen selbst zu üben. Die Pflanzen werden ja schon von äußerst schwach alkalischen Lösungen sehr schnell getödtet.*) Es ist deßhalb geboten, die Asche sogleich auf dem Acker unterzubringen, oder wenn eine bereits vorhandene Vegetation damit gedüngt werden

*) Manche Ackererden, mit überschüssigem Wasser in Berührung gebracht, veranlassen eine schwach alkalische Reaction des Wassers; in diesem Wasser entwickeln sich jedoch abgeschnittene Weidenzweige sehr gut; das Wasser enthält Spuren von Alcalien, Chlor, Schwefelsäure und nicht unbedeutend Kalk. Ist jedoch dem Wasser die alkalische Reaction durch eine äußerst geringe Menge kohlensaures Kali ertheilt, so sterben die Weidenzweige. Es ist daher mehr als wahrscheinlich, daß die alkalische Reaction des mit Ackererde in Berührung gewesenen Wassers nicht durch gelöstes kohlensaures Kali, sondern durch den Kalkgehalt der Lösung hervorgerufen wurde, denn, wie Pettenkofer bewiesen, reagirt amorpher kohlensaurer Kalk alkalisch (Zöller).

soll, sie mit Erde vermischt, am besten vielleicht in Form von Compost, anzuwenden.

18. **Kalk, Mergel, Schlamm, Compost.** Der Kalk kann auf kalkarmen Böden als Pflanzennahrungsstoff wirken; aber neben dieser direkten Wirkung übt er noch eine indirekte: er schließt die chemisch gebundenen Nährstoffe des Bodens auf und ermöglicht so ihren Uebergang in geradezu wirksame Pflanzennahrung. Die Fuchs'schen Versuche beweisen dieses. Töpferthon oder Pfeifenerde, mit Wasser angerührt, werden beim Vermischen mit Kalkmilch sogleich dicker; überläßt man ein solches Gemenge einige Monate sich selbst, so findet man, daß durch die Einwirkung des Kalkes das Thonerdesilicat förmlich aufgeschlossen wird, es bildet sich kieselsaurer Kalk und neben der Thonerde wird der ganze Gehalt an Alkalien, welche diese Thone fast immer begleiten, in Freiheit gesetzt. — Die Wirkung des Kalkes auf die Gesteine des Bodens ist nun ganz dieselbe, und wie sehr der Kalk das Vermögen hat, die unaufgeschlossenen Nährstoffe des Bodens in für die Pflanzen assimilirbare überzuführen, beweisen eine Reihe von Reuning mitgetheilter Versuche. Das Versuchsfeld war an Pflanzennahrungsstoffen reich, nur enthielt es dieselben nicht in der Aufnahmsform. Die indirecte Wirkung nun, welche der Kalk durch Aufschließung des Bodenreichthums hervorbrachte, war größer als die directe Wirkung mit stickstoffreichen Düngemitteln, wie Guano, Rapskuchenmehl und Knochenmehl. In einem vierjährigen Fruchtumlaufe gaben gleichgroße Stücke desselben Feldes folgende Erträge:

	1851	1852	1853	1854	
Gedüngt mit:	Roggen (Korn u. Stroh)	Kartoffeln	Hafer (Korn u. Stroh)	Rothklee	
1644 Pfd. Knochenmehl (darin 74 Pfd. Stickstoff)	4263	8994	3496	4614	Pfd.
3288 Pfd. Rapsmehl . (darin 158 Pfd. Stickstoff)	4954	11264	3093	3100	„

Gedüngt mit:	1851 Roggen (Korn u. Stroh)	1852 Kartoffeln	1853 Hafer (Korn u. Stroh)	1854 Rothklee
616 Pfd. Guano . . (darin 80 Pfd. Stickstoff)	4935	10311	2631	2737 Pfd.
110 Cntr. Kalk . . .	4150	12357	3632	4438 „

Es ist unzweifelhaft, öftere und alleinige Kalkdüngungen müssen die Felder sehr rasch erschöpfen, und es ist daher bei Anwendung des Kalkes die höchste Aufmerksamkeit auf die gehörige Ersatzleistung der in den Ernten entzogenen Bodenbestandtheile zu richten.

Der Mergel besteht seiner Hauptmasse nach aus Thon, mit 16 bis 20 Proc. kohlensaurem Kalk. Er enthält ferner sämmtliche Pflanzennahrungsstoffe, theils geradezu wirksam, theils chemisch gebunden; letztere gehen aber durch den Gehalt des Mergels an Kalk ziemlich rasch in die wirksame Form über.

Die landwirthschaftliche Wirksamkeit des Mergels ist daher bedingt: durch seinen Gehalt an direct aufnehmbaren Pflanzen-Nahrungsstoffen — Salzsäure löste aus zwei geschätzten Mergelsorten 0,2 bis 0,3 Proc. Phosphorsäure und über 0,1 Proc. Kali auf (Zöller) — und den aufschließbare Pflanzennahrung enthaltenden Silicaten; außerdem wirkt der Mergel als Bodenverbesserungs- und Bodenaufschließungsmittel. Der Mergel lockert nemlich auf eine vortreffliche Weise den Boden, indem er beim Austrocknen nicht wie die Thonböden zusammenhängende Massen bildet, sondern hiebei zu einem Pulver zerfällt. Als Aufschließungsmittel wirkt der Mergel durch seinen Gehalt an Kalk, und diese Wirkung könnte natürlich sehr verstärkt werden, wenn man den Mergel im gebrannten Zustande verwenden würde.

Schlamm und Compost sind gewissermaßen eines und dasselbe, denn den Schlamm kann man als natürlichen Compost betrachten. Beide, Schlamm und Compost, bestehen aus Erde, welche mehr oder weniger mit Pflanzennahrungsstoffen gesättigt ist; nur führt bei der Compostbereitung der Landwirth der Erde die Pflanzennahrungsstoffe zu — die Zusammensetzung des Compostes muß also, je nach der Bereitungsart, sehr verschieden sein —, während die Zuführung beim Schlamm durch das die Schlammerde führende Wasser geschieht. Es ist klar, der Gehalt des Schlammes an absorbirten (wirksamen) Nahrungsstoffen hängt ab: von der Zusammensetzung und den absorbirenden Eigenschaften der Schlammerde, sowie von dem Gehalte des Wassers an Pflanzennahrungsstoffen, und die Menge darin enthaltener Pflanzennahrung muß deßhalb bei verschiedenen Schlammarten ungleich sein. 100 Theile Scheldeschlamm, mit Salzsäure ausgezogen, ergaben, nach Zöller, 0,67 Th. Alkalien und 0.29 Thl. Phosphorsäure, außerdem noch 0,56 Th. Stickstoff; 100 Th. Schlamm aus der Gegend von Zwickau, nach Siegert, zwischen 0,17 bis 0,2 Th. Phosphorsäure und 0,75 Th. Kali; 100 Th. Rheinschlamm, nach Grouven, 0,29 Th. Phosphorsäure und 0,16 Th. Kali.

Neben der Wirkung, welche Compost und Schlamm durch ihren Gehalt an absorbirten Pflanzennahrungsstoffen äußern, üben sie auch eine solche durch die chemische und physicalische Beschaffenheit der Erde, aus welcher sie bestehen.

Der landwirthschaftlichen Verwendung irgend eines Schlammes, dessen Wirksamkeit der Landwirth durch die Erfahrung nicht schon von vornherein kennt, muß stets eine chemische Prüfung vorangehen. Manche Schlammarten sind sehr arm an Nährstoffen; andere, wie Sand und Alm, vernichten häufig auf Jahre hinaus geradezu das Ertragsvermögen der Felder; und wieder andere bedürfen einer längeren Einwirkung der Luft und der trockenen Wärme, um nicht schädliche Einflüße auf den Pflanzenwuchs zu äußern und besonders, um den sog. Wurzelbrand*) nicht hervorzurufen.

19. Der Gyps, wie er in der Landwirthschaft verwendet wird, ist natürlich vorkommender wasserhaltiger schwefelsaurer Kalk im gemahlenen Zustande; er enthält, wenigstens seine besseren Sorten, zwischen 66 bis 76 Proc. schwefelsauren Kalk.

Die Wirkung des Gypses auf das Pflanzenwachsthum scheint sehr vielseitig zu sein, ist aber bis jetzt nur nach einzelnen Richtungen hin aufgeklärt. — Man hielt früher den

*) Der sog. Wurzelbrand bei den Landpflanzen ist weiter nichts als eine Fäulnißerscheinung. Die organische Substanz der Wurzel fängt an sich von Außen nach Innen zu zersetzen. Die nächste Folge davon ist die Bildung verschiedener für das Pflanzenleben geradezu tödtlicher Gase, wie Kohlenwasserstoffe und Schwefelwasserstoff. Entweder geht die Fäulniß von der äußeren, bereits abgestorbenen Wurzelschicht aus, oder sie wurde auf die Wurzel übertragen durch die im Boden befindlichen faulenden organischen Körper. — In beiden Fällen ist aber die Ursache der fauligen Zersetzung: eine für das Gedeihen der Pflanze nicht mehr genügende Sauerstoffmenge im Boden. Dieser Mangel kann durch verschiedene Umstände veranlaßt sein: durch eine zu große Menge leicht zersetzbarer organischer Stoffe in einem nassen schweren Boden; durch Vorhandensein von Eisenoxydul; durch alkalische Beschaffenheit der Bodenfeuchtigkeit; oder endlich durch zeitweilig stagnirendes Wasser, oder zu große wasserhaltende Kraft des Bodens bei geringer Lockerheit. In den drei ersten Fällen wird der Sauerstoff fortwährend verwendet, es fehlt um die Wurzel der Pflanze herum die Sauerstoffatmosphäre; im letzteren Falle ist die Luft durch Wasser verdrängt. In den drei ersten Fällen ist die Schädlichkeit vorübergehend; im letzteren Falle muß jedoch durch Drainirung oder Bodenverbesserung, oder durch beide gleichzeitig dagegen gewirkt werden. Ist der Boden schwer, von geringer Lockerheit und stark das Wasser festhaltend, so nützt Drainirung nicht allein, denn der zusammenhängende, wasserhaltende Boden wird, selbst drainirt, besonders bei naßkalter Witterung, den Wurzelbrand hervorrufen, indem der Wechsel zwischen Wasser und Luft nicht rasch genug stattfindet. In diesem Falle muß der geeignete Bodenzustand durch Sand, oder ähnliche Bodenverbesserungsmittel, und gleichzeitige Drainirung hervorgerufen werden.

Gyps für ein Fixirungsmittel des in der Luft enthaltenen kohlensauren Ammoniaks, allein von dieser Eigenschaft kann unmöglich seine Wirksamkeit abgeleitet werden, denn jede Ackererde besitzt das Vermögen, Ammoniak aus der Luft zu verdichten und festzuhalten. Man glaubte ferner, daß der Gyps das Verdunstungsvermögen der Pflanzen verringere, und daher der Wasservorrath eines gegypsten Bodens länger ausreiche, als der eines ungegypsten; diese mit den Thatsachen kaum in Einklang zu bringende Hypothese über die Gypswirkung, ist äußerst gewagt. — Bis heute sind überhaupt nur zwei Wirkungsweisen des Gypses mit Sicherheit festgestellt, nemlich die, daß er durch seinen Gehalt die Pflanzen mit Kalk und Schwefelsäure versehen kann, und daß er in sehr verdünnten Lösungen: Pflanzennahrungsstoffe, vorab Magnesia und Kali im Boden verbreitet (Liebig). Wasser, welches für sich kein, oder nur ein geringes Lösungsvermögen für die Nährstoffe des Bodens hat, erhält eine bedeutend anziehende Kraft für dieselben, wenn es nur einen sehr geringen Gypszusatz erhält. So löste 1 Liter reines Wasser aus 300 Grammen der Erde eines Weizenackers 30 Milligramm Magnesia und 8 Milligrm. Kali, dagegen 1 Liter Gypswasser: 74 Milligrm. Magnesia und 15 Milligrm. Kali.

Die besondere Wirkung des Gypses besteht also darin: den rascheren Umsatz des Kalis und der Magnesia, überhaupt der Pflanzennahrungsstoffe des Bodens, zu veranlassen; den hiedurch bewirkten höheren Erträgen muß natürlich ein höherer Ersatz folgen, soll der Acker nicht erschöpft werden und die Erfolge der Gypsdüngung sich stets wiederholen.

20. Außer den angeführten Düngstoffen werden noch eine große Zahl von Substanzen, welche Pflanzennahrungsstoffe enthalten, und theils organischen, theils unorganischen Ursprunges sind, als Dünger verwendet. Entweder benützt sie der Landwirth geradezu am Orte ihres Vorkommens, oder der Handel

bemächtigt sich ihrer und bringt sie in eine passende Form. Solche Handelsdünger hat man häufig künstliche Düngemittel genannt. Dieser Namen ist sehr unpassend, denn künstliche Dünger existiren nicht. Die Handelsdünger enthalten dieselben Pflanzennahrungsstoffe, wie die sog. natürlichen Dünger, die thierischen Excremente u. s. w.; die Nährstoffe beider sind sich in ihrer Wirksamkeit gleich und unterscheiden sich nur dadurch, daß die einen vorzüglich der Landwirth, die anderen der Fabrikant sammelt. In den Excrementen der Thiere erhält der Landwirth gewöhnlich die Pflanzennahrungsstoffe seiner eigenen Felder; der Fabrikant dagegen sammelt die Nährstoffe, wo er sie findet.

Den sog. fabricirten Handelsdüngern gab man verschiedene Benennung; man bezeichnete sie, freilich wenig entsprechend, mit Kunstguano, Normaldünger, concentrirter Stalldünger; oder man gab ihnen nach den Abfällen, aus welchen sie bereitet wurden, die zweckmäßigeren Namen: Poudrette, Blutdünger, Harndünger, Fischdünger 2c.; ferner nach ihrem vorwiegenden Bestandtheilen: Stickstoffdünger, Phosphorsäuredünger, Kalidünger 2c.; endlich nach dem Ersatze, den sie vermöge ihrer Zusammensetzung leisten sollen: Getreidedünger, Wiesendünger, Rübendünger, Tabakdünger 2c. — Alle diese Namen dürfen jedoch den Landwirth nicht täuschen; nur der durch eine gute Analyse bestätigte Gehalt dieser Düngerarten an den landwirthschaftlich wichtigsten Pflanzennahrungsstoffen ist maaßgebend und bestimmt ihren Preis. — Nach dem Gehalte muß der Landwirth den Handelsdünger kaufen und nicht nach anpreisenden Namen und Anzeigen.

21. Die Wirksamkeit eines Düngemittels hängt ab: von seinem Gehalte an Pflanzennahrungsstoffen und von gewissen Nebeneigenschaften, durch welche der Dünger gleichzeitig die Wirkung der Bodenverbesserungsmittel übt.

Der Erfolg eines Düngemittels dagegen hängt bei sonst gleichen äußeren Wachsthumsbedingungen ab: von der Düngermenge, von der Culturpflanze, bei welcher der Dünger Anwendung findet, und zuletzt von der Beschaffenheit des Bodens, vorzugsweise von seinem Gehalte an aufnehmbaren Pflanzennahrungsstoffen.

Kennt man, bei gleichen äußeren Wachsthumsbedingungen, die Bodenbeschaffenheit und die anzubauende Pflanze, so ist der mögliche Erfolg eines Düngemittels gegeben. — Hiebei ist jedoch die Bodenbeschaffenheit immer Hauptfactor, denn sie beherrscht den Erfolg des Düngers. Wie schon auf Seite 44 nachgewiesen, bringt ja die gleiche Menge des nemlichen Düngemittels äußerst ungleiche Erfolge auf verschiedenen Feldern hervor; 100 Centner Stallmist erzeugten in Mäusegast (innerhalb 4 Jahren) einen Mehrertrag von 3625 Pfd. Pflanzensubstanz, in Oberbobritzsch nur einen solchen von 1839 Pfd.

Es konnte deßhalb nichts Verkehrteres geben, als die Annahme: der Erfolg verwendeter Düngemittel auf irgend einem Felde, müßte durch dieselbe Düngermenge auf einem beliebigen anderen Acker gleichsfalls hervorgebracht werden; oder, wenn auf einem englischen Acker der Chilisalpeter einen großen Erfolg hatte, so müßte er auch auf allen übrigen englischen Feldern, sowie auf allen deutschen eine gleich hohe Ernte liefern. In der That datirt sich diese Ansicht von einer Zeit, in der man glaubte, der Dünger erzeuge die Ernte. Wir wissen es jetzt besser. Der Dünger wird dem Felde gegeben, nicht um es fruchtbar zu machen, sondern um seine Fruchtbarkeit zu erhalten (Liebig).

III. Abschnitt.

Ersatzlehre.

1. Durch die Ernten werden dem Boden Bestandtheile entzogen, ebenso der Luft; diese Bestandtheile sind die Pflanzennahrungsstoffe (S. 7); die Pflanzen erzeugen aus ihnen und unter ihrer Mitwirkung die Ernten.

Die Nahrungsstoffe, welche die Luft den Pflanzen bietet, sind immer vorhanden; sie bilden sich bei Zerstörung der organischen Stoffe fortwährend; sie sind gasförmig und fließen stets wieder dahin, wo man sie hinwegnahm oder hinwegnimmt (S. 13); auf ihren Ersatz hat der Landwirth keine Rücksicht zu nehmen, er führt sie seinen Feldern nur in bestimmten Fällen zu (S. 196).

Anders verhält es sich mit den Nahrungsstoffen der Pflanzen, welche im Boden ausschließlich vorhanden sind, mit den Aschenbestandtheilen; sie haben keine luftförmige Form und, einmal dem Acker entzogen, kehren sie von selbst nicht zurück; sie müssen vielmehr dem Boden wieder zugeführt werden (S. 15). Für den Ersatz der Aschenbestandtheile*) hat daher der Landwirth unter allen Umständen Sorge zu tragen.

2. Die Aufgabe des Landwirthes ist, auf einer gegebenen Bodenfläche dauernd das Maximum an thierischen Nahrungsmitteln oder deren Werthe zu produciren (S. 196). Dieses

*) Für Aschenbestandtheile gebrauchten wir in der Ersatzlehre sehr häufig das Wort „Bodenbestandtheile".

kann aber nur geschehen, wenn die Fruchtbarkeit der Felder nicht abnimmt.

Es ist dargethan worden, daß die Fruchtbarkeit der Felder abhängig ist von der Summe der Pflanzennahrungsstoffe, welche im Boden vorhanden ist; die Ernte von den Theilen dieser Summe, welche im Pflanzen-Organismus wirksam werden (S. 158).

Die Summe der ausschließlich im Boden befindlichen Pflanzennahrungsstoffe ist jedoch eine absolute und verhältnißmäßig -- der Bodenmasse gegenüber — sehr geringe (S. 15); außerdem sind die Nahrungsstoffe in zwei verschiedenen Zuständen im Boden vorhanden: in einem solchen, in welchem sie direkt von der Pflanze aufgenommen werden können, und im chemisch gebundenen, nicht geradezu für die Pflanzenwurzeln aufnehmbarem Zustande; in diesem Falle macht sie erst der Verwitterungsproceß wirksam, er führt sie in die Aufnahmsform über (S. 50).

Die Ernten, welche man den Feldern nimmt, vermindern also die Fruchtbarkeit, d. i. die Summe der Nährstoffe im Boden, und zwar die der direct wirksamen Pflanzennahrungsstoffe. Nichts ist nun leichter als einzusehen, daß einem Felde, soll ihm die Fähigkeit bleiben mindestens dieselben hohen Ernten fortwährend zu ertragen, die entzogenen Nährstoffe in passender Form zurückgegeben werden müssen. Geschieht dieses nicht, so nimmt der Acker an den Bedingungen seiner Fruchtbarkeit fortwährend ab, er wird erschöpft.

3. Unter Erschöpfung versteht man eine solche Abnahme an den aufnehmbaren-Bodenbestandtheilen der Felder, daß diese, so günstig auch die äußeren Wachsthumsbedingungen sein mögen, keine guten Erträge mehr liefern. Diese Erschöpfung ist entweder eine temporäre (die sog. landwirthschliche Erschöpfung), oder sie ist eine dauernde (Unfruchtbarkeit der Felder).

Die temporäre Bodenerschöpfung kann gehoben werden, wenn man die direkt aufnehmbaren Nahrungsstoffe in dem Boden wieder auf die Höhe vor der Erschöpfung bringt. Dieses geschieht durch Zufuhr der entzogenen Bodenbestandtheile, oder durch Einfluß des Verwitterungsprocesses auf die chemisch gebundenen Nahrungsstoffe des Ackers, oder endlich durch Zufuhr und Verwitterung gleichzeitig. Nur im ersteren Falle bleibt die Fruchtbarkeit der Felder erhalten, in den beiden anderen Fällen dagegen wird sie allmählig vernichtet, es tritt die totale Erschöpfung, d. i. die Unfruchtbarkeit der Felder ein. — Es ist nicht zu läugnen, die totale Erschöpfung der Felder, die Unfruchtbarkeit, kann gleichfalls gehoben werden durch die Zufuhr der gehörigen Menge von Aschenbestandtheilen; allein die Nährstoffmenge, welche man hiezu bedürfte ist eine so bedeutende, daß dieses nicht nur ein äußerst kostspieliges, sondern auch für größere Flächen geradezu unausführbares Unternehmen sein würde. Die Quantität der hiezu gehörenden Aschenbestandtheile wäre nicht aufzubringen (S. 31).

4. Der Grad der Erschöpfung wird ausgedrückt durch die Summe der Bodenbestandtheile, welche die Ernte dem Felde entzieht. Es genügt daher in den Feldfrüchten die einzelnen Aschenbestandtheile der Menge nach zu bestimmen, und hieraus den Entzug durch die Ernte zu berechnen.

Die auf Seite 227 stehende Tabelle dient zu einer solchen Berechnung. Es sind die Aschenbestandtheile angegeben, welche in einem Centner der verschiedenen Feldprodukte enthalten sind, und es ist daher nur nöthig, die in der Tabelle angeführten Zahlen mit den geernteten Centnern zu multipliciren, um die Größe der Erschöpfung des Feldes an Phosphosäure, Kali u. s. w. kennen zu lernen. Hätte man 25 Centner Weizenkörner z. B. von einem Felde geerntet, so wären diesem

Felde durch die Körnerernte entzogen worden 25 × 0,859 Pfd. Phosphorsäure = 21½ Pfd. Phosphorsäure und 25 × 0,553 Pfd. Kali = 14⅕ Pfd. Kali; oder wären 200 Centner Kartoffelknollen geerntet worden, so betrüge die Erschöpfung 200 × 0,704 Pfd. Kali = 140⅘ Pfd. Kali und 200 × 0,173 Pfd. Phosphorsäure = 34⅗ Pfd. Phosphorsäure. — Es ist ferner in der Tabelle — zur Berechnung der Düngermenge aus der Trockensubstanz der Futtermittel, S. 181 — der Wassergehalt der Feldfrüchte angegeben; zieht man diesen von 100 Pfd. ab, so erhält man die Trockensubstanz, welche ein Centner der Fruchtgattung enthält. — Endlich ist die Stickstoffmenge in 100 Pfd. der Bodenerzeugnisse noch in der Tabelle erwähnt, um daraus, im Falle es interessirt, den Gehalt des Düngers an Stickstoff annähernd bestimmen zu können (S. 185).

5. Die Wichtigkeit der Ersatzleistung der einzelnen Pflanzennahrungsstoffe bei dem landwirthschaftlichen Betriebe ist, je nach der vorhandenen Menge, eine verschiedene, — die Pflanzennahrungsstoffe sind für den Landwirth nicht gleichwerthig (S. 65).

Soll die Pflanze sich entwickeln, so darf selbstverständlich kein Nährstoff fehlen (S. 64); soll sie das Maximum an organischer Substanz hervorbringen, so müssen die Nährstoffe in aufnehmbarer Form, ausreichender Menge und richtigem Verhältnisse vorhanden sein. Hiefür hat der Landwirth zu sorgen. Nun findet sich aber, daß in den verschiedenen Bodenarten manche Pflanzennahrungsstoffe den anderen und dem Bedürfnisse der Pflanzen gegenüber, in unverhältnißmäßiger Menge vorhanden sind, und ihre Ersatzleistung daher um so weniger geboten erscheint, als die Pflanze, wie schon öfter erwähnt, nur im Verhältnisse des im Boden in geringster Menge vorhandenen nothwendigen Nahrungsstoffes die übrigen bedürfenden Nahrungs-

Gehalts-Tabelle.

100 Pfd. enthalten	Feuchtigkeit	Stickstoff	Kali	Natron	Magnesia	Kalk	Phosphorsäure	Kieselsäure
	Pfd.	Pfd.	Pfd.	Pfd.	Pfd.	Pfd.	Pfd.	Pfd.
Weizen (Körner)	14,4	2,05	0,553	0,082	0,212	0,063	0,859	0,022
Dinkel (Spelz)	14,4	1,60	0,442	0,130	0,195	0,116	0,724	0,922
Roggen (Körner)	14,3	2,05	0,455	0,194	0,209	0,096	0,913	0,028
Gerste (Körner)	14,3	1,90	0,403	0,113	0,195	0,056	0,793	0,581
Hafer (Körner)	14,3	1,50	0,376	0,069	0,203	0,089	0,476	1,297
Mais (Körner)	12,9	1,67	0,473	0,247	0,250	0,108	0,795	0,271
Getreide-Stroh	10,2	0,36	0,578	0,371	0,191	0,401	0,365	3,492
Buchweizen (Körner)	13,9	0,96	0,312	0,064	0,175	0,024	0,637	0,019
Buchweizen (Stroh)	11,4	0,24	1,391	0,358	1,920	4,673	0,453	0,200
Wiesenheu	14,3	1,60	1,551	0,675	0,349	0,813	0,900	2,882
Kleeheu	16,7	2,15	1,043	0,301	0,680	2,141	0,602	0,236
Kleesamen	14,1	4,76	1,320	0,054	0,438	0,108	1,190	0'277
Erbsen (Körner)	14,3	3,98	1,012	0,151	0,190	0,210	0,869	0,021
Bohnen (Körner)	14,5	4,24	1,160	0,490	0,311	0,139	1,369	0,032
Wicken (Körner)	14,3	3,42	0,584	0,292	0,140	0,187	0,714	0,032
Linsen (Körner)	14,3	3,29	0,493	0,175	0,035	0,135	0,515	0,019
Rübsen (Körner)	11,0	2,13	0,778	—	0,471	0,090	0,648	—
Hülsenfrüchte-Stroh	14,6	1,15	1,541	0,306	0,695	0,529	0,481	0,473
Raps (Körner)	11,0	2,86	0,766	0,070	0,458	3,406	1,531	0,058
Raps (Stroh)	18,5	0,48	0,975	0,100	0,283	0,721	0,346	0,331
Leinsamen	12,3	3,50	1,195	0,067	0,388	0,925	1,572	0,041
Flachspflanzen (ganze Pflanze)	14,0	—	0,732	0,160	0,276	0,500	0,330	1,671
Hanfpflanzen (ganze Pflanze)	14,0	—	0,696	0,120	0,366	0,466	0,434	0,308
Hanfsamen	12,2	2,68	0,967	0,040	0,271	1,653	1,745	0,569
Mohnsamen	14,7	3,22	0,953	0,072	0,664	1,129	2,169	0,227
Runkeln (Rüben)	87,4	0,19	0,360	0,279	0,027	2,475	0,062	0,023
Runkeln (Blätter)	90,0	0,28	0,748	0,432	0,180	0,024	0,160	0,116
Zuckerrübe (Rüben)	80,2	0,16	0,364	0,061	0,068	0,141	0,114	0,025
Zuckerrübe (Blätter)	85,0	0,32	0,921	0,412	0,384	0,048	0,260	0,281
Weiße Rübe (Turnips-Rübe)	92,0	0,21	0,223	0,060	0,014	0,742	0,067	0,010
Weiße Rübe (Blätter)	86,0	0,30	0,387	0,232	0,080	0,061	0,170	0,212
Kartoffeln (Kraut)	79,0	0,32	1,084	0,062	0,212	0,401	0,201	0,053
Kartoffeln (Knollen)	75,0	0,40	0,704	0,005	0,042	0,017	0,173	0,011
Weißer Kohl	89,0	0,24	0,504	0,042	0,040	0,156	0,165	0,012
Hopfen	14,3	1,79	3,342	0,357	0,569	1,402	1,370	1,411
Tabak	17,5	2,90	4,360	0,421	1,050	4,107	0,843	0,213
Kalb (Lebendgewicht)	—	—	0,243	0,056	0,047	1,625	1,376	0,006
Ochs "	—	—	0,172	0,140	0,062	2,083	1,856	0,013
Schaf "	—	—	0,146	0,144	0,043	1,318	1,229	0,019
Schwein "	—	—	0,133	0,016	0,031	0,704	0,680	—
Milch	87,0	—	0,176	0,069	0,024	0,164	0,197	—
Wolle	—	—	—	0,560	—	0,313	0,266	0,195
Eier (8—10 Eier wiegen 1 Pfd.)	—	—	0,152	0,138	0,019	5,561	0,419	0,004
Bier	—	—	0,146	0,031	0,019	0,009	0,127	0,040
Biertreber (feucht)	75,0	0,95	0,051	0,010	0,122	0,140	0,459	0,390
Biertreber (lufttrocken)	7,3	3,42	0,187	0,036	0,451	0,519	1,697	1,441
Preßrückstände von Zuckerrüben	69,5	0,28	0,407	0,022	0,070	0,186	0,093	0,056
Kartoffelschlempe	94,8	0,16	0,431	0,040	0,044	0,027	0,101	0,017
Leinkuchen	11,0	4,42	1,445	0,092	0,991	0,538	2,187	—
Rapskuchen	15,0	4,40	1,360	—	0,825	0,608	2,060	1,487

stoffe aufnimmt; und sich also auch nach dem in minimo vorhandenen Nahrungsstoff der Ertrag des Feldes richtet (S. 41). Es würde daher von Seiten des Landwirthes sehr verkehrt sein, einem Kalkboden noch Kalk als Pflanzennahrungsstoff zuführen zu wollen; der Erfolg wäre gleich Null, denn der Kalk ist in diesem Falle, den übrigen Nährstoffen gegenüber, im Boden in maximo vorhanden. Hiezu kömmt aber noch, daß der Landwirth den Ersatz nicht leistet durch Zuführung chemisch reiner Pflanzennahrungsstoffe, sondern daß er dieselben unrein und gemischt miteinander giebt, dadurch werden aber manche Nahrungsstoffe, die an sich schon in ausreichender Menge in den meisten Böden enthalten sind, stets in mehr als genügender Quantität zurückgegeben und der Landwirth hat sich um sie keine Sorge zu machen.

6. Der landwirthschaftliche Ersatz muß sich demnach richten: nach dem Verhältnisse, in welchem die zu kultivirende Pflanze die Nahrungsstoffe bedarf, und dabei den in minimo im Boden vorhandenen und in maximo von der Pflanze gebrauchten Nahrungsstoff hauptsächlich im Auge behalten.

In den meisten Fällen sind aber die in geringster Menge im Boden vorhandenen und in größter Menge von den Pflanzen gebrauchten Nährstoffe: das Kali und die Phosphorsäure, und ihr Ersatz hat daher vorzugsweise stattzufinden. (S. 175.) Allein der Landwirth muß auch auf die Zuführung der übrigen Pflanzennahrungsstoffe Gewicht legen. Nicht wenige Bodenarten enthalten den Kalk in verhältnißmäßig geringer Menge, andere die Magnesia, wieder andere die lösliche Kieselsäure.

Wir haben schon ausgesprochen, daß beim Ersatze die Regel herrscht: „liefert der Boden eine gute Ernte, so kann er dieselbe, unter denselben günstigen Umständen, zum wiederholten Male hervorbringen, wenn man ihm die in der Ernte entzogenen Bodenbestandtheile in der Aufnahmsform und in der entzogenen Menge wieder zurückersetzt."

Strenge genommen braucht, wie im Vorhergehenden erwähnt, diese Regel für den Landwirth nicht Richtschnur bei der Ersatzleistung zu sein, denn er hat ja blos das Mengenverhältniß der Nährstoffe im Boden herzustellen, welches seine Pflanzen zur Hervorrufung der gewünschten Ernte bedürfen, und wenn der Boden daher Nährstoffe im Ueberschusse enthält, so kann er diese ohne Ersatz so lange hinwegnehmen, indem er nur den einen oder anderen nicht im Uebermaaß vorhandenen Nahrungsstoff ersetzt, bis das zur bestimmten Ernte nöthige Mengenverhältniß nun im Boden vorhanden ist; sind keine überschüssige Nährstoffe mehr hinwegzunehmen, dann erst müßten die entzogenen Bestandtheile vollständig wieder zurückgegeben werden.

Wenn der Landwirth trotzdem das an sich ruhende Kapital der überschüssigen Pflanzennahrungsstoffe des Bodens nicht in Bewegung setzt, sondern durch Befolgung der angeführten Regel auf seiner Höhe erhält, so hat dieses seinen Grund nur in der Vorsicht des Landwirthes den Boden nicht zu erschöpfen, weil er keine Methode besitzt, durch welche er die Menge der geradezu aufnehmbaren Pfanzennahrungsstoffe in den Feldern zu bestimmen im Stande wäre, er also nicht angeben kann, dieser oder jener geradezu aufnehmbare Nährstoff ist im Boden in größter oder geringster Menge vorhanden.

Auf eine Art suchte man freilich die in minimo im Felde enthaltenen, aufnehmbaren Nahrungsstoffe zu bestimmen. Indem Düngungsversuche mit den einzelnen Pflanzennahrungsstoffen angestellt wurden, kam man zum Schlusse: derjenige Nahrungsstoff, welcher den Ertrag des Bodens erhöht habe, sei in geringster Menge vorhanden und man brauche so lange die anderen Nahrungsstoffe nicht zuzuführen, als dieser, einzeln gegeben, noch den nemlichen Erfolg, d. h. dieselbe hohe Ernte liefere; erst dann, wenn sich die Ernten verminderten, müßten entweder alle entzogenen Bodenstoffe, oder mehrere Nährstoffe, welche, durch die vorhergehenden Ernten, nun nicht mehr im Ueberschusse, sondern in dem von der Pflanze benöthigten Verhältnisse im Boden vorhanden sind, zurückersetzt werden. Allein diese Methode ist nicht sicher.

In der Düngerlehre wurde bereits gezeigt, daß dem Boden gegebene Pflanzennahrungsstoffe nicht allein als solche wirken, sondern auch die im Boden vorhandenen Nahrungsstoffe aufschließen und verbreiten, und oft, wie bei der Kalk-, Kochsalz-, Chilisalpeter-Düngung, gerade hiedurch die hohen Ernten hervorrufen. Ist dieses aber der Fall, so werden durch eine derartige Düngung nicht die im Ueberschusse vorhandenen einzelnen Nährstoffe des Bodens, sondern sämmtliche Nährstoffe wirksam gemacht, und der Acker auf solche Weise rasch seiner Erschöpfung entgegengeführt.

7. Die Ersatzleistung der in den Ernten entzogenen Bodenbestandtheile geschieht durch den Dünger (S. 161), und wie man einseitigen und vollkommenen Dünger unterscheidet, so unvollkommenen und vollkommenen Ersatz.

Der vollkommene Ersatz findet statt durch Zufuhr aller dem Boden entzogenen Nahrungsstoffe in passender Form, richtigem Verhältnisse und gehöriger Menge (S. 226). Man giebt zu diesem Zwecke käufliche oder natürliche Düngstoffe; sie werden nach ihrem Gehalte an aufnehmbaren Pflanzennahrungsstoffen richtig zusammengemischt. — Bei Ersatzleistung durch Handelsdünger hat der Landwirth vorzugsweise deren Preis und Gehalt an Pflanzennahrungsstoffen in's Auge zu fassen, und nur die gehaltreichen und verhältnißmäßig billigen zu verwenden (S. 176).

Die Tabelle auf S. 233 ist für den vollkommenen Ersatz

der in den wichtigeren landwirthschaftlichen Producten ausgeführten Bodenbestandtheile berechnet.*) Sie giebt an, wie viel von den gebräuchlichsten käuflichen Düngemitteln erforderlich ist, um die Bodenbestandtheile in 100 Pfund der Ausfuhrgegenstände zu ersetzen. Bei Berechnung der Tabelle ist der Kali- und Phosphorsäuregehalt der Ausfuhrproducte und der Düngemittel zu Grunde gelegt und ermittelt, wie viel der ersteren dem Gehalte der letzteren an Kali und Phosphorsäure entspricht. Die übrigen Bodenbestandtheile sind dann gleichzeitig in den gegebenen Düngestoffen in mehr als genügender Menge vorhanden. Der geringe Kaligehalt des Bakerguano ist nicht berücksichtigt; in dem angegebenen Verhältniß von Bakerguano und Holzasche ist daher ein geringer Ueberschuß von Kali zugeführt. Als Ersatzmittel sind ferner noch Oelkuchen und Wiesenheu (von Wässerwiesen) aufgeführt; natürlich verwendet der rationelle Landwirth nur den aus ihnen bei der Verfütterung entstehenden Dünger.**)

---

*) Obige Tabelle, sowie zum größten Theile die Angaben der Gehaltstabelle (S. 227) sind von dem leider für die Wissenschaft zu früh verstorbenen Agriculturchemiker Dr. Rautenberg (Henneberg'sche Schule) berechnet (vgl. Journ. f. Landwirthschaft, Bd. 8, S. 216 u. 226).

**) Wir geben hier zur besseren Uebersicht, die Zusammensetzung verschiedener Düngemittel in tabellarischer Form:

100 Pfd. enthalten	Feuchtigkeit	Stickstoff	Kali	Natron	Magnesia	Kalk	Phosphorsäure	Kieselsäure
	Pfd.	Pfd.	Pfd.	Pfd.	Pfd.	Pfd.	Pfd.	Pfd.
Stalldünger, frisch	66,2	0,343	0,672	0,083	0,154	1,341	0,316	1,211
„ , verrottet	75,4	0,606	0,491	0,079	0,138	1,991	0,448	1,678
Mistjauche	—	0,390	0,280	0,073	0,041	0,012	0,010	0,013
Peruguano	14,4	14,300	0,613	3,455	0,792	12,110	13,700	—
Knochenmehl	5,0	4,400	—	—	0,700	31,322	25,600	—
Bakerguano	4,0	0,862	0,171	0,676	2,207	43,379	40,270	—
Superphosphat	—	—	2,310	—	1,050	24,200	18,830	—
Buchenholzasche	—	—	12,330	2,120	10,240	41,260	7,060	5,280
Eichenholzasche	—	—	8,630	2,790	3,990	60,360	4,870	0,940

Beim unvollkommenen Ersatze werden den Feldern einzelne oder alle Bodenbestandtheile nicht in der dem Entzuge entsprechenden Menge zurückersetzt. Gewöhnlich betrifft die mangelnde Zufuhr die landwirthschaftlich wichtigsten (S. 175) Bodenstoffe: Kali und Phosphorsäure. Es ist selbstverständlich, daß das Feld beim unvollkommenen Ersatze — da es ja nur eine verhältnißmäßig geringe Menge der Pflanzennahrungsstoffe enthält und diese durch die dem Felde abgenommenen Ernten stets verringert wird — in kürzerer oder längerer Zeit erschöpft sein muß.

Einer unvollkommeneren Ersatzleistung, die sich auf die frühere Eintheilung der Kulturpflanzen in bodenerschöpfende und bodenbereichernde stützte, muß hier Erwähnung geschehen; sie ist unter dem Namen der reinen Stallmistwirthschaft bekannt.

Man hatte die Ansicht, und hat sie leider hie und da noch, ein Gut, selbst wenn keine natürlichen Wiesen zu ihm gehörten, könne bestehen, ohne daß der Landwirth Sorge zu tragen habe, die im Korn und Fleische 2c. ausgeführten Bodenbestandtheile wieder auf das Gut zurückzubringen. — Indem beim landwirthschaftlichen Betriebe — im Großen und Ganzen

100 Pfd. erthalten	Feuchtigkeit	Stickstoff	Kali	Natron	Magnesia	Kalk	Phosphorsäure	Kieselsäure
	Pfd.	Pfd.	Pfd.	Pfd.	Pfd.	Pfd.	Pfd.	Pfd.
Fichtenasche	—	—	8,250	12,410	3,590	45,900	3,070	6,980
Kiefernasche	—	—	12,830	1,540	8,850	45,290	7,270	3,410
Asche von Hochmoordorf . .	—	—	1,040	0,220	0,900	10,450	2,070	21,180
„ „ Wiesenmoordorf .	—	—	1,928	0,954	2,660	31,470	0,960	7,910
Straßfurther Abraumsalz .	—	—	9,230	17,590	11,570	1,120	—	—
Dungsalz (bayer.)	1,9	0,036	1,631	24,574	2,057	13,839	—	0,518
Chilisalpeter	—	15,920	—	35,600	—	—	—	—
Kalisalpeter	—	13,530	45,660	—	—	—	—	—
Schwefelsaures Ammoniak .	—	20,450	—	—	—	—	—	—
Rapskuchen	15,0	4,400	1,360	—	0,825	9,608	2,060	0,487
Malzkeime	11,5	3,880	1,109	0,299	0,390	0,126	2,426	0,892

Erſatz-Tabelle.

Zum Erſatz der Aſchenbeſtandtheile in 100 Pfd. folgender landwirthſchaftlicher Produkte ſind erforderlich:	Wieſenheu	Rapskuchen	Buchenaſche +	Knochenmehl	Buchenaſche +	Baterguano	Buchenaſche +	Superphosphat	Straßfurther Abraumſalz +	Superphosphat	Buchenaſche +	Peruguano	Straßfurther Abraumſalz +	Peruguano
	Pfd.	Pfd.	Pfd.	Pfd.	Pfd.	Pfd.	Pfd.	Pfd.	Pfd.	Pfd.	Pfd.	Pfd.	Pfd.	Pfd.
Weizen	95,4	40,7	4,5	2,1	4,5	1,3	3,9	3,1	4,8	4,6	2,5	6,5	2,7	8,1
Roggen	101,4	44,3	3,7	2,5	3,7	1,6	3,0	3,7	3,7	4,8	1,4	7,8	1,4	8,7
Gerſte	88,1	38,5	3,3	2,1	3,3	1,4	2,7	3,2	3,3	4,2	1,3	6,7	1,3	7,5
Hafer	52,9	23,1	3,0	1,0	3,0	0,7	2,7	1,5	3,4	2,5	2,1	3,1	2,3	4,5
Erbſen	96,6	74,4	8,2	1,2	8,2	0,7	7,9	1,7	9,8	4,6	7,2	3,4	7,7	8,2
Bohnen	152,1	85,3	9,4	2,7	9,4	1,7	8,7	4,0	10,7	7,3	6,9	8,4	7,3	13,0
Raps . , ...	170,1	74,3	6,2	4,2	6,2	2,7	5,1	6,2	6,3	8,1	2,3	13,0	2,6	14,5
Rübſen	72,0	57,2	6,3	0,7	6,3	0,5	6,1	1,2	7,6	3,4	5,6	2,4	6,0	6,1
Zuckerrüben	23,4	26,8	3,0	—	3,0	—	3,0	—	3,9	0,6	3,0		3,5	1,1
Kartoffeln	45,3	51,8	5,7	—	5,7	—	5,7	—	7,4	0,9	5,7	—	7,0	1,6
Kalb, Rind, Schaf (Lebendgewicht) . . .	165,2	73,2	1,5	5,3	1,5	3,4	—	7,9	—	7,9	—	14,1	—	14,1
Schwein	75,2	33,0	1,1	2,3	1,1	1,5	0,4	3,5	0,5	3,6	—	6,5		6,5
Milch	21,9	13,0	1,4	0,4	1,4	0,2	1,3	0,6	1,7	1,0	1,1	1,1	1,1	1,9
Wieſenheu	—	—	12,6	—	12,6	—	12,6	—	15,6	4,8	12,6	—	13,4	8,5

gesprochen — die eine Hälfte des Gutes mit Futterpflanzen bestellt würde, lieferten diese nicht allein die Nahrung für die Thiere, sondern auch fortwährend die genügende Menge Dünger, um die andere Hälfte des Gutes zum Körnerbau benützen zu können.

Diese Ansicht war möglich in einer Zeit, in welcher man keine Ahnung hatte von der Art und Weise der Pflanzenernährung, aber doch die Erfolge der Einführung des Klee- und Futterbaues vor Augen traten. Heute jedoch ist die Eintheilung in erschöpfende, schonende und bereichernde Kulturpflanzen nicht mehr haltbar, und Liebig war es vorbehalten, gestützt auf das Absorptionsvermögen der Ackererden (S. 19), das Wesen der reinen Stallmistwirthschaft zu erkennen und die erschöpfende Wirkung derselben auf die Felder nachzuweisen.

Der Stallmistbetrieb ist eine eigene Form mechanischer Arbeit; er bereichert an Pflanzennahrungsstoffen die oberen und mittleren, zuletzt nur noch die oberen Schichten des Bodens auf Kosten des Untergrundes. Es kann sich durch diesen Betrieb in den genannten Schichten ein Ueberfluß von Nährstoffen ansammeln, welcher bei schon vorangeschrittener Erschöpfung des Untergrundes, also bei immer schlechter werdenden Kleeernten, doch noch den Stallmistbetrieb stützte. Durch Einschaltung des Baues von Rüben- und Knollengewächsen, welche ihren Nahrungsbedarf hauptsächlich den mittleren Bodenschichten entnehmen, gelingt es dem Landwirthe noch eine zeitlang Stallmist für den Körnerbau zu erzeugen, aber das Endresultat ist die vollkommene Erschöpfung des Bodens. Es ist klar, die Bodenerschöpfung kann je nach dem Reichthum und der Tiefgründigkeit des Bodens langsamer oder schneller eintreten; ja wenn der Landwirth fruchtbare Wiesen hat, sehr lange sich hinausziehen; aber ihr Eintritt ist unvermeidlich. Schon lange bevor sie wirklich eingetreten ist, giebt sie sich durch eine Vermehrung des Strohertrages und durch eine starke Verunkrautung der Felder zu erkennen.

Daß die reine Stallmistwirthschaft in der That erschöpfend wirkt, hat Liebig an dem Hohenheimer Betriebe auf das Bestimmteste nachgewiesen*). In Hohenheim wurde kein Dünger zugekauft, sondern nur der auf dem Gute selbst erzeugte Dung kam zur Verwendung; der Erfolg war ein Sinken der Erträge. In den Jahren 1832 bis 1841 baute man $49^6/_8$ Morgen Weizen und erhielt eine Ernte von 226 würtemb. Scheffel Körner, in der Periode 1854 bis 1860 erzielte man von $35^6/_8$ Morgen nur 120 Scheffel Weizenkorn; in der ersten Periode producirte also der Morgen 36,2 Simri (1 Schäffel = 8 Simri), in der letzteren Periode nur 26,9 Simri Weizenkorn. Ebenso lieferte ein Morgen Feld:

	in den Jahren 1832—41	in den Jahren 1854—60	
Raps	31,2	27,1	Simri
Gerste	48,8	42,6	„
Hafer	54,4	42,5	„
Wickhafer	54,0	47,3	„

In Beziehung auf die Erträge an Körnern beseitigt die Betrachtung der obigen Tabelle jeden Zweifel darüber, daß die Hohenheimer Felder an ihrem Ertragsvermögen beständig abgenommen haben.

Nach den Durchschnittspreisen der Körnerfrüchte in den Jahren 1854 bis 1860 berechnen sich die Ernteerträge in Hohenheim:

in der Periode 1832 bis 1841 auf 17825 fl.,
in der Periode 1854 bis 1860 auf 20187 fl.;

---

*) Naturgesetze des Feldbaues, Aufl. 8., S. 418.

mithin ein Mehr in der letzteren Periode von 2362 fl. od. 13½ Proc. Während aber früher nur 257 Morgen mit Körnerfrüchten angebaut waren, betrug die Anzahl der Morgen in den Jahren 1854 bis 1860 = 310 Morgen oder 53 Morgen mehr. — Der höhere Geldertrag in der letzten Periode ist daher nur scheinbar, denn dividirt man mit der Zahl der angebauten Morgen in die Gelderträge, so ertrug

ein Morgen Land

in der Periode 1832 bis 1841 . .	69 fl.	12 kr.
in der Periode 1854 bis 1860 . .	65 fl.	6 kr.
Mithin in letzterer Periode weniger	4 fl.	6 kr.

Wie man sieht, die reine Stallmistwirthschaft wirkt erschöpfend auf den Boden, sie vermindert die Rente des Gutes.

8. Die in den Ernten dem Boden entzogenen Bestandtheile müssen, wie dargethan, ersetzt werden, denn ohne ein solches verliert der Acker seine Fruchtbarkeit. Es ist nun die Frage: wie soll der Landwirth Ersatz leisten, vor oder nach der Ernte, für ein Jahr oder mehrere Jahre?

Durch die Praxis ist schon längst als Regel festgestellt: die Ersatzleistung geschieht am besten beim Anbaue der Kulturpflanze, oder bei Beginn der Rotation. Diese Regel ist außerdem wirthschaftlich begründet, der Landwirth erhält aufgewendetes Düngerkapital und Zinsen sehr schnell wieder in den erzielten Ernten zurück. Hiemit erledigt sich aber auch die Antwort auf den zweiten Theil der Frage: der Landwirth soll, wenn möglich, zu jeder Fruchtgattung und zwar jährlich düngen. Neben dem rascheren Umsatz des Düngerkapitals, wird durch ein solches Verfahren noch der weitere Vortheil erzielt, daß der Landwirth die Ersatzleistung vollkommen in der Hand hat.

Ein jährliches Düngen zu jeder Fruchtgattung geschieht aber gegenwärtig beim landwirthschaftlichen Betriebe nur ausnahmsweise, obgleich man auf allen größeren, gut bewirthschafteten Gütern dahin strebt, diese Ausnahme zur Regel zu erheben. Bis jetzt wird in den meisten Fällen noch die Düngung (der Ersatz) für mehrere Jahre vorausgegeben, und nur die besseren Landwirthe decken durch Nachdüngungen das Deficit, welches eine höhere, als in Ansatz gebrachte Ernte zum Nachtheile der folgenden Kulturen bewirkte.

9. So sehr auch das Verhältniß der Pflanzennahrungsstoffe im Boden auf das Pflanzenwachsthum von Einfluß ist (S. 44), so hat doch jede richtige Ersatzleistung vom Verhältnisse der in den Ernteprodukten enthaltenen fixen Bodenbestandtheile auszugehen und es als ihre Grundlage zu wählen.

Wir sagen: der Ausgangspunkt bei der Ersatzleistung sind die fixen Bodenbestandtheile (Aschenbestandtheile) der Ernten, und dieses mit vollem Recht (S. 187 ff.). Wissenschaftlich und wirthschaftlich ist nur der Ersatz der Aschenbestandtheile und nicht auch der der atmosphärischen Pflanzennahrungsstoffe geboten; an Kohlensäure und assimilirbaren Stickstoffverbindungen wird der Acker nicht erschöpft, sie erzeugen sich fortwährend, sind luftförmig und fließen dahin, wo sie die Pflanze nöthig hat (S. 14).

Trotzdem hat die landwirthschaftliche Praxis für gewisse Kulturpflanzen und Kulturzwecke eine Zufuhr von assimilirbaren Stickstoffverbindungen für nöthig erachtet, indem sie durch eine solche in vielen Fällen ein rascheres Wirksamwerden der Aschenbestandtheile, also auch eine höhere Ernte beobachtete (vgl. übrigens S. 196). Man bemühte sich daher eine Norm für die unter allen Umständen zu gebende Menge der assimilirbaren Stickstoffverbindungen zu finden. Während nun manche Landwirthe eine Gabe von einem Zehntel des geernteten Stickstoffes für völlig ausreichend erklärten, düngten andere Landwirthe nur bestimmte Kulturpflanzen mit mehr oder weniger als

$^1/_{10}$ Stickstoff, und noch andere, zu welchen auch wir gehören, glaubten am besten zu handeln, wenn sie den Feldern nur $^1/_6$ bis höchstens $^1/_3$ des zu leistenden Phosphorsäure-Ersatzes an Stickstoff zuführten.

In der That läßt sich hier nichts allgemein Gültiges sagen, denn die Stickstoffgabe ist nicht eine Frage des Ersatzes — das Feld wird ja durch die Pflanzenkultur nicht an Stickstoff erschöpft —, sondern eine Frage der durch den gegebenen Stickstoff bewirkten Erntevermehrung. Wie man die Drainirung, die Bodenbearbeitung, das Gypsen und Kalken, oder die Düngung mit Kochsalz nicht zur Ersatzleistung unternimmt, sondern nur zur Erhöhung der Ernten, so auch die Zufuhr der assimilirbaren Stickstoffverbindungen; der Landwirth erhöht durch sie, bei genügender Menge der Aschenbestandtheile im Boden, die Erträge und setzt das Bodenkapital rascher um. Das Quantum des zu gebenden Stickstoffes wird deßhalb auch stets nach dem Kulturzwecke und der Bodenqualität variiren, und der Landwirth aus dem Grunde nur durch praktische Versuche — bei sonst gleichbleibenden anderen Umständen — die Stickstoffmenge feststellen können, durch welche er Erfolge auf seinen eigenen Feldern erzielt.

Die Erwähnung der Stickstoffzufuhr in der Ersatzlehre geschah aus doppelten Gründen; einmal zur Widerlegung der noch manchmal auftauchenden irrigen Ansicht, auch der Stickstoff müsse gleich den Aschenbestandtheilen in einer dem Gehalte der Ernte entsprechenden Menge dem Felde zurückersetzt werden; für's zweite, um wiederholt die Aufhellung der Stickstofffrage, wie sie durch Liebig geschah, mit Schärfe hervorzuheben. Liebig bewies: die Zufuhr von Ammoniak- und Salpetersäure-Verbindungen steht nicht in Beziehung zur Fruchtbarkeit der Felder, sie steht nur in Beziehung zu deren Ertragsvermögen; um die Feldfruchtbarkeit zu erhalten, bedarf es keines künstlichen Ersatzes des geernteten Stickstoffes; die Felder verarmen nicht an der Stickstoffnahrung für die Pflanzen. Eine künstliche Stickstoffzufuhr ist aber unter Umständen landwirthschaftlich gerechtfertigt, denn wie Bodenbearbeitung, Kalk- oder Kochsalzdüngung u. s. w., veranlaßt sie beim Pflanzenbaue ein rascheres Wirksamwerden der Aschenbestandtheile des Bodens und demnach auch höhere Erträge. Mit der Ersatzlehre steht deßhalb die Stickstoffgabe nur insoferne in Beziehung, als die durch sie hervorgerufenen größeren Ernten, auch einen vermehrten Ersatz der Aschenbestandtheile fordern.

Der Ersatz der Bodenbestandtheile muß, wie im Eingange des §. 5 dargethan, im richtigen Verhältnisse geschehen, d. h. in dem, wie es die zu bauenden Kulturpflanzen bedürfen. Die Tabelle Seite 227 giebt hiezu die nöthigen Anhaltspunkte. Wird die Düngung für eine ganze Rotation gegeben, so ist natürlich die Grundlage der Rechnung die Zusammensetzung der in dieser Rotation zu bauenden Früchte.

Angenommen die Fruchtfolge sei: Weizen, Kartoffeln, Hafer und Klee, so bedürfen diese Pflanzen folgende Verhältnisse von Phosphorsäure, Kali, Kalk und Bittererde, und Kieselsäure (Liebig, Naturgesetze des Feldbaues S. 134).

	Phosphor-Säure		Kali		Kalk- u. Bittererde		Kieselsäure
Weizen { Korn Stroh }	1	:	2,0	:	0,7	:	5,7
Kartoffeln (Knollen)	1	:	3,2	:	0,5	:	0,4
Hafer { Korn Stroh }	1	:	2,1	:	1,0	:	5,0
Klee	1	:	2,6	:	4,0	:	1,0
Mittel =	1	:	2,5	:	1,5	:	3,0

Die angeführten Verhältnißzahlen wurden erhalten, indem man mit der in der Tabelle S. 227 angegebenen Phosphorsäuremenge der betreffenden Fruchtgattung in die übrigen Nährstoffmengen derselben dividirte, die Phosphorsäuremenge dann als Einheit annahm und die erhaltenen Quotienten, wie oben, zur Einheit in's Verhältniß setzte.

Hat man das Nährstoff-Verhältniß, welches die Pflanzen der Fruchtfolge bedürfen, einmal festgestellt, so ist es sehr einfach nach ihm die Mengen der Nährstoffe zu bestimmen, welche dem Felde zu den projektirten Ernten zugeführt werden müssen. Wollte der Landwirth innerhalb vier Jahre auf einer Hectare Ernten erzielen: von 2000 Kilo Weizenkörner und 5000 Kilo Weizenstroh, von 2000 Kilo Haferkörner und 4000 Kilo Haferstroh, von 20000 Kilo Kartoffeln und endlich von 6000 Kilo Kleeheu, so hat er nur die Mengen der Phosphorsäure, welche in diesen Feldprodukten enthalten sind, nach der Tabelle zu berechnen und mit der erhaltenen Summe die Verhältnißzahlen: 2,5 — 1,5 — 3,0 zu multipliciren, um die zugehörigen Mengen der übrigen Pflanzennahrungsstoffe zu finden. Würden die projectirten Ernten der sämmtlichen Früchte 100 Kilo Phosphorsäure bedürfen — die Menge der Phosphorsäure ist nur annähernd genau —, so hätte man für obige Fruchtfolge diese 100 Kilo Phosphorsäure mit 250 Kilo Kali, 150 Kilo Kalk und Bittererde und mit 300 Kilo Kieselsäure dem Felde zu geben.

10. Für welchen Zeitraum auch immerhin die Leistung des Ersatzes geschehen mag, der Landwirth hat hierüber genau Buch zu führen.

Das s. g. landwirthschaftliche Lagerbuch, das Soll und Haben der Bodenfruchtbarkeit, ist von hoher Bedeutung für den Landwirth und die wissenschaftliche Landwirthschaft. Für die letztere werden die richtig geführten Bücher einstens reiche Fundgruben werthvoller Thatsachen sein. Für den Landwirth selbst sind sie unschätzbar; sie geben durch Mitaufführung der Erträge jeden Augenblick Kunde über die Zu- oder Abnahme der Fruchtbarkeit und des Ertragsvermögens der Felder und bilden so eine der sichersten Grundlagen für Kauf und Verkauf; sie lassen ferner den Effekt einer jeden Düngung bei bestimmten äußeren Verhältnissen und auf den verschiedenen Feldern des Gutes erkennen; endlich geben sie nach der Ernte stets Aufschluß über die Menge der Boden-Bestandtheile, welche von der gegebenen Düngung noch vorhanden sind, oder welche in zu geringer Menge ersetzt wurden; hiedurch können sie aber von dem Zwange einer vorher festgestellten Fruchtfolge frei machen, denn nach der Qualität und Menge der zurückgebliebenen Düngstoffe wird der Landwirth die neue Frucht wählen; die Fruchtwechselwirthschaft gewinnt auf diese Weise eine solide Basis.*)

Wir geben hier das Formular zur Anlage eines landwirthschaftlichen Lagerbuches, das wir praktisch befunden.**) Die darin aufgeführten Zahlen sind den Lagerbüchern meiner Wirthschaftsobjekte entnommen. — Auf der einen Seite sind die projektirten Ernten, sammt dem zum Voraus geleisteten Ersatze für 1 Metzen Fläche (1 öst. Joch = 3 Metzen Aussaat) zusammengestellt;

*) Die Wechselwirthschaft beruht auf den ungleichen Anforderungen, welche die verschiedenen Kulturpflanzen bezüglich ihrer Nahrungsstoffe an den Boden stellen; ferner darauf, daß sie die Nährstoffe entsprechend der Bewurzelung aus verschiedener Tiefe dem Boden entnehmen. Pflanzen, welche die nämlichen Aschenbestandtheile, in der gleichen Menge und aus derselben Bodenschicht aufnehmen, können mit Erfolg nicht neben einander oder hinter einander gebaut werden.

**) Vergl. auch über Lagerbuch-Formulare den interessanten Aufsatz von Komers: über Erschöpfung und Ersatz, und über die verschiedenen landwirthschaftlichen Betriebssysteme; Jahrbuch für österreichische Landwirthschaft 1863.

auf der anderen gegenüberstehenden Seite die wirkliche Ernte und die hiedurch bewirkte Erschöpfung. Die Dünger wurden nach den Angaben der unternommenen Analysen aufgeführt, die Aschenbestandtheile der zu bauenden Kulturpflanzen nach ihrer Aschen-Zusammensetzung; jedoch sind die bezüglichen letzteren Angaben des Formulars noch nicht nach den Zahlen der Tabelle S. 227 berechnet, sondern nach früheren, weniger genauen Zahlen; erst jetzt werden die Lagerbücher nach dieser Tabelle geführt. Unter die Rubrik „Bemerkungen" fallen die Notizen über Namen und Größe der bebauten Parzellen, über die im Dünger zugeführten Stickstoffmengen, über die Witterungsverhältnisse während der Vegetationsperiode u. s. w.

Es ist selbstverständlich, daß durch unser Formular nur eine Andeutung im Allgemeinen gegeben werden sollte über die Einrichtung eines Lagerbuches, und sich jeder Landwirth dieses Formular nach seinen Verhältnissen und seiner Bequemlichkeit einrichten muß. So z. B. erscheint es von vornherein sehr zweckmäßig, und wird auch von uns durchgeführt, nicht nur Ertrag und Düngung eines Metzens, sondern der angebauten ganzen Parzelle anzuführen; wir sagen also: Schlag I, b, Scheuerka, Parzellengröße 100 Metzen, lieferte 925725 Pfd. Zuckerrüben, diese enthielten Kali, Phosphorsäure 2c. so und so viele Pfunde; darunter setzt man die Pfunde des im Dünger gegebenen Kali's u. s. w., und der Unterschied ergiebt dann das Plus oder Minus des geleisteten Ersatzes.

11. Welches aber auch die Einrichtung ist, die der Landwirth seinem Lagerbuche giebt, stets muß darin der Nachweis enthalten sein, daß dem Felde der volle Ersatz der in der Ernte entzogenen Bodenbestandtheile durch die Düngung wieder geleistet wurde; denn: „das ist das große Geheimniß, daß der Mensch, aus Erde geschaffen, wenn er seine Fortdauer sichern will, die Erde in der rechten

Weise pflegen muß, welche ihm die wichtigsten Elemente seines Leibes geliefert hat, und daß die Verletzung dieses hohen Gesetzes in der mannigfaltigsten Weise sich an seinen Kindern und Nachkommen rächt, bis in's tausendste Glied." (Liebig)

Reductions-Tabelle.*)

1 Hectare = 100 Aren à 100 □ Meter = 10000 □ Meter entspricht:

Oesterreich	1,74	Joch (1 Joch = 3 Metzen Aussaat)
Preußen	3,92	Morgen
Bayern	2,93	Tagwerk
Sachsen	1,81	Acker
Hannover	3,81	Morgen
Würtemberg	3,17	Morgen
Hessen-Cassel	4,20	Acker
Hessen-Darmstadt	4,00	Morgen
Baden	2,78	Morgen
Braunschweig	4,00	Morgen
England	2,47	Acre.

1 Hectoliter = 100 Liter (1 Liter = 1 Cubikdecimeter) entspricht:

Oesterreich	1,63	Metzen
Preußen	1,82	Scheffel
Bayern	0,45	Scheffel
Sachsen	0,96	Scheffel
Hannover	3,21	Himten
Würtemberg	0,56	Scheffel
Hessen-Cassel	1,25	Scheffel
Hessen-Darmstadt	0,78	Malter
Baden	0,667	Malter
Braunschweig	3,21	Himten
England	2,75	Bushel.

1 Liter = 1 Cubikdecimeter = 1000 Cubikcentimeter entspricht:

Oesterreich	0,71	Maaß
Preußen	0,87	Quart
Bayern	0,94	Maaß
Sachsen	1,07	Kannen
Hannover	0,26	Kannen
Würtemberg	0,54	Maaß
Hessen-Cassel	0,51	Maaß
Hessen-Darmstadt	0,50	Maaß
Baden	0,67	Maaß
Braunschweig	1,07	Quart
England	0,22	Gallon

1 Kilogramm = 1000 Gramm = 2 Zollpfunde entspricht:

Oesterreich	1,79	Pfunden
Preußen	2,14	"
Bayern	1,79	"
Sachsen	2,14	"
Hannover	2,14	"
Würtemberg	2,14	"
Hessen-Cassel	2,14	"
Hessen-Darmstadt	2,00	"
Baden	2,00	"
Braunschweig	2,14	"
England	2,20	"

Diese Angaben ermöglichen alle bezüglichen Reductionen; z. B. 100 öst. Joch wie viel preußische Morgen? = 225,3 preuß. Morgen!

1,74 : 100 = 3,92 : x; x = 225,3 preuß. Morgen. — oder:

100 bayer. Scheffel wie viel würtemb. Scheffel? = 30,8 würt. Scheffel!

1,82: 100 = 0,56 : x; x = 30,8 würtemb. Scheffel.

---

*) Vgl. die Tabelle zu Preßler's: Meßknecht und sein Praktikum, Braunschweig 1854.

Formular zur An

Project.

Post Nro.	Auf 1 Metzen area: Projectirte Ernte: Gattung	Menge		Gegebene Düngung: Gattung		Gestehungs Preis		Darin sind: Kali	Natron	Magnesia	Kalk
		Pfd.		Pfd.		fl.	kr.	Pfunde			
1	Erbsen	1080	Körner					10,929	1,630	2,052	1,501
		1100	Stroh					37,290	3,080	10,670	44,000
			Summa					48,219	4,710	12,722	45,501
				50	Peruguano	5	—	1,860	—	0,960	5,710
				25	Superphosphat	1	45	0,577	—	0,262	6,50
				570	Holzasche	2	28	45,600	22,80	22,80	171,00
					Summa	8	73	47,467	22,80	24,022	183,210
2	Hafer	1000	Körner					3,76	0,69	2,03	0,89
		1100	Stroh					13,64	2,42	2,233	0,979
			Summa					17,40	3,11	4,263	1,869
				32	Peruguano	3	20	1,19		0,61	3,65
				200	Holzasche	—	80	16,00	8,000	8,00	60,00
					Summa	4	—	17,19	8,000	8,61	63,65
3	Zuckerrunkelrübe	15000	Knollen					54,600	9,150	10,200	7,200
				6000	Stalldünger	12	60	41,880	7,740	10,080	63,720
				160	Holzasche		67	12,800	6,400	6,400	48,000
					Summa	13	27	54,680	14,140	16,480	111,720
4	ditto	13000	Knollen					47,42	7,93	8,84	6,24
				25	Peruguano	2	50	0,930	—	0,480	2,855
				35	Superphosphat	2	3	0,808	—	0,368	8,470
				570	Holzasche	2	28	45,600	—	22,80	171,000
					Summa	6	81	47,338	22,80	23,648	182,325
5	Grünwicke resp. Mischling	1500	trocken					15,645	4,515	10,200	32,115
				300	Holzasche	1	20	24,000	12,000	12,000	90,000
6	Klee oder Futtermais	2500	trocken					26,075	7,525	17,000	53,525
				500	Holzasche	2	10	40,000	20,000	20,000	150,000
7	Kartoffeln	7000	Knollen					49,280	0,350	2,940	1,190
				50	Superphosphat	2	90	1,555	—	0,525	12,100
				12	Peruguano	1	20	0,446	—	0,230	1,370
				600	Holzasche	2	52	48,000	24,000	24,000	180,000
						6	62	49,601	24,000	24,755	193,470

ines Lagerbuches.

Erfolg.								
Auf 1 Metzen area wirklich **erhaltene** Ernte in Pfunden:		In der Ernte sind:						Bemerkungen.
		Kali	Natron	Magnesia	Kalk	Phosphorsäure	Kieselsäure	
		Pfunde						
Pfd. 1050	Körner	10,734	1,530	2,004	1,425	9,057	0,224	
1700	Stroh	57,630	4,760	16,399	68,000	16,000	8,330	
	Summa	68,360	6,290	18,403	69,425	25,057	8,554	
	Gedüngt mit	47,467	22,800	24,022	183,210	27,074	17,100	
		—20,893	+16,510	+5,619	+113,785	+2,017	+8,546	
1100	Körner	4,136	0,759	2,233	0,979	5,236	14,167	
1035	Stroh	12,828	2,250	2,155	0,927	4,927	13,410	
	Summa	18,964	3,009	4,388	1,906	10,163	27,577	
	Gedüngt mit	17,190	8,000	8,610	63,650	9,370	6,000	
		—1,774	+4,991	+4,222	+61,744	—0,793	21,577	
12400	Knollen	45,136	7,564	8,432	6,000	13,000	3,100	
	Gedüngt mit	54,680	14,140	16,480	111,720	20,160	77,040	
		+9,544	+7,316	+8,048	+105,720	+7,160	+73,940	
9258	Knollen	33,691	5,680	6,300	4,444	10,554	2,314	
	Gedüngt mit	47,338	22,800	23,648	182,325	26,324	17,100	
		+13,647	+16,120	+17,348	+177,881	+15,770	+14,786	
1400	Trockenfutter	14,662	4,213	9,530	30,641	8,427	3,304	
	Gedüngt mit	24,000	12,000	12,000	90,000	9,000	9,000	
		+9,338	+7,787	+2,480	+59,359	+0,573	+5,696	
1720	Kleeheu	18,131	5,117	11,560	36,400	10,400	2,420	
	Gedüngt mit	40,010	20,000	20,000	150,000	15,000	15,000	
		+21,869	+14,883	+8,440	+113,600	+4,600	+12,580	
9400	Knollen	66,176	0,470	4,020	4,600	16,262	1,034	
	Gedüngt mit	49,681	24,000	24,755	193,470	28,679	18,000	
		—16,575	+23,530	+20,735	+191,870	+12,417	+16,966	

Formular zur An

Project.

Post Nro.	Auf 1 Metzen area: Projectirte Ernte: Gattung	Menge		Gegebene Düngung: Gattung		Gestehungs Preis		Darin sind (Pfunde): Kali	Natron	Magnesia	Kalk
		Pfd.		Pfd.		fl.	kr.				
8	Raps	800	Körner					6,128	0,560	3,664	5,768
		1000	Stroh					15,300	1,600	3,000	12,300
			Summa					21,428	2,160	6,664	18,068
				6000	Stalldünger	12	45	41,880	7,740	10,080	63,720
9	Weizen	900	Körner					4,977	0,738	1,908	0,567
		1200	Stroh					7,680	0,240	4,080	7,080
			Summa					12,657	0,978	5,988	7,647
				300	Holzasche	1	20	24,000	12,000	12,000	90,000
				18	Peruguano	1	89	0,669	—	0,345	2,055
					Summa	3	9	24,669	12,000	12,345	92,055
10	Roggen	1100	Körner					5,005	2,134	2,299	1,056
		1400	Stroh					9,938	—	0,698	2,519
			Summa					14,943	2,134	2,997	3,575
				250	Holzasche	—	87	20,000	10,000	10,000	75,000
				15	Knochenmehl	—	$67\frac{1}{2}$	—	—	0,103	5,059
					Summa	1	$54\frac{1}{2}$	20,000	10,000	10,103	80,059
11	Gerste	1050	Körner					4,231	1,186	2,047	0,588
		1000	Stroh					13,000	1,597	0,899	3,496
			Summa					17,231	2,783	2,946	4,084
				210	Holzasche	—	84	16 800	8,400	8,400	63,000
				$14\frac{1}{2}$	Perugauno	1	45	0,539	—	0,278	1,655
					Summa	2	29	17,339	8,400	8,678	64,955
12	Gerste mit Kleesaat	1050	Körner					4,231	1,186	2,047	0,588
		1000	Stroh					13,000	1,597	0,899	3,496
		1500	Trockenfutter					15,645	4,515	10,200	32,115
			Summa					32,875	7,298	13,146	36,199
				560	Holzasche	2	24	44,800	22,400	22,400	168,000
				25	Peruguano	2	50	0,930	—	0,076	2,855
					Summa	4	74	45,730	22,400	22,476	170,855

ines Lagerbuches.

Erfolg.								
Auf 1 Metzen area wirklich **erhaltene** Ernte in Pfunden:		In der Ernte sind:						Bemerkungen.
		Kali	Natron	Magnesia	Kalk	Phosphorsäure	Kieselsäure	
		Pfunde						
Pfd.								
796	Körner	6,128	0,560	3,664	5,768	12,248	0,464	
1400	Stroh	21,420	2,240	4,200	17,220	4,620	4,340	
	Summa	27,548	2,800	7,864	22,988	16,868	4,800	
	Gedüngt mit	41,880	7,740	10,080	63,720	15,360	72,240	
		+14,332	+4,490	+2,216	+40,732	−1,508	+67,440	
583	Körner	3,113	0,478	1,236	0,367	5,009	0,130	
1180	Stroh	7,680	0,240	4,080	7,080	2,520	56,520	
	Summa	10,793	0,718	5,316	7,447	7,529	56,650	
	Gedüngt mit	24,669	12,000	12,345	92,055	10,897	9,000	
		+14,076	+11,282	+7,029	+84,608	+3,368	−45,650	
525	Körner	2,400	1,020	1,095	0,506	4,800	0,150	
1020	Stroh	7,100	—	0,560	1,800	1,140	24,500	
	Summa	9,500	1,020	1,595	2,306	5,940	24,650	
	Gedüngt mit	20,000	10,000	10,103	80,059	11,407	7,500	
		+10,500	+8,980	+8,508	+77,753	+5,467	−14,150	
925	Körner	3,737	0,964	1,801	0,520	7,340	5,420	
890	Stroh	11,570	1,426	0,800	3,015	1,691	23,674	
	Summa	15,297	2,390	2,601	3,535	9,031	29,094	
	Gedüngt mit	17,399	8,400	8,678	64,655	7,828	6,300	
		+2,102	+6,010	+6,077	+61,120	−1,203	−22,794	
603	Körner	2,589	0,712	1,228	0,353	5,000	3,660	
1080	Stroh	14,040	1,728	0,972	3,780	2,052	28,728	
1030	Kleeheu	10,650	3,100	9,000	22,030	6,200	2,450	
	Summa	27,229	5,540	11,200	26,163	13,252	34,838	
	Gedüngt mit	45,730	22,400	22,476	170,855	19,435	16,800	
		+18,501	+16,860	+11,276	+144,692	+6,183	−18,038	

www.ingramcontent.com/pod-product-compliance
Lightning Source LLC
LaVergne TN
LVHW042236300926
849161LV00003B/369